高等职业技术教育产教融合新形态教材系列
现代服务与旅游类精品课程配套丛书

茶艺服务技术

（第2版）

主　编◎陈小平　刘文洁
副主编◎刘　琳　李少立　林婷文　陈　卫

西南交通大学出版社
·成 都·

图书在版编目（CIP）数据

茶艺服务技术 / 陈小平，刘文洁主编. -- 2 版.
成都 ： 西南交通大学出版社，2024. 7. -- ISBN 978-7-5643-9937-5

Ⅰ. TS971

中国国家版本馆 CIP 数据核字第 2024AJ3732 号

Chayi Fuwu Jishu
茶艺服务技术
（第 2 版）

主编 陈小平 刘文洁

策划编辑 李晓辉
责任编辑 孟 媛
封面设计 成都三三九广告有限公司

出版发行 西南交通大学出版社
（四川省成都市金牛区二环路北一段 111 号
西南交通大学创新大厦 21 楼）
邮政编码 610031
营销部电话 028-87600564 028-87600533
网址 http://www.xnjdcbs.com
印刷 四川煤田地质制图印务有限责任公司

成品尺寸 185 mm × 260 mm
印张 19
字数 435 千
版次 2014 年 2 月第 1 版
2024 年 7 月第 2 版
印次 2024 年 7 月第 10 次
定价 58.00 元
书号 ISBN 978-7-5643-9937-5

课件咨询电话：028-81435775

前言

茶源于中国。源远流长的饮茶习俗衍生出中华茶文化的瑰宝——茶艺。茶艺，顾名思义，指的是泡茶、品茶的技艺和艺术。

随着我国人民群众对美好生活和健康生活方式的不断追求，饮茶已成为人们丰富生活、调养身心的重要方式，以往注重观赏性的茶艺表演已不能满足人们的需求，科学的、追求真香本味的生活茶艺更受青睐。2018 年国家人力资源和社会保障部根据行业实际，重新修订了茶艺师职业技能标准，即《国家职业技能标准——茶艺师（2018 年）GZB4-03-02-07》（以下简称《标准》），《标准》中对茶艺师的工作内容、技能要求和相关知识要求进行了调整和补充，强调了茶艺师的茶间服务能力。本书即在这样的背景下进行修编，以保持内容紧跟行业变化，对接职业标准。

本书主要是为高职院校酒店管理与数字化运营、旅游管理和现代文秘等专业的教学而编写的一本“理实一体化”教材，它也适用于相关行业员工的技能培训，对茶艺部门的员工和广大茶艺爱好者也有较大的参考价值。本次修编，全书保持了原教材的优点，同时又根据行业变化新增了茶叶审评、生活茶艺、茶艺服务接待等内容，调整了茶与健康、茶会组织两部分内容，总体来说，全书具有以下几个特色。

第一，采用“理实一体化”的编写模式，加强理论与实践的紧密结合。以项目化教学为基础，分项目介绍茶艺知识与技能，每个项目先阐述清楚准备知识，再以实训任务单的方式分解展示操作技能，使学生从“学中做”到“做中学”，快速提升理论素养和实操能力。

第二，每一个项目练习和项目实践的设计，都力求突出综合能力的培养。注重兼顾学生的操作技能、仪容姿态和心理素质的综合训练，在潜移默化中促进学生的茶艺技能从“技”向“艺”升华。

第三，坚持以立德树人为根本任务，以传承中华传统文化为目的，深挖内容中的思政元素，以“家乡茶”为主线，贯穿全书各个项目，培养学生的文化自信和家国情怀，以实训任务单的方式保证思政元素落地，达到润物细无声的德育作用。

第四，突出茶间服务，增加了茶艺服务接待流程、技巧、茶点搭配等内容，对接当前茶艺师岗位要求。

从整体上看，全书内容翔实，信息量大，资料新颖，既突出实践又有一定的理论广度，体现了实用、创新、前瞻的特色。通过对本书的学习，学生能迅速理解和掌握茶艺服务技术。

本书由陈小平、刘文洁担任主编，负责整体修改和定稿。参与修编人员及分工如下：刘文洁修编项目一、项目二、项目四、项目三的模块三、项目五的模块二；刘琳修编项目三的模块一和模块二、项目五的模块一、项目六；李少立修编项目七的模块二和模块三；林婷文修编项目八；陈卫修编项目七的模块一；全书由陈小平统编。

本书在编写过程中参阅了大量的书籍和资料，在此对被参考和借鉴书籍、资料的作者表示感谢。书中名茶图片、技法与礼仪图片由常建宇、钟强老师拍摄，点茶制作、技法、五大流行茶艺表演、茶席设计、礼仪分别由黎梓君、于娅玲、王婷、何静、谢如、何圆圆、林金宇、容忻男、黄辉棋、韦彩玲同学示范。在此，致以衷心的感谢！

编　者

2024 年 3 月 5 日

目录

项目一　茶文化概述

项目二　茶叶知识

项目三　茶艺基础

项目四　茶艺技能

项目五　茶席设计与茶艺编创

项目六　茶与健康

项目七　茶艺服务

课程思政教学设计

教学项目	思政教学目标	思政元素	实训任务单
茶文化概述	文化自信	学习宋代点茶制作,感受宋代茶文化的雅致,发现茶之美,感受中华茶文化的博大精深,产生自豪感	1-1:宋代点茶制作
	家国情怀	使用口述形式(脱稿)展示和介绍家乡茶的发展历史与典故,让学生了解家乡、认识家乡茶,增添对家乡的热爱之情	1-2:我识家乡茶
茶叶知识	家国情怀、科学严谨的态度	通过审评方法,全面认识和评价家乡茶的品质特征,从专业角度进一步认识家乡茶,培养科学严谨的态度和家国情怀	2-6:“我知家乡茶”茶叶审评
茶艺技能	专业自信、家国情怀	基于家乡茶品质特征,利用所学茶艺技能知识确定冲泡家乡茶五要素,实现科学冲泡家乡茶的目的。通过利用所学知识解决身边问题,泡好家乡茶,有利于提高学生对课程和专业的自信,加深对家乡的热爱	4-20:“我会泡家乡茶”主题生活茶艺
茶席设计与茶艺编创	专业自信、家国情怀	编创一个“家乡茶”主题茶艺,撰写茶艺文案,并按要求进行所编创茶艺的茶艺表演。通过利用所学知识解决身边问题,为家乡茶进行茶艺编创,进一步提高学生专业自豪感,加深对家乡的认识	5-3:“家乡茶”主题茶艺编创
茶与健康	专业自信、家国情怀	基于家乡茶品质特征,结合花草茶特点和功效,为家乡茶配制花草茶。通过利用所学知识解决身边问题,为家乡茶进行茶艺编创,进一步提高学生专业自豪感,加深对家乡的认识	6-1:我为家乡茶添花样(家乡茶搭配花草)
茶艺服务	家国情怀	以“家乡茶”为服务茶品,以小组为单位,自创茶艺服务情景剧。学生为编设情景剧而收集更多关于家乡茶或家乡的信息,进一步认识家乡,加深对家乡的认识与情感	7-3:“家乡茶”茶馆服务情景剧展演
茶会组织	家国情怀	在充分了解家乡茶的基础上,运用所学的茶会知识及茶艺知识设计并举办茶会,突出家乡茶的特点。不仅能综合考查学生对所学知识的掌握,还能提高学生对家乡茶的认识与热爱	8-1:组织“家乡茶”茶会

项目一

茶文化概述

我国是茶的故乡，茶的发现和利用，以及在品饮过程中创造积淀的茶文化，是中国对人类文明进步的一大贡献。

模块一　茶的历史

茶作为一种饮料，从被我们的祖先发现、利用，直至成为世界“三大饮料”之一，已有数千年历史，在我国历史的每一页中都可以嗅到茶香。

学习目标

了解茶树发现、栽培及利用的历史；
熟悉我国茶文化发展的历史与现状；
在学习活动中深入探讨茶的历史，能运用茶的历史知识解决茶艺服务实际问题。

课前任务

利用网络，查询下列问题的相关知识。
（1）为什么说我国是茶的故乡？
（2）我国茶文化发展历程。

任务分工与实施

（1）各小组成员在组长的带领下，查阅茶历史（可以是新闻、短视频、文章等），尝试解决课前任务。
（2）各组长组织成员讨论中国茶发展历程，并记录汇总。

学习模块相关知识点

任务一　茶的发源

据记载，我们的祖先最初利用的是野生茶树，在经过了很长一段时间后，才出现了人工栽培的茶树，祖先们对茶叶的利用方式经过了药用—食用—饮用的变化。我国对茶的称谓传播到海外，影响世界茶的发展，众多事实可以证明我国是茶的故乡。

一、茶树的发现

一般认为，茶树起源至今至少有六七千万年的历史，我国西南地区是世界上最早发现野生茶树和现存野生大茶树最多、最集中的地方。早在三国时期（公元220—280年），我国就有关于在西南地区发现野生大茶树的记载。1961年在云南省的大黑山密林中（海拔1500米）发现一棵高32.12米、树围29米的野生大茶树，这棵树单株存在，树龄约1700年。1996年在云南镇沅县千家寨（海拔2100米）的原始森林中，发现一株高25.5米、底部直径1.2米、树龄2700年左右的野生大茶树，森林中直径30厘米以上的野生茶树随处可见。

二、茶树的栽培

若按照《神农本草经》中的记载来推测，在中国，随着茶树从药用发展为饮用，野生茶树已不能满足需要，人们或采茶籽，或掘取野生茶苗进行栽培和繁殖。东晋（317-420）常璩所著的《华阳国志·巴志》中写道：公元前1066年周武王联合当时四川、云南的部落共同伐纣之后，巴蜀所产的茶已列为贡品，并记载有“园有芳蒻、香茗”。由此推断，公元前一千多年已经有人工栽培茶树了，那么茶树栽培迄今已有三千多年的历史了。

而后茶的栽培从巴蜀地区南下云贵一带，又东移楚湘，转粤赣闽，入江浙，然后北移淮河流域，形成了我国广阔的产茶区。

三、茶叶的利用

茶叶的利用传说是“发乎于神农，闻于鲁周公”。茶最初作为药用，后来发展成为饮料。《神农本草经》中记述了“神农尝百草，日遇七十二毒，得荼而解之”的传说，其中“荼”即“茶”，这是我国最早发现和利用茶叶的记载。

1. 药用

在我国用茶之始，是“食饮同宗”。我们祖先仅把茶叶当作药物，他们从野生大茶树上砍下枝条，采集嫩梢，先是生嚼，后是加水煮成羹汤，供人饮用。最早记载饮茶是本草一类的“药书”，例如《神农本草经》《食论》《本草拾遗》及《木草纲目》等书中均有关于“茶”之条目。

2. 食用

早期的茶，除了作为药物之外，还作为食物出现。这在前人的许多著述中都有记载。在春秋战国时期，当时的齐国（今山东境内）已出现用茶叶做成的菜肴，《晏子春秋》中记载：“婴相齐景公时，食脱粟之饭，炙三弋、五卵、茗菜而已。……”晏子就将茶作为下饭的菜食用。《广雅》中提到用葱、姜、橘子等佐料与茶一起烹煮，在其他资料中也能看到类似的做法，即将茶的叶子与其他佐料混在一起，煮熟后食用。这种煮茶方法一直延续到唐朝，唐人在此基础上又有所改进。现代流传于桂、闽、粤、赣等地区的擂茶就是茶叶食用的延续。

3. 饮用

我国茶的饮用，在秦统一巴蜀之前，就已经在巴蜀兴起了。巴蜀的茶事可以上溯到西周初年，《华阳国志·巴志》中云："武王既克殷，以其宗姬于巴，爵之以子……丹、漆、茶、蜜……皆纳贡之"。材料中记载了西周初年，巴蜀向周朝进贡的物品，其中就有茶。可见，西周初年，茶事在巴蜀已发展到一定阶段。

中国饮茶的历史经历了漫长的发展和变化。不同的阶段，饮茶的方法、特点都不相同，大约可分为唐前茶饮、唐代茶饮、宋代茶饮、明代茶饮、清代茶饮和现代茶饮几种。

四、茶的称谓

在古代史料中，茶的名称很多。《诗经》中有"茶"字;《尔雅》中既有"槚"，又有"茶";《晏子春秋》中称"茗";《尚书·顾命》称"诧"；西汉司马相如《凡将篇》称"荈诧"；西汉末年杨雄《方言》称茶为"蔎";《神农本草经》称之为"茶草"或"选"，东汉的《桐君录》中谓之"瓜芦木"等。唐代陆羽在《茶经》中提到"其名，一日茶，二日槚，三日葭，四日茗，五日荈"。总之，在陆羽撰写《茶经》前，对茶的提法不下10 余种，其中用得最多、最普遍的是"茶"。由于茶事的发展，指茶的"茶"字使用越来越多，有了区别的必要，于是从一字多义的"茶"字中，衍生出"茶"字。陆羽在写《茶经》时，将"茶"字减少一画，改写为"茶"。从此，在古今茶学书中，茶字的形、音、义也就固定下来了。而在本草文献，以及诗词、书画中，却多以茗为正名。可见，茗是茶的主要异名，常为文人学士所引用。

世界各国对茶的称谓，大多数是由中国人，特别是由中国茶叶输出地区人民对茶的称谓直译过去的，如印度语的"cha"都为茶字原音。俄文的"ч au"，与我国北方对茶叶的发音相似。英文的"tea"、法文的"the"、德文的"thee"、拉丁文的"thea"，都是根据我国广东、福建沿海地区人民的发音转译的。大致说来，茶叶由我国海路传播到西欧各国，茶的发音大多近似我国福建沿海地区的"te"和"ti"音；茶叶由我国陆路向北、向西传播到的国家，茶的发音近似我国华北的"cha"音。茶字的演变与确定，从一个侧面告诉人们："茶"字的形、音、义，最早是由中国确定的，至今已成了世界人民对茶的称谓。

任务二 茶文化的发展

一、茶文化概述

茶作为文化的载体之一，向世人传播博大精深的中华文化。中国茶文化糅合佛、儒、道诸派思想，独成一体，是中国文化中的一朵奇葩。

中国茶文化的内涵即通过沏茶、赏茶、闻茶、饮茶、品茶等习惯与中华文化内涵和礼仪相结合形成的一种具有鲜明中国文化特征的文化现象，茶文化是中国具有代表性的传统文化。

二、茶文化的发展

中国是茶的故乡，也是茶文化的发祥地。中国人最先发现和利用茶，早在神农时期，茶及其药用价值已被发现，并由药用逐渐演变成日常生活饮料，进而形成了一种独特的文化。在我国源远流长的历史长河中，茶文化在不同时代、不同民族、不同社会环境和自然环境中呈现出不同形态。

我国茶文化的发展可分为九个阶段。

1. 发乎于神农

陆羽《茶经》中记载："茶之为饮，发乎于神农氏"，记录"神农尝百草，日遇七十二毒，得茶而解之"的故事；同时《神农食经》中说："茶茗久服，令人有力、悦志"。这些史料说明上古时期祖先们已经开始利用茶叶了，只不过利用的是野生茶叶，利用方式为药用，没有加工方式，仅生嚼鲜叶而已。

2. 闻于周代

《尔雅》是中国最早的词典，据说《尔雅》为鲁周公所作。"槚（jiǎ），苦荼（tú）。"槚，是茶树的古称。

3. 源于秦汉

公元前 3 世纪以前，人们一直从野茶树上采摘新鲜绿叶，冲泡成药物或滋补品。秦汉之际，民间开始把茶当作饮料，这起始于巴蜀地区。东汉以后，饮茶之风向江南一带发展，继而进入长江以北。至魏晋南北朝，饮茶的人渐渐多起来。公元 4 世纪、5 世纪，茶叶开始风行全国，人们不仅开始种植茶叶，并且把茶作为贡品献给皇帝。饮茶被一些皇族显贵和文人雅士看作是精神享受和表达志向的手段。饮茶方法开始进入烹煮饮用阶段。茶一时成为人们财富和地位的象征，为茶文化的兴起奠定了基础。

4. 推广于三国两晋南北朝

三国时期魏国张揖撰写的《广雅》一书记载："荆巴间采叶做饼，叶老者，饼成以米膏出之。欲煮茗饮，先炙令色赤，捣末置瓷器中，以汤浇覆之。用葱姜芼之。其饮醒酒，令人不眠。"说明人们对茶叶有了一定加工。魏晋南北朝，正是饮茶风气逐渐形成的时期，为官者往往以饮茶来提倡节俭之风。同时，信佛教的人越来越多，佛教要求禅定入静。茶可提神，逐渐成为佛家修禅的必备之物，茶在僧人中开始流行起来。随着社会各阶层人士对茶饮活动的推广和对茶认识的深入，茶具逐渐独立出来，成为窑口陶瓷产品新门类。现国家博物馆馆藏的南北朝的青釉刻莲花纹带托瓷盏就是证明。

5. 兴起于唐代

唐承袭汉魏六朝的传统，同时融合了各少数民族及外来文化精华，成为中国文化史上的辉煌时期，进而也成为茶的"黄金时代"。茶文化在唐朝兴起主要有以下原因：一是唐朝时国家统一、经济强大、文化兴盛，为饮茶风气的形成创造了有利条件。二是宗教的兴盛对饮茶风气的形成起到了推动作用。唐代儒、佛、道"三教合一"的文化现象同茶文化的兴盛有着不可分割的联系。尤其是唐朝佛教思想已深入人民生活，唐代寺观众多，信徒遍布全国各地，饮茶风气盛行。“自古名寺出名茶”，中唐后，出现了“庙庙种茶、无僧不茶”的风尚。三是陆羽《茶经》的问世，是茶文化兴于唐朝的重要标志。

6. 鼎盛于宋代

宋代的茶叶生产空前发展，城镇茶馆风靡各地，既形成了豪华极致的宫廷茶文化，又兴起了趣味盎然的市民茶文化。宋代茶文化的鼎盛主要表现在三个方面。

一是制茶工艺精益求精。太平兴国二年，宋太宗为了“取象于龙凤，以别庶饮”，派遣官员到建安北苑专门监制“龙凤茶”。龙是皇帝的象征，凤是吉祥之物，精制的龙凤茶显示了皇帝的尊贵。宋代创制的“龙凤茶”，把我国古代蒸青团茶的制作工艺推向一个历史高峰，拓宽了茶的审美范围，为后代茶叶制形艺术发展奠定了审美基础。如现今云南产的“圆茶”“七子饼茶”之类就具有宋代遗留痕迹。

二是饮茶之习空前普及，茶馆盛行。继晚唐时期饮茶普及后，宋代饮茶也成了人们日常生活中不可或缺的东西。如王安石《议茶法》认为：“茶之为民用，等于米盐，不可一日以无。”吴自牧《梦粱录》说得更直白：“盖人家每日不可阙者，柴、米、油、盐、酱、醋、茶。”这就是后来所说的俗语“开门七件事”。炽盛的茶风，促进了茶馆的盛行。宋京都以至外郡、市、镇茶楼林立，时称茶坊、茶屋、茶肆、茶居等，北宋张择端《清明上河图》就展现了东京开封城茶坊酒肆生意兴隆的繁荣景象。

三是品茗方法有重大改进，斗茶之风盛行。宋代的品茗方法主要有“点茶法”“烹茶法”和“泡茶法”等方法。无论何种饮茶方法和文化类型，都有风韵潇洒的斗茶，又称“茗战”。斗茶，始于唐时福建建安一带，到了宋朝，为决出进贡朝廷的上品茶，遂使斗茶之风兴盛。斗茶是重在观赏的综合性技艺，包括鉴茶辨质、细碾精罗、候汤调和、点茶击拂等环节，每个步骤都须精究熟练，最关键的工序为点茶与击拂，最精彩部分集中于汤花的显现。宋代还流行一种技巧性很高的烹茶技艺，叫作分茶，又称茶百戏或汤戏，与汤面直接接触，易于把握。还有技高一筹者，不配以“搅”，而直接“注”出汤花来，即单手提壶，使沸水由上而下注入放好茶末的盏（碗）中，立即形成变幻万端的景象。宋代诗人杨万里描述分茶情景：“分茶何似煎茶好，煎茶不似分茶巧……”

7. 革新于明代

明代是我国茶事发展史上的又一鼎盛时期。茶文化的发展主要反映在四个方面。一是饮茶方法的变革，明太祖朱元璋以国家法令形式废除了团饼茶，他于洪武二十四年（公元 1391 年）下令：“罢造龙团，惟采茶芽以进”。从此向皇室进贡的只要芽叶形的散茶，民间自然效仿成风，并将煎煮法改为随冲泡随饮用的冲泡法，从此改变了我国千古相沿成习的饮茶法，使叶茶和芽茶成为我国茶叶生产和消费的主导方面。

二是制茶技术的革新。明代在制茶上，普遍改蒸青为炒青，这对芽茶和叶茶的普遍推广提供了极为有利的条件，同时，也使炒青等制茶工艺达到炉火纯青的程度。

三是茶类得到发展。除绿茶外，明朝开发了黑茶、花茶、乌龙茶等种类。用以窨茶的鲜花除茉莉外，更扩展到玫瑰、蔷薇、橘花、丁香、梅花和莲花等10余种。乌龙茶、红茶都始创于明代。

四是饮茶用具大为简化。唐宋流行煎茶、斗茶，饮茶用具非常繁杂，明代流行冲泡饮，饮茶用具大为简化，茶盏和茶壶成为最基本的茶具。明代一改唐宋的崇金贵银，转为推崇陶质、瓷质，呈现出返璞归真的趋向。

8. 普及于清代

清代随着封建农业、手工业的发展，商品经济程度也较明代有显著提高，茶叶产量也较明代有大幅度提高，茶叶贸易相当发达，不仅大量投放国内市场，还远销海外。饮茶风气进一步从文人雅士刻意追求、创造和欣赏的小圈里走出来，真正踏进寻常巷陌，走入万户千家，成为社会普遍的需求。清末至新中国成立前的100多年，传统的中国茶文化日渐衰微，饮茶之道在我国大部分地区逐渐趋于简化。但在清末民初，城市乡镇的茶馆、茶肆、茶摊、茶亭仍比比皆是。“客来敬茶”已成为普通人家的礼仪。

9. 再发展于现代

现代茶文化的发展，经历了初兴阶段、复苏阶段以及发展阶段。

初兴阶段是指1980年至1989年。1981年至1982年全国茶叶积压，点燃了茶文化宣传的火种。为了开拓国内市场，引导消费，国家商业部茶叶畜产局组织各地大力开展茶知识宣传，扩大茶叶销售。中央电视台《为您服务》栏目介绍茶的知识，接着各地也纷纷开展了饮茶的宣传活动。庄晚芳教授主编的通俗读物《饮茶漫话》，1983年被日本的松崎芳郎翻译连载，为茶文化的宣传提供了基本框架。在庄晚芳教授的倡导下，1982年在杭州成立“茶人之家”，并出版了当时唯一的茶文化刊物《茶人之家》。1988年吴觉农先生主编的《茶经述评》也正式出版发行。这几年间，各种茶学研讨会也陆续举办。同年，庄晚芳先生提出的中国茶德“廉、美、和、静”四字原则，引起了茶学界的广泛关注和讨论，成为中国茶道的基本精神。1989年9月10日至16日，“首届茶与中国文化展示周”在北京民族文化宫举行，全面展示了中华茶文化的深厚底蕴和丰富多彩的内涵。全国有120余家茶叶主管企业参加展出。日本、美国、英国、摩洛哥、突尼斯、巴基斯坦、毛里塔尼亚等国家和中国香港、台湾地区的多家企业应邀参加贸易洽谈。

复苏阶段主要是指1990年至1999年。为了弘扬茶文化，业内的民间社团纷纷组建。1990年中华茶人联谊会在北京正式成立，担负起国内茶人和世界华人的茶文化交流任务。1992年中国茶叶流通协会在浙江宁波召开成立大会，也将弘扬茶文化列为工作任务之一。1994年中国国际茶文化研究会经过多年酝酿在杭州宣告成立。中国国际茶文化研究会从成立至今已连续举办十二届国际茶文化研讨会，研讨会的规模一次比一次大，规格一次比一次高，内容一次比一次丰富，影响一次比一次广泛。1999年举办了第二次中国茶文化展示周活动。此次活动比1989年的规模更大，档次更高，展品更精，文化内容更丰富。

在这十年中，出版发行的书籍有《中国茶经》《中国茶事大典》《中国茶文化经典》《中国茶叶大辞典》《中国古代茶叶全书》《中国茶叶五千年》《中国名茶志》等，还有历代的茶史、茶道、茶艺、茶具、茶馆、茶人传记、各地名茶以及众多介绍茶文化的丛书，为进一步弘扬和发展茶文化提供了翔实的基础资料。

发展阶段是指 2000 年至今。这一阶段,是茶文化与构建和谐社会紧密融合的阶段。泡茶饮茶艺术受到更广泛的重视，人们从审美角度宣传茶文化。各地大力发掘和整理深藏在民间的各种饮茶习俗和各种茶类的泡饮方法，并经过艺术加工搬进茶馆，搬上舞台。2001 年和 2002 年，几个全国性的行业社团联合在广西横县举办了两届全国茶道茶艺表演赛。2003 年和 2004 年，又在云南思茅举办了两届全国民族茶艺表演赛，推动了饮茶艺术的发展。与此同时，各地的茶艺培训工作也如火如荼地展开。而且茶艺培训工作开办到日本、韩国等国家，国外来华接受茶艺培训的人数也越来越多。至此，我国茶文化发展的盛世已经来临。

模块二　茶艺与茶道

学习目标

熟练掌握茶艺与茶道的含义、内容以及特点；
能运用茶艺与茶道的知识于茶事服务活动中；
深刻理解茶艺与茶道的核心思想。

课前任务

利用网络，查询下列问题的相关知识。

（1）什么是茶艺？茶艺有哪些分类？

（2）什么是茶道？

任务分工与实施

（1）各小组成员在组长的带领下，查阅茶艺与茶道相关知识（可以是新闻、短视频、文章等），尝试解决课前任务。

（2）各组长组织成员分享我国当前比较有影响力的茶人与其茶道精神相关故事，并分享阅读心得，说说自己对茶道的理解。

学习模块相关知识点

任务一　茶艺概述

中国茶艺早在唐、宋时期就已经发展到了相当的高度，“茶”与“艺”已密不可分。“茶艺”这一名称正式形成有一个过程，最早出现于20世纪70年代的台湾。当时的台湾开始出现茶文化复兴浪潮，之后于1978年酝酿成立有关茶文化组织时，接受了台湾民俗学会理事长娄子匡教授的建议，开始使用“茶艺”一词，现已被茶文化界所认同和接受，然而对茶艺概念的理解却存在一定程度的混乱。

一、茶艺的含义

茶艺是指制茶、烹茶、品茶等艺茶之术。包括茶叶品评技法和艺术操作手段的鉴赏以及品茗美好环境的领略等品茶过程的美好意境，其过程体现形式和精神的相互统一，是饮茶活动过程中形成的文化现象。

一般认为，从广义的角度来研究，茶艺是一门研究茶叶的生产、制造、经营、饮用的方法和探讨茶业原理、原则，以达到物质和精神享受的学问。也就是说，凡是有关茶叶的产、制、销、用等一系列的过程，都属于茶艺研究的范围。例如，制茶工艺、选购茶叶、择水选器、泡茶品茶、茶叶经营、茶艺美学等。

狭义的茶艺指的是研究如何泡好一壶茶的技艺和如何享受一杯茶的艺术。

茶艺包含了“茶之技”“茶之艺”和“茶之道”三层含义。“茶之技”是指制茶、泡茶、饮茶的技法；“茶之艺”指茶类冲泡品饮过程的艺术展现；“茶之道”是指做茶过程的一种修行，一种人生的感悟，是一种人生哲学。“茶之技”和“茶之艺”属于“形而下”部分，“茶之道”是“形而上”层面的内容。

二、茶艺的类型

根据不同的划分原则和标准，茶艺可以具体分为以下类型。

1. 以茶事功能来分

可分为生活型茶艺、经营型茶艺、表演型茶艺。生活型茶艺主要包括个人品茗和奉茶待客两方面。经营型茶艺主要指在茶馆、茶艺馆、茶叶店、餐饮店、宾馆以及其他经营场所为消费者服务的茶艺。表演型茶艺又可以分为技艺型茶艺表演（如四川茶馆的掺茶）和艺术型茶艺表演（如现在普遍表演的经过艺术加工的各种类型的茶艺）。

2. 以茶叶种类来分

一般是按照基本茶类，即六大茶类再来细分，如红茶茶艺、绿茶茶艺、乌龙茶茶艺。还有再加工茶类的茶艺，如花茶也有茶艺表演。

3. 以泡茶器具来分

主要有壶泡法（包括紫砂壶小壶冲泡、瓷器大壶冲泡）茶艺，还有盖碗泡法茶艺和玻璃杯泡法茶艺。

4. 以冲泡方式来分

主要有煮茶法、点茶法、泡茶法等。

5. 以社会阶层来分

包括宫廷茶艺、文士茶艺、宗教茶艺、民间茶艺等。

6. 以民族来分

可分为汉族茶艺、少数民族茶艺。少数民族茶艺当中包括蒙古族、藏族、维吾尔族、回族、白族、苗族、侗族、土家族、傣族、裕固族、纳西族、基诺族、布朗族、景颇族、彝族、佤族茶艺等。如大家所熟知的蒙古族咸奶茶茶艺表演、藏族酥油茶茶艺表演、白族三道茶茶艺表演、纳西族龙虎斗茶艺表演。

7. 以地域来分

如北京盖碗茶、西湖龙井茶、婺源文士茶、修水礼宾茶等。

8. 以时期来分

可分为古代茶艺和当代茶艺。古代茶艺又根据历史时期分为唐代茶艺、宋代茶艺、明代茶艺、清代茶艺等。

三、茶艺的特点

不论何种茶艺，都具有一些共同的特点，都能体现出中国茶艺的共性和个性的和谐统一。这主要为：

一是哲理为先。中国茶艺最讲究的是道法自然，崇尚简净。道法自然，就是与自然相一致、相契合，物我两忘，发自心性。崇尚简净是以简为德，心静如水，怡然自得，返璞归真。

二是审美为重。中国茶艺之美表现在自由旷达，毫不造作，注重内省，不拘一格。所以，中国茶艺虽然有规范要求，但不僵化、不凝滞，而是充满着生活的气息、生命的活力。

三是个性为要。中国茶艺注重意境，百花齐放。茶艺多姿多彩，儒雅含蓄与热情奔放，空灵玄妙，清丽脱俗，各种风格都能一一展现。

四是实用为佳。茶是用来喝的，是开门七件事之一，是和老百姓的生活息息相关的。因此，中国茶艺不仅关注冲泡过程，同时注重把茶的滋味感觉、心理感受很好地融为一体，追求一种极好的生活享受。

四、学习茶艺的意义

1. 弘扬文化

茶艺既是古老的又是现代的，更是未来的。茶艺的发展方兴未艾，茶艺这一中华民族的瑰宝，以中华民族五千年灿烂文化内涵为底蕴屹立于世界文化之林。通过茶艺的学习和展示，传播中国茶文化，弘扬中华民族文化，让世界更加了解中国。

2. 净化心灵

茶是自然的产物，既可满足人的物质需求，同时又可以使人与自然融为一体，真实感受自然赐予人类的世界。所以说，茶是一“艹”、一“木”、一“人”生，体现了人与自然的和谐统一。唐代陆羽在《茶经》中说：“茶宜精行俭德之人”，宋代苏东坡说：“从来佳茗似佳人”，清代郑板桥说：“只和高人入茗杯”。自古以来，茶品、人品往往被人们相提并论。

通过“形而下”的习茶，了解茶，品茶、评茶，往往能够使人在不知不觉之中，进入一种忘我的境界，远离尘嚣，远离污染，给身心带来愉悦，习得茶洁净淡泊、朴素自然的高贵品质。从而达到净化心灵的目的。

在享受茶艺之美的过程中，借助于茶的灵性，我们去感悟生活，不断调适自己，慎独自重，自我修养，自我超越，可保持一种良好的心态。

3. 强健身体

茶作为一种保健饮料，已广泛地被世界人民所接受。饮茶能振奋精神，广开思路，清除身心的疲劳；饮茶能让人精神愉快，身体健康；茶艺活动能规范人们的行为，养成良好的习惯；以茶入菜或以茶佐菜，可发挥茶的美味营养功效，增添饮食的多样化和生活情趣。

鉴于茶对于人体的保健作用，很多国家都在开发茶叶的综合利用，我国已经生产出红茶菌、保健茶、养生茶、降脂延寿茶等茶类保健品。这些茶叶产品的开发，为茶艺事业的发展开辟了更为广阔的空间。

4. 掌握技能

茶艺是一门综合性的艺术，更是一门生活技能。茶艺涉及文化、科技、经济、艺术、教育等领域。通过习茶，人们可以探求知识、掌握技能、完善自我、丰富人生。

随着茶事业的发展、茶艺馆的普及以及国际茶文化交流的日益频繁，茶艺作为一种职业技能也受到社会越来越多的关注。劳动部门已把茶艺作为从业资格培训中的一项专门技能，提出相应的培训要求和从业资格的要求。学习茶艺，对于个人的从业、择业，以及事业的发展，都能提供有力的支持和帮助。

5. 美化生活

茶艺可雅俗共赏。不同地位、不同信仰、不同文化层次的人对茶艺有不同的追求。贵族讲“茶之珍”，意在炫耀权势，夸示富贵，附庸风雅；文人学士讲“茶之韵”，托物寄怀，激扬文思，交朋结友；佛家讲“茶之德”，意在去困提神，参禅悟道，间性成佛；道家讲“茶之功”，意在品茗养生，保生尽年，羽化成仙；普通百姓讲“茶之味”，意在去腥除腻、涤烦解渴、美化生活、享受人生。

品茗赏艺，既是一种物质享受，更是一种精神体验。茶艺既是一种休闲，更是一种文化。学习茶艺，经常参加茶艺活动，对于提升生活的品位，美化我们的生活，是现实生活中的一个很好的选择。

任务二　茶道概述

茶道源于中国。唐代诗僧皎然《饮茶歌诮崔石使君》诗中有：“孰知茶道全尔真，唯有丹丘得如此”，这是茶道一词最早出现的记载。

一、茶道的基本含义

《易经》曰：“一阴一阳谓之道”。意思是：阴阳的交合是宇宙万物变化的起点。或者说：阴阳是世间万物的本体。茶道之“道”，有多种含义：一指宇宙万物的本体；二指事物的规律和准则；三指思想体系；四指技艺与技术。茶道是指以一定的环境为基础，以品茗、制茶、冲泡等技法为手段，以语言、动作、器具等为体现，以饮茶过程中的精神追求为核心的一种生活艺术，是一种以茶为媒的生活礼仪，也是一种以茶修身的生活方式，具有一定的时代性和民族性。茶道涉及艺术、道德、哲学、宗教等领域。茶道有环境、礼法、茶艺、修行四大要素。

茶道是茶文化的最高境界。茶道与传统的儒、道、佛相融合，体现了中国茶文化的风貌。儒家以茶修德，道家以茶修心，佛家以茶修性，三家都通过茶这一媒介，使修身达到“道”的境界。中国茶道是东方哲学思想的具体体现。近年来许多专家对“茶道”的解释见仁见智，在此，介绍几种具有代表性的观点。

当代茶圣吴觉农在《茶经评述》一书中提出，茶道是“把茶视为珍贵、高尚的饮料，饮茶是一种精神上的享受，是一种艺术，或是一种修身养性的手段”。他把茶道作为一种精神境界上的追求，一种具有教化功能的艺术审美享受。

庄晚芳先生在《中国茶史散论》中写道：“茶道就是一种通过饮茶的方式，对人们进行礼法教育、道德修养的一种仪式。”他还归纳出中国茶道的基本精神为：廉、美、和、敬，其基本内容是：廉俭育德、美真康乐、和诚处世、敬爱为人。

陈香白先生在其《中国茶文化纲要》中认为：“中国茶道包含茶艺、茶德、茶礼、茶理、茶情、茶学说、茶导引七种义理，中国茶道精神的核心是和。”“中国茶道就是通过茶事过程，引导个体在美的享受中走向完成品德修养以实现全人类和谐安乐之道。”陈香白先生的茶道理论可简称为“七义一心”论。

作家周作人先生在《恬适人生》中说得比较随意，他认为：“茶道的意思，用平凡的话来说，可以称为忙里偷闲，苦中作乐，在不完全现实中享受一点美与和谐，在刹那间体会永久”。

台湾的学者也提出了很多独到的见解。如刘汉介先生在《中国茶艺》一书中提出：“所谓茶道，是指品茗的方法与意境。”

林治先生编著的《中国茶道》中提出了中国茶道的“四谛”是“和、静、怡、真”，从更深层次上涵盖了茶道的精神内涵。

二、中国茶道的基本精神

中华民族崇尚自然，对茶道的追求亦如此。中国茶道不仅讲究表现形式，更注重其精神内涵。我国台湾中华茶艺协会第二届大会通过茶艺基本精神是“清、敬、怡、真”。茶叶界泰斗庄晚芳教授对茶道的基本精神理解为“廉、美、和、敬”。目前，茶文化界的专家林治先生认为“和、静、怡、真”是中国茶道的四谛。其中，“和”是中国茶道的哲学思想核心，是茶道的灵魂；“静”是中国茶道修习的必由途径；“怡”是中国茶道修习实践中的心灵感受；“真”是中国茶道的终极追求。这一提法得到了茶学界的推崇。

三、中国茶道的传播

1. 向日本传播

中国茶道的传播始于南宋绍熙二年（公元 1191 年）日本僧人荣西首次将茶种从中国带回日本，从此日本才开始遍种茶叶。在南宋末期（公元 1259 年）日本南浦昭明禅师来到我国浙江省余杭县的径山寺求学取经，学习了该寺院的茶宴仪程，首次将中国的茶道引进日本，成为中国茶道在日本的最早传播者。日本《类聚名物考》对此有明确记载："茶道之起，在正元中筑前崇福寺开山南浦昭明由宋传入。"日本《本朝高僧传》也有"南浦昭明由宋归国，把茶台子、茶道具一式带到崇福寺"的记述。直到日本丰臣秀吉时代（公元 1536—1598 年，相当于我国明朝中后期）千利休成为日本茶道高僧后，才高高举起了"茶道"这面旗帜，并总结出茶道四规："和、敬、清、寂"，显然这个基本理论是受到中国茶道精髓的影响而形成的。

2. 向韩国传播

韩国与中国自古关系密切，早在公元六七世纪，由前往中国修习佛法的僧人将中国茶及其品茗方法带回新罗（古之朝鲜半岛国家之一），很快茶饮便风行全国。中国儒家的礼制思想对韩国影响很大，儒家的中庸思想被引入韩国茶礼之中，形成"中正"精神。创建"中正"精神的是草衣禅师，他在《东茶颂》里提倡"中正"的茶礼精神，指的是茶人在凡事上不可过度也不可不及的意思。后来韩国的茶礼精神归结为"清、敬、和、乐"或"和、敬、俭、真"四个字，也折射了朝鲜民族积极乐观的生活态度。

韩国茶礼的种类繁多，各具特色。按茗茶类型来分，有"末茶法""饼茶法""钱茶法"和"叶茶法"四种。

茶博士——"茶禅一味"

唐人饮茶之风，最早始于僧家，"茶禅一味"的典故源自赵州和尚那句著名的偈语——"吃茶去"。赵州和尚即著名的唐代名僧从谂（公元 778－897），因常住赵州（今河北省赵县）观音院（今柏林寺），又称"赵州古佛"，由于其传扬佛教不遗余力，时谓"赵州门风"。他于禅学于茶学都有很高的造诣，《广群芳谱·茶谱》引《指月录》文曰："有僧到赵州从谂禅师处，僧曰：'新近曾到此间么？'曰：'曾到。'师曰：'吃茶去。'又问僧，僧曰：'不曾到。'师曰：'吃茶去。'后院主问曰：'为甚么曾到也云吃茶去，不曾到也云吃茶去？'师召院主，主应诺。师曰：'吃茶去。'"

茶道传入日本，"茶禅一味"成为日本茶道主要思想。安土桃山时期日本茶圣千利休将"侘寂"引入茶道，结合茶禅一味，形成了如今日本茶道的基础。

（根据网络资料整理，资料来源：http://www.360.doc.com/content/14/0804/16/14447728_399371391.shtml）

四、茶艺与茶道的关系

由于古人对"茶艺""茶道"没有明确的定义，于是今人对这个概念的认识就有了很大的分歧。陆羽在《茶经·一之源》中就指出："茶之为用，味至寒，为饮最宜精行俭德之人。”饮茶者应是注意操行具有俭朴美德之人，陆羽已经对饮茶者提出品德要求，喝茶已不再是单纯地满足生理需要的解渴、解乏了。唐末刘贞亮在《茶十德》中更指出：“茶利礼仁”，“以茶表敬意”，“以茶可雅心”，“以茶可行道”。可见，早在唐代就已经喝茶有道了。

王玲教授在其著作《中国茶文化》中指出：“茶艺与茶道精神，是中国茶文化的核心。我们这里所说的‘艺’，是指制茶、烹茶、品茶等艺茶之术；我们这里所说的‘道’，是指艺茶过程中所贯彻的精神。有道而无艺，那是空洞的理论；有艺而无道，艺则无精、无神。……茶艺，有名，有形，是茶文化的外在表现形式；茶道，就是精神、道理、规律、本源与本质，它经常是看不见、摸不着的，但你却完全可以通过心灵去体会。茶艺与茶道结合，艺中有道，道中有艺，是物质与精神高度统一的结果。”蔡荣章先生也认为：“如要强调有形的动作部分，则使用‘茶艺’，强调茶引发的思想与美感境界，则使用‘茶道’。指导‘茶艺’的理念，就是‘茶道’”。

也就是说，茶艺是茶道的具体形式，茶道是茶艺的精神内涵，茶艺是有形的行为，茶道是无形的意识。总之，茶道精神是茶文化的核心，是指导茶文化活动的最高原则。

五、茶艺师的境界

茶艺师是指在茶室、茶楼等场所，展示茶水冲泡流程和技巧，以及传播品茶知识的人员。随着我国人民生活水平的提高，人们越来越重视健康与保健。同时，大众对于文化消费要求也会随之提升，社会对茶艺表演的认知度和需求量将逐年增加。茶艺师的地位和需求量将得到大幅度提高，茶艺师这一职业已被社会所广为认知。可以说茶艺师是一个具有广阔前景的职业。

1999 年国家劳动部正式将“茶艺师”列入《中华人民共和国职业分类大典》1800 种职业之一，2006 年制订了《茶艺师国家职业标准》，规定了凡是从事相关职业的人员都需参加茶艺师资格鉴定，取得相应资格后方可上岗。2018 年制定了《茶艺师国家职业技能标准》，茶艺师由国家职业资格鉴定转变为职业技能等级鉴定，本职业共设五个等级，分别为初级（职业技能五级）、中级（职业技能四级）、高级（职业技能三级）、技师（职业技能二级）、高级技师（职业技能一级）。

合格的茶艺师分为两个层次。一是“艺”的层次，即茶艺师对茶的自然属性有较深刻的理解，冲泡技术高超，把茶的物质属性发挥得非常好，但尚未领悟茶的精神内涵。这种茶艺师或可称为茶技师。二是“道”的层次，茶艺师已经领悟了“茶是生命”的真谛，与茶有了心灵上的交流与沟通，并注入了自己的思想感情，由懂茶性、顺茶性进而驾驭茶性。使茶真正进入人的思想领域，至此才能切实体会“两腋习习清风生”的感觉，在这一层面上才可称为真正的茶艺师。也是在这一层面上才能欣赏到真正的美，品茶、艺茶至此，对茶道才会有所领悟。

总之，有技术而无精神谓之技，有技术又有精神谓之艺。由艺进而怡情养性、感受自然、感悟人生谓之茶道，如此，才会达到茶禅一味的境界。

茶博士——陆羽与《茶经》

陆羽（733—804），字鸿渐（一名疾，字季疵），自号桑苎翁，又号竟陵子，湖北竟陵人。宋代欧阳修撰《新唐书·隐逸·陆羽传》记载："陆羽为弃儿，由龙盖寺智积禅师收养。"唐代寺院多植茶树，故陆羽自幼熟练于茶树种植、制茶、烹茶之道，年幼时已是茶艺高手。陆羽 12 岁时离开寺院，浪迹江湖。天宝五年（公元 746 年），陆羽得识竟陵太守李齐物，开始研习诗书。后又与礼部员外郎崔国辅结为忘年之交，而崔国辅与杜甫友善，长于五言古诗，陆羽受其指授，学问大进。陆羽 22 岁时告别家乡，云游天下，结交四方挚友，立志茶学的研究。

公元 755 年，陆羽住乌程苕溪（今湖州），结识了许多著名文人，如大书法家颜真卿、诗僧皎然，以及诗人孟郊、皇甫冉等。多年的云游生活使他积累了大量有关各地茶的资料，江南清丽宜雅的山林水郭，友人的倾力支援，给他带来了著书立说的激情。《茶经》就是这段时间写下的。

《茶经》对茶的起源传说、历史记载，采摘、加工、煮烹、品饮之法，水质、茶器，以及与之紧密相关的文化习俗等内容皆作了系统全面的总结，从而使茶学升华为一门自然与人文紧密结合的崭新学科。《茶经》的诞生，标志着中国茶文化步入成熟时期。

（资料来源：宋一明，《茶经译注》，上海：上海古籍出版社）

模块三　茶与文学艺术

学习目标

熟悉我国历代茶诗、茶联的代表作，并在学习活动中进行简单的创作与运用；了解我国茶与绘画、书法、歌舞等的联系及其独特的魅力。

课前任务

利用网络，查询下列问题的相关知识。

（1）我国历史上有名的茶诗歌与茶人故事。

（2）我国历史上有名的茶画、书法作品。

任务分工与实施

（1）各小组成员在组长的带领下，查阅茶诗歌、茶画、书法作品（可以是新闻、短视频、文章等），尝试解决课前任务。

（2）各组长组织成员分享搜集到的茶诗歌、茶画、书法作品，并谈谈感想。

学习模块相关知识点

任务一　茶与文学

中华茶文化的内涵博大精深，涉及领域非常广泛，有科技教育、文学艺术、医学保健、历史考古、经济贸易、餐饮旅游和新闻出版等。其中，茶与文学艺术中的诗歌、对联、书法以及绘画有着很深的关联。

一、茶诗

中国茶诗萌芽于晋，兴起于唐宋，发展于元明。据统计，中国历代以茶为题材和内容涉及茶的茶诗有数千首，盛唐以后的中国著名诗人几乎全都留下了咏茶诗篇。现摘录几首不同风格的名篇以供欣赏。

1. 《答族侄僧中孚赠玉泉仙人掌茶》——唐·李白（701—762，字太白，号青莲居士）

常闻玉泉山，山洞多乳窟。仙鼠如白鸦，倒悬清溪月。
茗生此中石，玉泉流不歇。根柯洒芳津，采服润肌骨，
丛老卷绿叶，枝枝相接连。曝成仙人掌，似拍洪崖肩。

据说这是中国历史上第一首以茶为主题的茶诗，也是名茶入诗第一首。

2. 《走笔谢孟谏议寄新茶》——唐·卢仝（约 795—835，自号玉川子）

……
一碗喉吻润，两碗破孤闷。
三碗搜枯肠，惟有文字五千卷。
四碗发轻汗，平生不平事，尽向毛孔散。
五碗肌骨清，六碗通仙灵。
七碗吃不得也，唯觉两腋习习清风生。
莲莱山，在何处？玉川子乘此清风欲归去。
山上群仙司下土，地位清高隔风雨。
安得知百万亿苍生命，堕在巅崖受辛苦。
便为谏议问苍生，到头还得苏息否？

茶诗中，最脍炙人口的，首推卢仝的《走笔谢孟谏议寄新茶》。卢仝的这首诗细致地描写了饮茶的身心感受和心灵境界。

3. 《茶》——唐·元稹（779—831，字微之）

茶，
香叶，嫩芽，
慕诗客，爱僧家。
碾雕白玉，罗织红纱。
铫煎黄蕊色，碗转曲尘花。
夜后邀陪明月，晨前命对朝霞。
洗尽古今人不倦，将知醉后岂堪夸。

元稹的这首宝塔茶诗，先后表达了三层意思：一是从茶的本性说到了人们对茶的喜爱；二是从茶的煎煮说到了人们的饮茶习俗；三是就茶的功用说到了茶能提神醒酒。

4. 《和章岷从事斗茶歌》——宋·范仲淹（989—1052，字希文）

年年春自东南来，建溪先暖冰微开。
溪边奇茗冠天下，武夷仙人从古栽。
……
黄金碾畔绿尘飞，碧玉瓯中翠涛起。
斗茶味兮轻醍醐，斗茶香兮薄兰芷。
其间品第胡能欺，十目视而十手指。

胜若登仙不可攀，输同降将无穷耻。
吁嗟天产石上英，论功不愧阶前倶。
众人之浊我可清，千日之醉我可醒。
屈原试与招魂魄，刘伶却得闻雷霆。
卢仝敢不歌，陆羽须作经。
森然万象中，焉知无茶星。
商山丈人休茹芝，首阳先生休采薇。
长安酒价减千万，成都药市无光辉。
不如仙山一啜好，泠然便欲乘风飞。
君莫羡花间女郎祇斗草，赢得珠玑满斗归。

此诗堪与卢仝《走笔谢孟谏议寄新茶》相媲美。全诗的内容主要有茶的生长采制与建溪茶的历史、斗茶场面以及茶的神奇功效三部分。

二、茶联

楹联、对联，是中华民族独有的文学艺术形式，浓缩了汉语精华，是最小单位的独立文学作品。茶联是以茶为题材的对联，是茶文化的一种文学艺术兼书法形式的载体。茶联不仅在我国广为应用，而且还传入了日本、朝鲜等国。

1. 诗句茶联

即从名人诗词中抽出适当的佳句，巧妙地集成与茶相关的对联。常见的诗句茶联收集如下。

欲把西湖比西子，
从来佳茗似佳人。

此联的上联摘自苏东坡的《饮湖上初晴后雨》，下联摘自他的另一首诗《次韵曹辅寄壑源式焙新茶》，上下联虽不是出自同一首诗，但对仗工整，平仄合律，珠联璧合，韵味无穷。

烹茶冰渐沸，煮酒叶难烧。

此联摘自曹雪芹的《红楼梦》，是芦雪庵中宝琴与湘云的即景对联。《红楼梦》一书中言及茶事多达 260 余处，难怪有人说："一部《红楼梦》，满纸茶叶香"。曹雪芹堪称是茶的千古知音。

2. 门廊茶联

在我国各地的茶馆、茶楼、茶室、茶叶店、茶座的门庭或石柱上，茶艺表演的舞台上，常可见到悬挂有以茶事为内容的茶联。

四大皆空，坐片刻，无分你我；
两头是路，吃一盏，各奔西东。

这是河南省洛阳古道一茶亭的茶联。此联通俗易懂，但通俗中隐含着佛理禅机。

为名忙，为利忙，忙里偷闲，且喝一杯茶去；
劳心苦，劳力苦，苦中作乐，再倒一碗酒来。

这是成都一茶馆名联。此联刻画出现代人紧张焦虑的处境，并以茶酒对应，联文精妙，寓意深远。

客上天然居居然天上客；
人来交易所所易交来人。

这是上海“天然居”茶联。此联将楹联中文字游戏的性质发挥到了极致，即正读倒读意思完全相同，可谓是工巧到了天衣无缝的地步，而又把茶楼之名含括其中，是可遇不可求的妙联。

坐请坐请上坐，
茶敬茶敬好茶。

这是一对有趣的茶联，传说此茶联出自一则轶事。有一天，刘镛到郑板桥家登门拜访，欲索要一幅书画。郑板桥对刘镛说“坐”，并对家人说“茶”。这时刘镛看到桌上放着一幅字，仔细观瞧后说：“我看此字虽然有郑先生的笔法，但其中的脂粉很多，我想这恐怕是令嫒所写的吧！”郑板桥听后，猜想此人定非凡俗之辈，于是便说“请坐”，又对家人说“敬茶”。当刘镛说出自己的身份后，郑板桥方知遇到了知音，非常高兴并脱口而出“请上座”，并对家人说“敬好茶”。就这样，一副“茶与坐”的对联在一位有扬州“八怪魁首”的郑板桥和有“浓墨宰相”之称的刘镛之间诞生了，并广为流传。

任务二　茶与艺术

茶与字画之缘，源远流长。一方面是书画家及其作品对饮茶事象的欣赏，对饮茶文化的宣传，对制茶技术的传播等，起着积极的推动作用；另一方面茶和饮茶艺术激发了书画家的创作激情，为丰富书画艺术的表现提供了物质和精神的内容。

一、茶与绘画

在中国美术史上，曾出现过不少以茶为题材的绘画作品。这些作品从一个侧面反映了当时的社会生活和风土人情，几乎每个历史时期，都有一些代表作并流传于世。

1. 唐代茶画

唐代阎立本的《萧翼赚兰亭图》是我们现在能够看到的最早的茶画，它保存于台北故宫博物院。《萧翼赚兰亭图》描述的是唐太宗为了得到晋代书法家王羲之写的《兰亭序》,派谋士萧翼从辩才和尚手中骗取真迹的故事。这一故事本载于唐人何延之的《兰亭记》中，而阎立本正是根据这个故事创作的。

唐代还有很多与茶相关的绘画，如张萱的《煎茶图》《烹茶仕女图》，周昉的《调琴啜茗图》等。

2. 宋代茶画

宋代传世茶画比较多，如宋徽宗赵佶的《文会图》，刘松年的《斗茶图卷》《茗园赌市图》，钱选的《卢仝烹茶图》等。

《文会图》描绘了一个二十个文人聚会的场面。在优美的庭院里，池水、山石、朱栏、杨柳、翠竹交相辉映。巨大的桌案上有丰盛的果品和各色杯盏。文士们围桌而坐，或举杯品饮或互相交谈或与侍者轻声细语或独自凝神而思，还有的则刚刚到来。旁边的一个桌几上，侍者各司其职，有的正在炭火炉旁煮水烹茶，有的正在一碗一碗地分酌茶汤。从画中可以清晰地看到各种茶具，其中有茶瓶、茶碗、茶托、茶炉、都篮等。名曰“文会”，显然也是一次宫廷茶宴。现收藏于台北故宫博物院。

3. 元代茶画

赵孟頫的《斗茶图》是元代茶画的主要代表之一。其人物的设计及其道具的安排，较多地吸取自刘松年的《茗园赌市图》的形式。图中设四位人物，两位为一组，左右相对，每组中的有长髯者皆为斗茶营垒的主战者，各自身后的年轻人在构图上都远远小于长者，他们是“侍泡”或徒弟一类的人物，是配角。

赵孟頫的《斗茶图》是绘画中以斗茶为题材的影响最大的作品。整个画面用笔细腻道遒劲，人物神情的刻画充满戏剧性张力，动静结合，将斗茶的趣味性、紧张感表现得淋漓尽致。

元代茶画的代表作还有倪瓒的《安处斋图卷》、赵原的《陆羽烹茶图》等。

4. 明代茶画

《竹炉煮茶图》原作是明代书画家王绂。明无锡惠山寺高僧性海，于洪武二十八年（1395）托湖州竹工制作一具烹茶烹水的竹炉，后又请正在寺内养病的王绂绘《竹炉煮茶图》。无锡县学教谕王达为之作序题诗。图卷毁于清代的一次火灾。数度南巡曾见过此图的乾隆皇帝十分痛惜，再度南巡时，命人仿王绂笔意补画了《竹炉煮茶图》，并题诗其上，诗云：“竹炉是处有山房，茗碗偏欣滋味长。梅韵松蕤重清晤，春风数典哪能忘”。乾隆在惠山十分倾心性海的竹茶炉，请人精心仿制两具，携入京师，今尚存故宫博物院。此后“竹炉煮茶”，遂成为茶事典故。图刻于惠山竹炉山房内壁。

明代茶画的代表作还有姚绶的《煮茶图咏》、唐寅的《事茗图》等。

5. 清代茶画

清代画家华岩所作《闲听说旧图》通过饮茶者的不同形象生动地反映了社会贫与富的对比与差别。该图以 18 世纪农村生活为背景，从画面上看，是早稻收割季节，村民们在听书休闲。最引人注目的是一富人坐在仅有的一条大长凳上，体态臃肿，神情傲慢而自得，有专人服侍用茶，送茶者恭恭敬敬双手托盘，盘里是一只小茶碗。旁边却是一位须发皆白的佝偻老人，双手抱着一只粗瓷大碗在饮茶。胖与瘦，小茶碗与大茶碗，使奴呼童与孤独无养，大长凳与小板凳，从强烈的对比差别中反映出社会的不平等。

清代茶画的代表作还有边寿民的《紫砂壶》、汪士慎的《墨梅图》、金农的《玉川先生煮茶图》等。

6. 现代茶画

现代茶画以齐白石的《煮茶图》《茶具梅花图》《寒夜客来茶当酒》以及黄宾虹、丰子恺等画家的一系列茶画为代表，直观地反映了现代茶文化的清新之风。

二、茶与书法

茶能触发文人创作的激情，提高创作效果。茶与书法的联系，在于两者有着共同的审美理想、审美趣味和艺术特性，两者以不同的形式，表现了共同的民族文化精神。这种精神让茶与书法联结了起来。

唐代是书法艺术盛行时期，也是茶叶生产的发展时期。书法中有关茶的记载也逐渐增多，其中比较有代表性的是唐代著名的狂草书家怀素和尚的《苦笋贴》。

宋代，对于中国茶业和书法史，都是一个极为重要的时代，可谓茶人迭出，书家群起。茶叶饮用由实用走向艺术化，书法从重法走向尚意。不少茶叶专家同时也是书法名家，比较有代表性的是“宋四家”：苏东坡、黄庭坚、米芾、蔡襄。

唐宋以后，茶与书法的关系更为密切，以茶为内容的作品也日益增多。流传至今的佳品有苏东坡的《一夜帖》、米芾的《道林帖》、郑燮的《溢江江口是奴家》、汪巢林的《幼孚斋中试泾县茶》等。其中，有的作品是在品茶之际创作出来的。

三、茶与歌舞

茶与歌舞结缘，历史悠久。远在唐代，诗人杜牧在《题茶山诗》中就有“舞袖岚侵涧，歌声谷答回”的描述。我国各民族的采茶姑娘，历来都能歌善舞，特别是在采茶季节，茶区随处可以见到尽情歌唱，翩翩起舞的情景。因此，在茶乡有“手采茶叶口唱歌，一筐茶叶一筐歌”之说。

在我国，以茶为题材的歌舞、音乐，就像茶诗一样丰富。可以说，在我国各省，凡是产茶的省份，诸如江西、浙江、福建、湖南、湖北、四川、贵州、云南等地，均有茶歌、茶舞和茶乐。这些歌舞、音乐大致可以分为两种类型，一类是人民大众在长期的茶事活动中，根据自己的切身体会，自编自演，再经文人的润饰加工而成的民间歌舞；另一类是文人学士根据茶乡风情，结合茶事劳作，借茶抒怀，专门创作而成的茶歌、茶舞和茶乐。这些茶歌、茶舞在不同的时期，反映了不同的茶农生活和社会面貌，其中有凄苦，也有欢乐。它们是茶区劳动者生活、感情的反映，较多地保留着茶乡的民俗、民风。

茶歌舞作为中华民族优秀的文化传统，以其独特的魅力，让世界人民深切地感受到中华茶文化所特有的高雅、深沉、平和的文化感染力。

模块四　民族茶俗

学习目标

熟悉我国汉族清饮及部分少数民族的饮茶习俗；
了解世界部分民族的饮茶习俗；
能将民族茶俗运用于具体的茶艺服务活动中。

课前任务

利用网络，查询下列问题的相关知识。

（1）我国不同民族的饮茶习俗。

（2）其他国家有代表性的饮茶习俗。

任务分工与实施

（1）各小组成员在组长的带领下，查阅国内外有代表性的饮茶习俗（可以是新闻、短视频、文章等），尝试解决课前任务。

（2）各组长组织成员分享自己家乡的饮茶习俗，并记录汇总。

学习模块相关知识点

任务一　中国部分民族茶俗

我国是一个多民族的国家，许多民族都把茶看作健身的饮料、纯洁的化身、友谊的桥梁和团结的纽带。在各自传统生活方式的影响下，各民族形成了丰富多彩的饮茶习俗。下文将介绍一些民族中有代表性的饮茶习俗。

一、汉族的清饮

汉族饮茶，虽然方式有别，目的不同，但大多推崇清饮，其方法就是将茶直接用开水冲泡，属纯茶原汁本味饮法。这种饮法能保持茶的“纯粹”体现茶的“本色”。而最有汉族饮茶代表性的，则要数品龙井、啜乌龙、吃盖碗茶、泡九道茶、喝大碗茶和饮早茶了。

1. 品龙井

龙井既是茶的名称，又是种名、地名、寺名、井名，可谓“五名合一”。杭州西湖龙井茶，色绿、形美、香郁、味甘，用虎跑泉水泡龙井茶，更是“杭州一绝”。其他鲜嫩绿茶的冲泡品饮，也与龙井茶类似。

2. 啜乌龙

在闽南及广东的潮州、汕头一带，几乎家家户户，男女老少，都钟情于用小杯细啜乌龙。乌龙茶既是茶类的品名，又是茶树的种名。啜乌龙茶很有讲究，与之配套的茶具，诸如风炉、烧水壶、茶壶、茶杯，谓之“烹茶四宝”。泡茶用水应选择甘洌的山泉水，而且必须做到沸水现冲。经温壶、置茶、冲泡、斟茶入杯，便可品饮。

3. 吃盖碗茶

汉族居住的大部分地区都有喝盖碗茶的习俗，而以我国西南地区的一些大中城市，尤其是成都最为流行。盖碗茶盛于清代，如今，在四川成都、云南昆明等地，已成为当地茶楼、茶馆等饮茶场所的一种传统饮茶方法。一般家庭待客，也常用此法饮茶。

4. 泡九道茶

九道茶主要流行于我国西南地区，以云南昆明一带最为时尚。九道茶所用之茶一般以普洱茶最为常见，多用于家庭接待宾客，所以，又称迎客茶。温文尔雅是饮九道茶的基本方式。因饮茶有九道程序，故名九道茶。一是赏茶；二是洁具；三是置茶；四是泡茶；五是浸茶；六是匀茶；七是斟茶；八是敬茶；九是品茶。

5. 喝大碗茶

大碗茶多用大壶冲泡或大桶装茶，大碗畅饮。喝大碗茶的风尚，在汉族居住的地区随处可见，特别是在大道两旁、车船码头、半路凉亭，甚至车间工地、田间劳作，都屡见不鲜。这种饮茶习俗在我国北方最为流行，尤其早年间北京的大碗茶，更是名闻遐迩，如今中外闻名的北京大碗茶商场，就是由此沿袭命名的。

6. 饮早茶

饮早茶，多见于中国大中城市，其中历史最久、影响最深的是“羊城”广州。无论在早晨工作前，还是在工作后，抑或是朋友聚议，广州人总爱去茶楼，泡上一壶茶，要上两份点心，如此品茶尝点，润喉充饥，风味横生。

二、我国部分少数民族的饮茶习俗

我国少数民族大多有自己独特的饮茶习惯，下文介绍几种比较有代表性的茶俗。

1. 白族的三道茶

白族散居在我国西南地区，主要分布在风光秀丽的云南大理，白族是一个好客的民族，大凡在逢年过节、生辰寿诞、男婚女嫁、拜师学艺等喜庆日子里，或是在亲朋宾客来访之际，都会以一苦、二甜、三回味的三道茶款待。制作三道茶时，每道茶的制作方法和所用原料都是不一样的。

第一道茶，称为清苦之茶，寓意做人的哲理：要立业，就要先吃苦。制作时，先将水烧开。再由司茶者将一只小砂罐置于文火上烘烤。待罐烤热后，随即取适量茶叶放入罐内，并不停地转动砂罐，使茶叶受热均匀，待罐内茶叶啪啪作响，叶色转黄，发出焦糖香时，立即注入已经烧沸的开水即成。

第二道茶，称为甜茶。当客人喝完第一道茶后，主人重新用小砂罐置茶、烤茶、煮茶，与此同时，还得在茶盅里放入少许红糖，待煮好的茶汤倾入盅内八分满为止。这样沏成的茶，甜中带香，甚是好喝，它寓意人生在世，做什么事，只有吃得了苦，才会有甜香来。

第三道茶，称之为回味茶。其煮茶方法与第二道茶虽然相同，只是茶盅中放的原料已换成适量蜂蜜、少许炒米花、若干粒花椒、一撮核桃仁，茶汤容量通常为六七分满。饮第三道茶时，一般是一边晃动茶盅，使茶汤和作料均匀混合；一边口中呼呼作响，趁热饮下。这杯茶，喝起来甜、酸、苦、辣，各味俱全，回味无穷。它告诫人们，凡事要多回味，切记先苦后甜的哲理。

2. 纳西族的“龙虎斗”和盐茶

纳西族主要居住在风景秀丽的云南省丽江市境内，纳西族是一个喜爱喝茶的民族。他们平日爱喝一种具有独特风味的“龙虎斗”。此外，还喜欢喝盐茶。

纳西族喝的“龙虎斗”，制作方法也很奇特，首先用水壶将茶烧开。另选一只小陶罐，放上适量茶，连罐带茶烘烤。为避免茶叶烤焦，还要不断转动陶罐，使茶叶受热均匀。待茶叶发出焦香时，向罐内冲入开水，烧煮 3～5 分钟。同时，准备茶盅，再放上半盅白酒，然后将煮好的茶水冲进盛有白酒的茶盅内。这时，茶盅内会发出“啪啪”的响声，纳西族人将此看作吉祥的征兆。声音愈响，在场者就愈高兴。纳西族认为“龙虎斗”还是治疗感冒的良药，因此，提倡趁热喝下。

3. 藏族酥油茶

藏族主要分布在我国西藏，在云南、四川、青海、甘肃等省的部分地区也有居住。藏族人常年以奶肉、糌粑为主食。其腥肉之食，非茶不消；青稞之热，非茶不解。茶成了当地人们补充营养的主要来源，喝酥油茶便成了如同吃饭一样重要的事情。

酥油茶是一种在茶汤中加入酥油等作料经特殊方法加工而成的茶汤。茶叶一般选用的是紧压茶中的普洱茶或金尖。制作时，先将紧压茶打碎加水在壶中煎煮 20～30 分钟，再滤去茶渣，把茶汤注入长圆形的打茶筒内。同时，再加入适量酥油，还可根据需要加入事先已炒熟、捣碎的核桃仁、花生米、芝麻粉、松子仁之类，最后还应放上少量的食盐、鸡蛋等。接着，用木杵在圆筒内上下抽打，根据藏族人的经验，当抽打时打茶筒内发出的声音由“咣当咣当”转为“嚓嚓”时，表明茶汤和作料已混为一体，酥油茶才算打好了。酥油茶是西藏人款待宾客的尊贵礼仪。

4. 侗族、瑶族的油茶

侗族与瑶族之间虽习俗有别，但却都喜欢喝油茶。因此，凡在喜庆佳节，或亲朋贵客进门，总喜欢用做法讲究，作料精选的油茶款待客人。

做油茶，当地称为打油茶。打油茶一般经过三道程序。首先是选茶。通常有两种茶可供选用，一是经专门烘炒的末茶；二是刚从茶树上采下的幼嫩新梢，这可根据各人口味而定；其次是选料。打油茶用料通常有花生米、玉米花、黄豆、芝麻、糯粑、笋干等，应预先制作好待用；最后是煮茶，先生火，待锅底发热，放适量食油入锅，待油面冒青烟时，立即投入适量茶叶入锅翻炒，当茶叶发出清香时，加上少许芝麻、食盐，再炒几下，即放水加盖，煮沸 3 ~ 5 分钟，即可将油茶连汤带料起锅盛碗待喝。

5. 土家族的擂茶

擂茶，又名三生汤，是用生叶（指从茶树采下的新鲜茶叶）、生姜和生米仁三种生原料经混合研碎加水后烹煮而成的汤，能提神祛邪，清火明目。姜能理脾解表，去湿发汗；米仁能健脾润肺，和胃止火，所以说擂茶是一帖治病良药。

6. 基诺族的凉拌茶和煮茶

基诺族主要分布在我国云南西双版纳地区，尤以景洪为最多。基诺族的饮茶方法较为罕见，常见的有两种，即凉拌茶和煮茶。

凉拌茶是一种较为原始的食茶方法，它的历史可以追溯到数千年以前。此法以现采的茶树鲜嫩新梢为主料，再配以黄果叶、辣椒、食盐等作料而成，一般可根据个人的爱好而定。

基诺族的另一种饮茶方式，就是喝煮茶，这种方法在基诺族中较为常见。其方法是先用茶壶将水煮沸，随即在陶罐取出适量已经过加工的茶叶，投入到正在沸腾的茶壶内，经 3 分钟左右，当茶叶的汁水已经溶解于水时，即可将壶中的茶汤注入到竹筒，供人饮用。

7. 拉祜族的烤茶

饮烤茶是拉祜族古老、传统的饮茶方法，至今仍在流行。

饮烤茶通常分为四个操作程序进行。一是装茶抖烤，先将小陶罐在火塘上用文火烤热，然后放上适量茶叶抖烤，使茶叶受热均匀，待茶叶叶色转黄，并发出焦糖香时为止；二是沏茶去沫：用沸水冲满盛茶的小陶罐，随即泼去上部浮沫，再注满沸水，煮沸 3 分钟后待饮；三是倾茶敬客，就是将在罐内烤好的茶水倾入茶碗，奉茶敬客；四是喝茶啜味，拉祜族人认为，烤茶香气足，味道浓，能振精神，才是上等好茶。因此，拉祜族人喝烤茶，总喜欢热茶啜饮。

8. 回族、苗族、彝族的罐罐茶

我国西北，特别是甘肃一带的回族、苗族、彝族同胞有喝罐罐茶的嗜好。

喝罐罐茶，以喝清茶为主，少数也有用油炒或在茶中加花椒、核桃仁、食盐之类的。罐罐茶的制作并不复杂，使用的茶具，通常一家人一壶（铜壶）、一罐（容量不大的土陶罐）、一杯（有柄的白瓷茶杯），也有一人一罐一杯的。熬煮时，通常是将罐子围放在壶四周火塘边上，倾上壶中的开水半罐，待罐内的水重新煮沸时，放上茶叶 8～10 克，使茶、水相融，茶汁充分浸出，再向罐内加水至八分满，直到茶叶又一次煮沸时，即可倾汤入杯开饮。也有些地方先将茶烘烤或油炒后再煮，目的是增加焦香味；也有的地方，在煮茶过程中，加入核桃仁、花椒、食盐等。不论何种罐罐茶，由于茶的用量大，煮的时间长，所以，茶的浓度很高，一般可重复煮 3～4 次。

任务二　世界部分国家茶俗

一、荷兰茶俗

1. 茶俗之源

荷兰人最初将茶叶传到欧洲。在 17 世纪初期，荷兰商人凭借在航海方面的优势，远涉重洋，从中国装运绿茶至爪哇，再辗转运至欧洲。当时在荷兰，茶仅仅是宫廷和豪富社交礼仪和养生健身的奢侈品。

2. 茶俗的发展

荷兰饮茶的风气逐渐流行于上层社会，人们以茶为贵，以茶为荣，以荣为阔，以茶为雅。随着人们对茶的追求和享受欲望的不断增长，荷兰人对饮茶几乎达到狂热的程度，以家有别致的茶室、珍贵的茶叶和精美的茶具而自豪。特别是一些贵妇人，她们嗜茶如命，躬亲烹茶，弃家聚会，终日陶醉于饮茶活动中，以致受到社会的抨击。18 世纪初饮茶之风的鼎盛，在荷兰上演的喜剧《茶迷贵妇人》中，可窥见一斑。但是，这一风气却对推动欧洲各国的茶事发展，起到了重要的作用。

3. 饮茶习俗

荷兰人喜欢以茶会友。凡有条件的家庭，都专门辟有一间茶室。荷兰人饮茶多在午后进行。待客时，通常一人一壶，由主人打开精致的茶叶盒，供客人自己挑选心爱的茶叶，放在茶壶中冲泡。当茶冲泡好以后，客人再将茶汤倒入杯中饮用。饮茶时，客人一般会发出“啧啧”之声，以示对主妇泡茶技艺的赏识及敬佩。

荷兰人爱饮加糖、牛乳或柠檬的红茶，而荷兰的阿拉伯裔则爱饮甘冽、味浓的薄荷绿茶，而在荷兰的中国餐馆中，幽香的茉莉花茶最受欢迎。

二、英国茶俗

1. 茶俗之源

葡萄牙是欧洲最早饮茶的国家。1662 年，嗜爱饮茶的葡萄牙公主凯瑟琳嫁给英王查理二世，将饮茶风气带入英国宫廷，后又扩展到王公、贵族及富豪、世家，随后饮茶风气又普及到民间大众，茶成为风靡英国的国饮。凯瑟琳也被誉为英国的“饮茶王后”。在那之后，英王威廉三世、女王安妮等王公贵族都热衷于饮茶，逐渐使饮茶成为英国上流社会的一种时髦活动。

2. 茶俗的发展

“下午茶”最早出现在英国。18 世纪中叶，英国人流行的是丰盛的早餐，午餐则十分简单，直到晚上 8 点钟再进丰盛的晚餐。在英国维多利亚时代的 1840 年，一个叫安娜的贝德芙公爵夫人，每到下午 4 点左右便感觉肚子有些饿，而此时距离晚餐又还有一段时间，于是她便叫女仆准备几片烤面包以及奶油和茶。后来安娜女士邀请几位闺中密友一起品茶、聊天，共享轻松惬意的下午时光。没想到这种风尚很快便在上流社会中传开，众多名媛仕女争相效仿，于是也便有了今天我们所说的“维多利亚下午茶”。这种风尚形成了一种优雅自然的下午茶文化，也成为英国茶文化最著名的标志之一。

3. 饮茶习俗

英国人喝茶与中国人喝茶在习俗方面有很大的不同：中国人喜欢喝略带苦味的清茶，讲究品茶；英国人主要喝奶茶，喜欢在茶中加入牛奶和糖，有些人还喜欢在清茶里加些柠檬汁，但一定不能同时在茶里又加奶又加柠檬汁。中国人大多喜欢喝绿茶，而英国人大多喝红茶。据说这是因为绿茶不易保存，经长期贩运，易发生霉变；而红茶是全发酵茶，不易霉变。不过另一个更可信的原因则是绿茶性寒，红茶性暖，英伦三岛四面环海，终年阴冷潮湿，于是气候决定了人们的选择。

三、俄罗斯茶俗

1. 茶俗之源

俄罗斯茶俗至今有 250 多年的历史，茶传入俄罗斯不久就本国化了。首先，沏茶用的器具应运而生。据说是乌拉尔地区的铁匠发明了“茶炊”的茶器。茶炊的构造类似我国火锅和大铜茶壶的混合体，内有炊膛，外有水龙头和把手，上有壶托，下有炉圈和通风口，旁有小烟囱。从发明至今，所用燃料先后有云杉球果、松明、煤油以及电。茶炊颇像大奖杯，也有更像是艺术品的球状、花瓶状、高脚杯状甚至蛋状茶炊。大文豪托尔斯泰的故乡图拉被公认为是茶炊之都。可以说，茶炊是每个家庭必不可少的日常用品，是传统俄罗斯家庭生活的象征。由于茶炊为手工制作，最便宜的也抵得上一头母牛，穷人往往合伙买一个，轮流坐庄。所以，从 17 世纪开始“请喝茶”就意味着“请客”，此话的意义至今没有变。

2. 茶俗的发展

可以说俄国人嗜茶如命，饮茶是每个俄罗斯人每日不可缺少的一项生活内容。大部分俄罗斯人都认为，茶这个外来饮品已成为俄罗斯的国饮。中国人饮茶就其普遍性和日常所需的重要性而言远不及几乎不产茶的俄罗斯。在俄罗斯，人们不能一日无茶，不仅一日三餐有茶，还要喝上午茶和下午茶。作为最普及的大众热饮，无论在家还是作客，无论在食品店还是咖啡馆，无论在影剧院的小吃部还是卖热狗的街头小摊上，只要有卖食品的地方，都能喝到茗香四溢的热茶。

3. 饮茶习俗

俄罗斯传统的沏茶方法是，将干净的茶壶用滚开水涮一下使之迅速晾干，放入茶叶，倒入开水后蒙上餐巾置于茶炊壶托上 5 分钟左右，可以加进一小块砂糖。茶叶泡好后往杯中倒半杯，再从茶炊兑入适量白开水。泡茶一般只泡一遍。

俄罗斯人喜欢往茶里加糖、蜂蜜、牛奶或果酱，还常常加入奶渣饼、甜点和饼干等。有一种很普通的饼干就叫“饮茶饼干”。

四、日本茶俗

1. 茶俗之源

随着中国佛教文化的传播，茶文化也同时传到了日本，饮茶很快成了日本的风尚。将南宋“抹茶”传入日本的是镰仓时代的荣西禅师；将明代的“煎茶”传入日本的是江户初期的隐元禅师。日本的茶道有抹茶道和煎茶道两种。抹茶道和煎茶道之间有着相当大的差距，一般所谓的抹茶道，叫作“茶之汤”，使用末茶。其饮茶方法是由宋代饮茶演化而来的。但是宋代采用团茶，而日本采用末茶，省去罗碾烹炙之劳，直接以茶末加以煎煮，至于煎茶则是直接由明代饮茶法演化而来的。

2. 茶俗的发展

日本茶道是通过饮茶的方式，对人们进行一种礼法教育，是道德修养的一种仪式。茶叶刚传到日本的时候非常贵重，喝茶成为上等阶层的时髦摆阔行为，后来经过几位茶道大师的改造，把佛教的“禅”引入茶道中去，使茶道逐渐完善，最终演变为贵族阶层的一种礼仪，后来广泛流行于民间。如今日本的茶道人口约达 1000 万，将近全国总人口的 1/10。

3. 饮茶习俗

日本茶道具有一整套的严格程序和规则。茶道品茶一般在茶室中进行。正规茶室多起有“××庵”的雅号。茶室基本上都是中间设有陶制炭炉和茶釜，炉前摆放着茶碗和各种用具，周围设主、宾席位以及供主人小憩用的床等。

接待宾客时，待客人入座后，由主持仪式的茶师按规定动作点炭火、煮开水、冲茶或抹茶，然后依次献给宾客。客人按规定须恭敬地双手接茶，先致谢，而后三转茶碗，轻品，慢饮，奉还。点茶、煮茶、冲茶、献茶，是茶道仪式的主要部分，需要专门的技术和训练。

日本茶道品茶分轮饮和单饮两种形式。轮饮是客人轮流品尝一碗茶，单饮是宾客每人单独一碗茶。饮茶完毕，按照习惯客人要对各种茶具进行鉴赏，赞美一番。最后，客人向主人跪拜告别，主人则热情相送。

日本茶道还讲究遵循“四规”“七则”。四规指“和、敬、清、寂”，乃茶道之精髓。“和”“敬”是指主人与客人之间应具备的精神、态度和礼仪。“清”“寂”则是要求茶室和饮茶庭院应保持清净典雅的环境和气氛。“七则”指的是提前备好茶，提前放好炭，茶室应冬暖夏凉，室内插花保持自然美，遵守时间，备好雨具，时刻把客人放在心上。

五、韩国茶俗

1. 茶俗之源

韩国“茶礼”源于中国。在我国的宋元时期，韩国的茶文化曾兴盛一时。全面学习中国茶文化的韩国人，创立了以韩国“茶礼”为中心的韩国茶文化。当时，韩国普遍流传我国宋元时期的“点茶”，约在我国元代中叶后，韩国众多茶房、茶店、茶食、茶席发展得更为普及。

2. 茶俗的发展

20 世纪 80 年代，韩国茶文化再度复兴，成立了“韩国茶道大学院”，专门传授茶文化。韩国茶道的宗旨是“和、敬、俭、真”。“和”即善良之心地，“敬”即彼此间敬重、礼遇，“俭”，即生活俭朴、清廉，“真”即心意、心地真诚、人与人之间以诚相待。

3. 饮茶习俗

韩国传统茶的种类较多，比较常见的是五谷茶，像大麦茶、玉米茶等。药草茶有五味子茶、百合茶、艾草茶、葛根茶、麦冬茶、当归茶、桂皮茶等。水果几乎无一例外都可以制成水果茶，包括大枣茶、青梅茶、柚子茶、柿子茶、橘皮茶、石榴茶等。

这些传统茶中又以大麦茶最为出名。大麦茶是用烘炒过的大麦放在开水中泡制而成的，不但香气诱人，而且富含维生素、矿物质、蛋白质、膳食纤维等对人体有益的物质，因而成为最受韩国家庭欢迎的大众茶，不少韩国人甚至习惯喝大麦茶来代替喝水。

茶博士——维多利亚下午茶

维多利亚下午茶是一门综合的艺术，简朴却不寒酸，华丽却不庸俗。传统中，女主人一定会以家中最好的房间、最好的瓷器来接待宾客。而产自印度的大吉岭茶或伯爵茶以及精致的点心则成为下午茶的主角。在午后温暖的阳光下，伴随着悠扬的古典音乐，人们便在这种轻松自在下愉悦着自己的身心。

正统的英式下午茶的礼仪十分讲究。首先喝茶的时间应该是下午四点钟；其次在维多利亚时代，男士必须着燕尾服，女士则着长袍。现在每年在英国白金汉宫举行的正式下午茶会，男性来宾仍身着燕尾服、头戴绅士帽和手持雨伞，女性则需着白天穿的正式洋装，而插着羽毛的各式各样的帽子则又是一道美丽的风景线。在茶会中通常是由女主人着正式服装亲自为客人服务，非不得已才让女佣协助，从而以表示对来宾的尊重。最后就是下午茶的点心了，通常是用三层的点心瓷盘装盛，第一层放三明治，第二层放传统英式点心（甜烙饼），第三层则放蛋糕及水果塔，并且一定要是从下至上的往回吃。

正统英式维多利亚下午茶标准配备器具主要有：瓷器茶壶（两人壶、四人壶或六人壶，视招待客人的数量而定），滤匙及放筛检程式的小碟子，杯具组，糖罐，奶盅瓶，三层点心盘，茶匙（茶匙正确的摆法是与杯子成 45° 角），直径 18 厘米的个人点心盘，茶刀（涂奶油及果酱用），吃蛋糕的叉子，放茶渣的碗，餐巾，一盆鲜花，保温罩，木头托盘(端茶品用)。另外蕾丝手工刺绣桌巾或托盘垫是维多利亚下午茶很重要的配备，因为它是象征着维多利亚时代贵族生活的重要家庭饰物。

喝茶的摆设要优雅，正统英式下午茶，对于茶桌的摆饰、食具、茶具、点心盘等都非常讲究。将食具摆在圆桌上，餐巾亦可选择刺绣或蕾丝花边，再放首优美的音乐，此时下午茶的气氛便营造出来了。有了这些气氛更要有优美的装饰来点缀，在摆设时可利用花、漏斗、蜡烛、照片或在餐巾纸上绑上缎花等，都是很好的装饰方式。不过现在的下午茶用具已经简化不少，很多繁冗的细节就不再那么注重了。

（资料来源：徐明，《茶与茶文化》，北京：中国物资出版社）

能力提升　实训任务单1-1：宋代点茶制作

实训目的：了解宋代点茶制作流程；感受宋代茶文化的雅致。

实训要求：以小组为单位，制作一碗点茶茶汤。

实训器具：执壶1个、茶盏1个、茶筅1个、茶匙1个、茶巾1块、石磨1个、茶舂1个、罗筛1个、茶扫1个。

参考课时：1学时，教师讲解+演示10分钟，学生实训25分钟，教师点评5分钟。

预习思考：宋代点茶有哪些流程？

宋代点茶

能力检测

序号	测试内容	得分标准	应得分	扣分	实得分
1	点茶流程	流程正确，手法娴熟	30分		
2	分量	茶汤达七八分满	20分		
3	汤花	汤花绵密、洁白	30分		
4	图案	图案清晰、有艺术性	20分		
总分			100分		

能力提升　实训任务单1-2：我识家乡茶

实训目的：了解家乡茶的发展历史和典故；茶文化知识的讲述能力和表达能力。

实训要求：以团队为单位，使用口述形式（脱稿）展示和介绍。

实训环节：实训开始 学生展示并介绍→学生提问讨论、交流→学生评委打分→教师打分→教师点评→实训结束

参考课时：1学时，学生介绍、点评35分钟，教师点评5分钟。

预习思考：（1）家乡有哪些茶？（2）家乡茶的发展历史。

能力检测

序号	测试内容	得分标准	应得分	扣分	实得分
1	家乡茶	所选茶有代表性	20分		
2	资料全面	涉及茶叶发展历史、典故	30分		
3	资料准确	资料准确无误	20分		
4	介绍	叙述流畅	30分		
总分			100分		

项目小结

本项目主要涉及茶的发源、茶艺与茶道、茶与文学艺术三方面的内容，具体介绍了茶树发源、茶叶利用以及茶文化发展的历史；茶艺与茶道的深刻含义及其关系；各种类型的茶诗、茶联、茶绘画、茶书法等。为了提升学生能力，还专门设计了茶诗、茶联的创作与使用的实训任务。

项目练习

一、判断题

1.（　　）我国最早发现和利用茶叶的记载是“神农尝百草，日遇七十二毒，得茶而解之”的传说。

2.（　　）茶文化普及于现代。

3.（　　）李白的《谢李六郎中寄新蜀茶》是中国历史上第一首以茶为主题的茶诗，也是名茶入诗第一首。

4.（　　）宋代传世茶画比较多，如宋徽宗赵佶的《文会图》、刘松年的《斗茶图卷》《茗园赌市图》、阎立本的《萧翼赚兰亭图》等。

二、选择题

1. 茶道是（　　）的核心。

A. 茶艺　　B. 茶科学　　C. 茶文化　　D. 茶俗

2. 茶艺的特点是（　　）为先。

A. 审美　　B. 哲理　　C. 个性　　D. 实用

3. 记载茶为药用的最早书籍是（　　）。

A.《茶经》　　B.《茶录》　　C.《神农本草》　　D.《大观茶论》

4. 茶诗“一碗喉吻润，两碗破孤闷。……”是（　　）所作。

A. 卢仝　　B. 元稹　　C. 李白　　D. 范仲淹

5. 据史料记载，茶的名称很多，如：（　　）

A.“茗”　　B.“诧”　　C.“槚”　　D.“荼”

项目实践

实践内容：探讨茶文化与中华民族伟大复兴的关系。

能力要求：以学习团队为单位围绕提纲进行讨论；团队派出代表在课堂上阐述，师生双方评价。

项目评价

学习自评表

评价内容		自评得分				
学前	富有浓厚的学习兴趣，能主动运用网络检索课前问题并成功解决（10分）	10	8	6	4	2
	积极参加小组学习活动，分工明确，主动与同学合作交流（20分）	20	16	12	8	4
	能够主动发现和提出问题，有条理地表达思考过程；能提出解决问题的策略，表达自己独特的见解（10分）	10	8	6	4	2
学中	学习态度端庄，无无故缺勤、迟到、早退现象；遵守课堂纪律，主动参与课堂，并积极发言（20分）	20	16	12	8	4
学后	掌握项目教学中的理论知识（10分）	10	8	6	4	2
	能够利用本项目知识解决茶艺服务中的实际问题（20分）	20	16	12	8	4
	提高对茶艺的认识与热爱（10分）	10	8	6	4	2
总分						

本评分表总分100分，在自评得分栏中分为五级打分，分数从高到低分别表示非常符合——比较符合——一般——比较不符合——非常不符合。学生根据自身学习情况，勾选每一项评价内容的自评得分，最后加总即为本人学习评价总分。

项目二

茶叶知识

中国是茶的故乡，茶叶数量繁多，具备良好的茶叶知识，是学习茶艺服务技能的基础，因此掌握茶叶分类、茶叶加工工艺以及识别重要名茶十分重要。

模块一　认识茶树

茶树（学名：Camellia sinensis），属山茶科山茶属。茶树原产于我国西南地区。

学习目标

能在学习活动中采用直观的方法认识茶树的种类、形态特征及生长环境。
能比较熟练地运用茶类的特征辨认茶叶的种类。

课前任务

利用网络，查询下列问题的相关知识。
（1）我国茶树有哪几种基本分类？
（2）如何区分乔木型、小乔木型以及灌木型茶树？
（3）如何区分大叶种、中叶种以及小叶子茶树？

任务分工与实施

（1）各小组成员在组长的带领下，查阅茶树知识（可以是新闻、短视频、文章等），尝试解决课前任务。

（2）各组长组织成员讨论中国茶树分类，并记录汇总。

学习模块相关知识点

任务一　认识茶树外形

一、茶树的外形特征

茶树的树型有灌木、小乔木和乔木。栽培茶树多为灌木型，树高 1 ~ 3 米，无明显主干；小乔木茶树在中国南方的福建、广东一带栽培较多，有较明显的主干，离地 20 ~ 30 厘米处分枝；乔木茶树树势高大，有明显的主干，云南等地原始森林中生长的野生大茶树，都属此类，一般茶树都能高达数米至十多米，每当采茶季节，往往要用梯子或爬到树上采茶。

茶树的树冠由于分枝角度、密度的不同，分为直立状、半直立状、披张状三种。目前，为了茶叶的优质和高产，通常运用修剪和采摘技术，培养健壮均匀的主干，扩大分枝的密度和树冠的幅度，增加采摘面，控制茶树的高度等。

二、茶树的组成

茶树由根、茎、叶、花、果实、种子组成。

1. 根

茶树的根由主根、侧根、细根、根毛组成，为轴状根系。主根由种子的胚根发育而成，在垂直向土壤下生长的过程中，分生出侧根和细根，细根上生出根毛。主根和侧根构成根系的骨干，寿命较长，起固定、输导、贮藏等作用。细根和根毛统称吸收根，寿命较短，不断更新。

2. 茎

茶树的茎，根据其作用分主干、主轴、骨干枝、细枝。分枝以下的部分称为主干，分枝以上的部分称为主轴。主干是区别茶树类型的重要根据之一。

在茶树的茎上有叶和芽。生叶的地方叫节，两叶之间的一段叫节间，叶脱落后留有叶痕。芽又分叶芽和花芽，叶芽展开后形成的枝叶称新梢。新梢展叶后，分一芽一叶梢，一芽二叶梢，摘下后即是制茶用的鲜叶原料。

茶树的枝茎有很强的繁殖能力，将枝条剪下一段插入土中，在适宜的条件下即可生成新的植株。

3. 叶

茶树的叶片是制作饮料茶叶的原料，也是茶树呼吸、蒸发和光合作用的主要器官。

茶树的叶由叶片和叶柄组成，没有托叶，属于不完全叶。茶树叶片是单叶互生。形状分披针形、椭圆形、长椭圆形、卵形、卵圆形等几种，但以椭圆形和卵圆形居多。叶片有明显的主脉，主脉上叉分出侧脉 5～15 对，呈 45°以上伸展至叶缘 2／3 处即向上弯曲呈弧形，与上方侧脉相连，组成一个闭合网状输导系统。这是茶树叶片的重要特征之一。叶尖形状有锐尖、钝尖、圆尖三种，叶尖形状为茶树分类的依据之一。

茶树叶片上的茸毛，即一般常指的“毫”，也是它的主要特征。茶树的嫩叶背面着生茸毛，是鲜叶细嫩、品质优良的标志，茸毛越多，表示叶片越嫩。一般从嫩芽、幼叶到嫩叶，茸毛逐渐减少，到第四叶茸毛便已不见了。

4. 花

茶花为两性花，多为白色，少数呈淡黄或粉红色，稍微有些芳香。茶花由授粉至果实成熟，大约需一年零四个月。在这一期间，仍不断产生新的花芽，继续开花，授粉，产新的果实，这也是茶树的一大特征。

5. 果实

茶树的果实是茶树进行繁殖的主要器官。果实包括果壳、种子两部分，属于植物学中的宿萼蒴果类型。

6. 种子

茶树种子多为棕褐色，也有少数黑色、黑褐色，大小因品种而异，结构可分为种壳、种皮、子叶和胚四部分。辨别茶籽质量的标准是：外壳硬脆，呈棕褐色。茶籽含有丰富的脂肪、淀粉、糖分和少量的皂素。茶籽可以榨油，饼粕可以酿酒、提取工业原料茶皂素。

三、茶树的基本分类

到目前为止，茶树如何分类还没有统一的标准，目前普遍采用的分类方法有以下几种。

1. 按照茶树的树型分类

（1）乔木型：有明显而高大的主干，可高达 20 多米，基部干围可达 1.5 米以上，树龄可长达数百年甚至上千年。在云南思茅地区镇沅县千家寨有一棵野生古茶树，据专家测定，此树高达 25.6 米，胸径达 1.2 米，树龄约为 2700 年。

（2）小乔木型：这类茶树基部主干明显，可高达 4~6 米，干径可达数十厘米。广西田林的白毛茶，树高达 5 米，干径达 37.2 厘米；福建安溪蓝田的野茶树，高达 6.3 米，干径达 18 厘米。

（3）灌木型：此类茶树无明显主干，茶树栽培广泛，各茶区均有种植。

2. 按照叶片的大小分类

（1）特大叶类：叶长大于 14 厘米，叶宽大于 5 厘米。

（2）大叶类：叶长 10~14 厘米，叶宽 4.1~5 厘米。

（3）中叶类：叶长 7~10 厘米，叶宽 3~4 厘米。

（4）小叶类：叶长小于 7 厘米，叶宽小于 3 厘米。

3. 按照发芽的迟早分类

（1）早生种：春茶一芽三叶期活动积温小于 400℃。

（2）中生种：春茶一芽三叶期活动积温为 400~500℃。

（3）晚生种：春茶一芽三叶期活动积温大于 500℃。

任务二　认识茶树生长环境

茶树在生长过程中不断地和周围环境进行物质和能量的交换，既受环境制约，又影响周围环境。茶树的生长环境是决定茶叶品质优良与否的重要因素。

1. 气　候

茶树性喜温暖、湿润，在南纬 45°与北纬 38°之间都可以种植，最适宜的生长温度为 18～25℃，不同品种对于温度的适应性有所差别。

茶树生长需要年降水量在 1500 毫米左右，且分布均匀，早晚有雾，相对湿度保持在 85%左右的地区，较有利于茶芽发育及茶青品质。若长期干旱或湿度过高均不适于茶树经济栽培。

2. 日　照

茶作为叶用作物，极需要日光。日照时间长、光度强时，茶树生长迅速，发育健全，不易罹患病虫害，且叶中多酚类化合物含量增加，适于制造红茶；反之，茶叶受日光照射少，则茶质薄，不易硬化，叶色富有光泽，叶绿质细，多酚类化合物少，适制绿茶。光带中的紫外线对于提高茶汤的水色及香气有一定影响。高山所受紫外线的辐射较平地多，且气温低，霜日多，生长期短，所以高山茶树矮小，叶片亦小，茸毛发达，叶片中含氮化合物和芳香物质增加，故高山茶香气优于平地茶。

3. 土　壤

茶树适宜在土质疏松、土层深厚、排水、透气良好的微酸性土壤中生长。虽在不同种类的土壤中都可生长，但以酸碱度（pH 值）在 4.5～5.5 为最佳。

茶树要求土层深厚，最好有一米以上，其根系才能发育和发展，若有黏土层、硬盘层或地下水位高，都不适宜种茶。土壤中石砾含量不要超过 10%，且含有丰富的有机质是较理想的茶园土壤。

模块二 茶叶分类与制法

学习目标

了解我国茶叶的分类方法。

掌握我国茶叶的基本茶类和再加工茶类。

在学习活动中能比较熟练地辨认茶叶的种类。

课前任务

利用网络，查询下列问题的相关知识。

（1）我国茶叶分为几类？基本茶类包括哪些类型？

（2）绿茶和黄茶的品质特征和初制工艺、分类。

（3）乌龙茶和红茶的品质特征和初制工艺。

（4）白茶和黑茶的品质特征和初制工艺。

任务分工与实施

（1）各小组成员在组长的带领下，查阅茶叶知识（可以是新闻、短视频、文章等），尝试解决课前任务。

（2）各组长组织成员讨论中国茶叶分类，并记录汇总。

学习模块相关知识点

几千年来，在茶的利用过程中，随着茶叶加工工艺的改良和完善，我国形成了丰富的茶叶种类，其品种居世界之最。茶学界在各种茶类制法的基础上结合其品质特征，将中国茶叶分为基本茶类和再加工茶类两大部分。

任务一 基本茶类品质与初制工艺

由于茶叶加工工艺的不同，造成了茶叶中所含化合物发生的变化不同，从而使茶叶产生了明显不同的色香味。据此，我们将基本茶类分为六大基本类型，即绿茶、红茶、青茶（乌龙茶）、白茶、黄茶、黑茶。

一、绿茶品质与初制工艺

绿茶是我国生产历史最悠久的茶类，也是我国产量最多的一类茶叶，全国 19 个产茶省（区）都产绿茶。我国绿茶花色品种之多居世界首位，每年出口数万吨，占世界茶叶市场绿茶贸易的 80%。

1. 绿茶品质特征与分类

绿茶属于不发酵茶，茶鲜叶经过摊放、高温杀青、揉捻（或做形）、干燥等流程加工而成，由于杀青过程中的高温钝化了绝大多数酶的活性，有效阻止了鲜叶中多酚类物质的酶促氧化，致使绿茶均具有典型的"三绿"特点，即外形绿、汤色绿以及叶底绿。

绿茶花色品种最多，以杀青方法和干燥方式为划分依据，可分为蒸青绿茶、炒青绿茶、烘青绿茶和晒青绿茶。

（1）蒸青绿茶。

这是唐、宋时盛行的制法。用蒸汽杀青制作而成的绿茶称为"蒸青绿茶"。蒸青绿茶是我国古代最早发明的一种茶类，如玉露、煎茶等。蒸青绿茶的主要品质特点是：三绿（干茶绿、汤色绿、叶底绿），香清味醇。

（2）炒青绿茶。

炒青绿茶产生于明代。因干燥方式采用炒干而得名。按外形形状特点，可分为长炒青（眉茶）、圆炒青（珠茶）、扁炒青（特种炒青）三类。长炒青的品质特点是条索紧结，色泽绿润，香高持久，滋味浓郁，汤色、叶底黄亮。圆炒青有外形圆紧如珠、香高味浓、耐泡等品质特点。扁炒青具有成品扁平光滑、香鲜味醇等特点。代表性的名茶有西湖龙井、信阳毛尖等。

（3）烘青绿茶。

烘青绿茶主产于安徽、福建、浙江三省。高档烘青直接饮用，一般烘青大部分用来窨制花茶。烘青绿茶的品质特点是外形完整、稍弯曲、锋苗显，干茶墨绿，香清味醇，汤色、叶底黄绿明亮。代表性的名茶有黄山毛峰、六安瓜片等。

（4）晒青绿茶。

晒青绿茶主产于四川、云南、广西、湖北和陕西，是压制紧压茶的原料，最后一道工序是晒干。晒青绿茶品质特点是香高味醇，清汤绿叶，汤色清澈明亮，呈淡黄微绿色。代表性的名茶有滇青绿茶等。

2. 绿茶初制加工工艺与品质形成

茶鲜叶是绿茶品质形成的物质基础，工艺流程则促进鲜叶中各种生物活性物质在加工过程中发生一系列的理化反应，最终形成绿茶独有的风味品质。绿茶的基本制作工艺流程：摊青—杀青—做形（揉捻）—干燥。

（1）摊青。

摊青是绿茶加工的第一道工序，合理的摊青可有效改善和提高茶叶品质。摊青过程中，茶鲜叶悄悄发生着多重物理和化学反应。一方面，鲜叶通过叶背的气孔或是叶表缓慢失水，导致叶质逐渐柔软，叶色逐渐变暗，青草气逐渐散去转而呈现怡人的清香味；另一方面，随着水分的散失，多种酶的活性得到增强，以至于鲜叶中的大分子物质在内源水解酶的作用下逐渐水解生成小分子物质，比如酯型儿茶素水低解成非酯型儿茶素，蛋白质水解成氨基酸，多糖（包括纤维素、淀粉和果胶）水解成单糖，这些物质都对成品茶品质具有重要影响。此外，茶鲜叶挥发性香气物质组成也发生了重要变化，低沸点类具有青草气的香气物质随着水分散失得以挥发，高沸点类具有愉悦气味的香气物质含量显著升高。

（2）杀青。

杀青是绿茶加工的关键工序，对成品茶感官品质的形成以及内在物质组成均具有重要影响，是形成三绿特征的决定性工序。杀青工序一方面利用高温钝化酶的活性，从而有效阻止多酚类物质的酶促氧化；另一方面鲜叶水分大量蒸发，使得叶质变软以便于后续的揉捻造型，同时促进一系列生化成分发生变化，以形成绿茶特有的品质特征。杀青过程中的投叶量、杀青温度、杀青程度均会对成茶品质产生一定影响。杀青方式主要有三种，分别是锅式杀青、滚筒机杀青、蒸汽杀青。

（3）做形。

做形是绿茶外形特征形成的关键过程，对名优茶尤其重要。由于揉捻是绿茶最基本、最主要的做形式之一，故以揉捻为例说明揉捻工序与绿茶品质形成的关系。揉捻，顾名思义也就是用“揉”的动作，使得在制品茶叶面积缩小、卷曲成形的过程。揉捻工序一方面是为了做形需求， 另一方面则是为了造成一定程度的叶组织破碎，使得茶汁外流，易于冲泡。有研究表明，茶多酚、可溶性糖含量随着揉捻时间延长呈现显著增长趋势，也有研究揭示轻揉捻有利于名优绿茶综合品质的提升。

（4）干燥。

干燥是绿茶加工的最后一道工序，常见的干燥方法为炒干、烘干、晒干，主要作用在于蒸发水分和固定品质。绿茶的干燥首先会破坏叶绿素，叶绿素会在高温下转化成脱镁叶绿素，使得鲜绿色逐渐变暗。其次茶叶中以氨基酸为代表的氨基化合物与以多酚和还原性糖为主的羰基化合物会发生反应，极大地促进茶叶色泽与香气的形成。此外，一些不溶性物质还会在高温下发生裂解和异构化作用，有利于茶叶醇和密味与纯正香气的形成。

二、黄茶品质与初制工艺

黄茶是经过“闷黄”工艺加工而成的茶，因“黄汤黄叶”的品质特征而得名。我国的黄茶品类相对较少，目前在市场上所占份额是六大茶类中最低的，但近年来的增长较快。

1. 黄茶品质特征与分类

黄茶的品质特征简而言之即“黄汤黄叶”，但不同花色品种的品质差异明显。我国的黄茶根据原料老嫩程度可划分为黄芽茶、黄小茶和黄大茶三类。

（1）黄芽茶。

以君山银针为代表，品质特征为芽头肥壮挺直、匀齐，满披茸毛，色泽金黄光润，俗称“金镶玉”；内质香气清鲜，汤色杏黄明亮，滋味甜爽。

（2）黄小茶。

以霍山黄芽为代表，外形条索挺直，微展呈朵，形似雀舌，色泽嫩绿或微黄显毫；内质香气清香持久，汤色嫩绿清澈，滋味鲜醇有回甘。

（3）黄大茶。

以霍山黄大茶为代表，外形芽叶肥壮，梗叶相连呈钩状，色泽金黄带褐，油润；内质香气高爽，具“锅巴香”汤色深黄，滋味浓厚醇和。

2. 黄茶初制加工工艺与品质形成

黄茶的加工工艺与品质特征均与绿茶较为接近，主要包括杀青—闷黄—干燥三个环节。

（1）杀青。

黄茶的杀青与其他茶类别无二致，依然是利用高温破坏酶的活性、抑制酶促氧化，同时蒸发部分水分使叶质软化以便于后续造型。其中，湿热作用可引发一系列物质的变化，如低沸点物质的青草气得以挥发，而高沸点香气物质的良好香气得以凸显等。

（2）闷黄。

黄茶加工的精髓所在就是闷黄，闷黄过程中的物质变化围绕湿热作用展开。不同品类的黄茶闷黄阶段有所区别，如蒙顶黄芽与北港毛尖采用杀青后闷黄处理、君山银针是在初烘后闷黄、黄大茶是在毛火后闷黄等。但无论闷黄工序如何安排，其对于黄茶品质特征的贡献基本一致。

（3）干燥。

黄茶的干燥是最后一道工序，是黄茶香气形成的重要环节，尤其是具有“锅巴香”的霍山黄大茶，其特殊香气就是在最后“拉老火”阶段形成的。干燥过程的热化作用下，许多物质会发生裂解或是异构化作用，是巩固、发展香气的最佳时间。其次，干燥也是固定、改善茶叶外观色泽的重要过程。

三、乌龙茶茶品质与初制工艺

乌龙茶又称青茶，是我国特有的茶叶品类之一，起源于明末清初的福建一带，据考证，武夷岩茶是乌龙茶的始祖。当今我国乌龙茶主要产区包括福建、广东、台湾三省，产量占全国乌龙茶的98%，尤以福建乌龙茶最为突出。

1. 乌龙茶品质特征与分类

乌龙茶属于半发酵茶类，品类花色众多，大多以茶树品种命名，根据出产地域可划分为闽北乌龙、闽南乌龙、广东乌龙以及台湾乌龙四大类。虽然其品质特征各有不同，但存在一定共性——外形粗壮紧实，色泽青褐油润，花果香馥郁，滋味醇厚，叶底呈现青色红边，明显有别于其他五大茶类。

2. 乌龙茶初制加工工艺与品质形成

乌龙茶是六大传统茶类中加工工艺最为复杂的茶类。虽然其特有工序——“做青”

是成品茶天然花果香馥郁，滋味醇厚品质特征的关键工序，但乌龙茶品质特征的最终呈现是鲜叶与精湛工艺有机结合的成果。鲜叶是品质形成的物质基础，做青是物质转化与品质形成的核心，杀青是品质的固化，做形是外观品质的塑成，干燥则是物质的进一步积累与固定。

（1）做青。

做青是乌龙茶品质形成的核心工艺，表现为摇青与晾青多次反复交替的形式，其实是有效控制鲜叶水分与酶促氧化进程的过程。做青过程中，随着叶片含水量的下降发生着一系列物质变化。首先叶片水分的散失直接导致了叶组织中酶浓度的提高，这样间接促进了各种酶促反应，加速了物质变化。其次，摇青过程中青叶受到机械损伤产生乙烯，乙烯的生成一方面会增加多种酶的活性，如多酚氧化酶与各种水解酶；另一方面乙烯会增加细胞膜的通透性，从而直接促进酶与底物的反应。在这些条件下，鲜叶中的物质成分发生着显著变化。

（2）杀青。

乌龙茶的杀青一方面利用高温破坏酶的活性，及时终止以多酚类化合物酶促氧化为主的各种物质变化，从而固定做青形成的特定品质。另一方面杀青时的高温有利于具有青草气的低沸点物质的挥发和高沸点香气物质的凸显，从而增进茶香，同时高温下部分物质进一步发生剧烈变化，比如叶绿素的降解，对外观色泽形成具有重要作用。此外，热作用下水分逐渐蒸发，叶质逐渐软化，韧性得以提高，有利于后续的造型工序。

（3）做形。

做形过程主要在于塑造特定的外观形态。通过向茶团施加一定机械力，使得在制品叶片在压力和摩擦力的共同作用下组织受损，茶汁外溢，逐渐卷曲成形并在适度热作用下进一步发生物质的转化，促进茶叶色、香、味的形成。

由于乌龙茶外形各异，做形具体操作有所差异，但总体而言以揉捻为主，颗粒形的乌龙茶如铁观音揉捻力度重些，通常采用反复包揉的方式；而条形的乌龙茶如岩茶对揉捻的要求相对低些，趁热揉捻成紧直条状即可。

（4）干燥。

乌龙茶通过干燥散失多余水分以达到足干，固定品质，便于贮藏。此外，干燥也是形成乌龙茶独特滋味与香气的重要工序。

四、红茶品质与初制工艺

红茶是全球第一大茶类，约占全球总产量的 56%。我国红茶产销量曾经在很长一段时间里仅次于绿茶。目前，红茶也是我国生产和出口的主要茶类之一。

1. 红茶品质特征与分类

我国红茶生产历史悠久，起源于现武夷山市的正山小种是公认的世界红茶始祖。经过 500 多年的创新与发展，如今红茶品类众多，可划分为小种红茶、工夫红茶和红碎茶三大类。“红汤红叶”是红茶的基本品质特点，但各品类又别具特色。

（1）小种红茶。

小种红茶是一种具有松烟香的条形红茶。成茶外形条索粗壮紧直，叶色乌黑油润；内质香气高长，具有特殊松烟香；汤色红浓，滋味浓醇而爽口，具有桂圆味。

（2）工夫红茶。

工夫红茶是我国生产范围最广、花色最丰富的细紧条形红茶，其加工工艺考究，成品茶外形条索紧直、匀齐，色泽乌润；内质香气馥郁，滋味甘醇浓厚；汤色与叶底红亮。

（3）红碎茶。

红碎茶，顾名思义即指经揉切工艺加工而成的颗粒型红茶，是国际红茶市场上的主导产品。因其冲泡时易浸出且浸出率高，适合一次性调饮，是目前奶茶市场上的主要茶叶底料。红碎茶根据外部形态还有叶茶、碎茶、片茶与末茶之分，不论何种形态，红碎茶品质都具有一个共性特征，即与红条茶相比，红碎茶发酵程度较轻，多酚保留量高达 55%~65%，成茶叶色乌润，红而不枯，汤色红艳明亮，滋味具有鲜明的浓、强、鲜特点。

2. 红茶初制加工工艺与品质形成

我国红茶品类众多，品质不一，加工技术也不尽相同，但其加工原理都是一致的。茶鲜叶在萎凋、揉捻、发酵和干燥过程中发生着一系列的理化变化，最终形成了红茶独特的色、香、味品质特征。

（1）萎凋。

红茶的萎凋一方面可以令茶鲜叶散失水分、减小细胞张力、增强柔韧性，为后续揉捻做形提供良好条件，另一方面随着细胞水分的散失，细胞液浓度升高，酶活性逐渐增强，可以为发酵提供物质基础。

（2）揉捻。

揉捻是红茶塑造外形和形成内质的重要程序。揉捻后的萎凋叶因叶组织受损造成茶汁外溢，极大地促进了多酚类化合物的酶促氧化，为红茶特色内质形成奠定物质基础。揉捻时叶片在摩擦力和压力的双重作用下卷紧成条，黏附于叶表面的茶汁干燥后使成茶色泽乌润，不仅美观，还能增强茶汤的浓醇口感。

（3）发酵。

发酵是红茶加工的核心工序，对成品茶色、香、味的形成起到了决定性的作用。发酵过程伴随着一系列复杂的、以多酚类化合物的酶促氧化为主的生化反应，为品质形成提供物质基础。

儿茶素类物质在多酚氧化酶的作用下发生连续氧化，逐渐生成邻醌—联苯酚醌—茶黄素—茶红素—茶褐素。其中“茶三素”——茶黄素、茶红素和茶褐素对红茶的品质至关重要。茶黄素决定红茶茶汤的亮度、滋味的鲜爽度和收敛性，茶红素是表现茶汤红浓度的主体，而茶褐素含量高则会引起干茶与茶汤色泽的暗沉。

发酵也是“红茶香”形成的关键过程。发酵过程中，青草气类挥发性物质进一步挥发或转化。醇、醛、羧酸和酚类香气物质含量显著提高，其中变化较为显著的物质有正己醛、反-2 已烯醛、顺-3-己烯酸、苯甲醇和苯乙醇等，这些物质是红茶香气的重要组成部分。

（4）干燥。

红茶的干燥一方面是为了高温破坏酶的活性，及时终止发酵过程；另一方面是为了充分干燥茶叶，便于贮藏。这两个方面的作用分别体现在干燥的毛火和足火两个环节上。但是除此之外，干燥过程中的热化作用也对红茶品质形成具有重要作用。

五、白茶品质与初制工艺

白茶是起源于福建省的中国特色茶类，其生产销售已有200多年的历史。福建的福鼎市和政和县是目前我国白茶的两大主要产区。白茶，根据茶树品种可分为大白、水仙白和小白，根据鲜叶原料嫩度不同可划分为白毫银针、白牡丹、贡眉和寿眉。近年来白茶的产量连年增长，市场份额也逐年扩大，市场前景可观。

1. 白茶品质特征与分类

白茶根据鲜叶原料嫩度可分为白毫银针、白牡丹、贡眉、寿眉，各品质特征如下。

（1）白毫银针。

属于芽型白茶，芽头肥壮满披白毫，色白如银，外形如针；内质香气清鲜，显毫香，滋味鲜爽甘醇，汤色呈浅杏黄，明亮匀净。

（2）白牡丹。

属于朵型白茶，形似花朵，叶面黛绿，叶背满披白毫，俗称“青天白地”；内质香气清鲜，汤色清亮，滋味甜醇。

（3）贡眉。

外形与白牡丹相似，但整体品质稍次，形体相对瘦小。优质贡眉毫心显，叶色翠绿；内质香气鲜纯，汤色橙黄明亮，滋味醇爽。

（4）寿眉。

品质次于贡眉，外观色泽灰绿带黄，一般不带毫芽；内质香气较低略带青气，汤色杏绿，滋味清淡。

2. 白茶初制加工工艺与品质形成

白茶加工工艺是六大茶类中最精简的，只有萎凋和干燥两步，其品质形成主要在于长时间的萎凋。

（1）萎凋。

白茶在漫长的萎凋过程中发生着一系列物质变化以促进风味的形成。首先随着萎凋的持续，萎凋叶含水量逐渐降低，随着萎凋叶水分的散失，细胞液浓度提高、酶活性增强，各种酶促反应趋于强烈。叶绿素、蛋白质、多糖等大分子物质趋于水解，含量逐渐下降，对叶色和滋味有重要影响；多酚类物质趋于氧化缩合，对白茶香气、滋味和颜色都有重要贡献。

（2）干燥。

白茶的干燥与其他茶类的干燥目的基本一致，在去除多余水分以促进在制品足干便于贮藏的同时，终止酶促氧化、发展香气、固定品质。

六、黑茶品质与初制工艺

黑茶也是我国的特色茶类之一，更是边疆少数民族的生活必需品，对于他们而言，“宁可三日无食，不可三日无茶”。近年来，随着人民生活水平的提高以及大众对茶叶保健功能的了解，黑茶的消费需求逐年提高。当前，我国黑茶年产量约占所有茶类年产量的 10%，超越红茶和青茶，成为仅次于绿茶的第二大茶类。

1. 黑茶品质特征与分类

我国黑茶品类繁多，根据主要生产区域可分为湖南黑茶、四川黑茶、湖北黑茶、云南黑茶和广西黑茶五大类，品质特征各有分别。

（1）湖南黑茶。

以千两茶、茯茶为代表，外形条索尚紧、圆直，色泽黑润；内质香气纯正，具松烟香，汤色橙黄，滋味醇和，叶底黄褐。

（2）四川黑茶。

分为南路边茶和西路边茶两大类。南路边茶以康砖和金尖为代表，外观呈砖形，砖面平整，洒面均匀，松紧适度，无起层脱面，色泽棕褐油润，如“猪肝色”；内质香气纯正，具老茶香，汤色黄红明亮，滋味醇和，叶底粗老呈棕褐色。西路边茶以茯砖为代表，砖形完整，松紧适度，色泽黄褐有金花；内质香气纯正，汤色红亮，滋味醇和，叶底棕褐。

（3）湖北黑茶。

代表产品是老青砖，品质特征为砖块呈长方形，色泽青褐；内质香气纯正无青气，汤色深黄红尚亮，滋味纯正，叶底暗褐呈猪肝色。

（4）云南黑茶。

以普洱茶熟茶为代表，其散茶品质特征为外形条索肥壮、重实，色泽褐红呈猪肝色，内质香气陈香突出，汤色红浓明亮，滋味醇厚回甘，叶底褐红。

（5）广西黑茶

以六堡茶最为突出，其干茶外形条索粗壮，色泽黑润；内质香气陈醇有松烟香，汤色红浓明亮，滋味甘醇，具有特殊松烟味和槟榔味，叶底铜褐。

2. 黑茶初制加工工艺与品质形成

传统黑茶采用成熟度较高的原料加工制作而成，具有陈醇的特点。虽然不同品类的黑茶加工方式存在差别，但是总的来说黑茶在加工过程中的品质变化遵循着一定规律。

（1）杀青。

黑茶的杀青同样是利用高温在短时间内破坏酶的活性。不过鲜叶原料较为粗老，叶片含水量普遍较低，故在杀青过程中需要高温闷炒与“洒水灌浆”相结合以便于添匀杀透。

（2）揉捻。

揉捻通常分初揉和复揉两个环节。初揉时部分破坏叶组织使叶片初步卷曲成条，复揉收紧渥堆过程中松散的茶条。由于黑茶鲜叶原料粗老，初揉采用杀青后趁热揉捻的方式，揉捻后无须解块直接进行渥堆处理；而复揉要注意轻压、短时、慢揉，避免渥堆后柔软的叶质形成“丝瓜瓤”，揉后要及时解块摊晾。揉捻过程中水分含量略有降低，湿热作用下多糖分解、果胶类物质得以转化，使得茶团具有一定黏性，便于塑形。

（3）渥堆。

渥堆是黑茶品质形成的关键工序。渥堆过程中，制品原料在湿热作用下发生一系列理化变化，多酚类化合物发生以非酶促氧化为主、酶促氧化为辅的变化，形成多种氧化产物，使滋味醇和、色泽转为暗褐；微生物的代谢释放胞外酶作用于各种底物形成黑茶特有的风味物质，如纤维素在纤维素酶的作用下水解成可溶性糖。总而言之，渥堆前期以热物理化学变化为主，使得叶堆温度得以降低；后期湿热作用促进微生物大量繁殖，微生物的呼吸代谢大量放热使得叶温逐渐升高，同时也加强了湿热作用，于是微生物与湿热作用相辅相成，共同促进黑茶特殊色、香、味的形成。

（4）干燥。

黑茶的干燥采用人工热源烘干或天然晒干，目的是在大量蒸发水分以致足干的同时固定品质、促发香气。

任务二　再加工茶品质与初制工艺

以绿茶、红茶、乌龙茶、黑茶、白茶和黄茶的毛茶或精制茶为原料进行再加工制得的茶叶产品统称为再加工茶。再加工茶与原料茶的品质特征存在较大差异。

一、再加工茶的品质特点

不同花色的再加工茶品质特征差异很大，根据再加工方式，可粗略将再加工茶划分为花茶、紧压茶、袋泡茶、粉茶等。

1. 花茶

花茶也称熏制茶或香片，多以烘青绿茶作为茶坯，以茉莉花、白兰花、代代花、桂花等鲜花为花坯窨制而成。花茶的主要特征就是馥郁的花香与醇厚的茶味相结合，比如最常见的茉莉花茶的品质特征表现为香气鲜灵浓郁、汤色黄亮明净、滋味鲜爽浓醇。

2. 紧压茶

紧压茶又称压制茶，是毛茶经过精制后在外力作用下压制而成一定形状的茶，常见的有砖茶、饼茶和沱茶等。品质特征表现为紧压形状规整，通常砖形茶要求砖面平整、棱角分明、厚薄一致、花纹图案清晰；饼茶和沱茶则要求外形圆整、端正、紧实。

3. 袋泡茶

袋泡茶是将经拼配后的精制茶原料封存于特定材质的过滤材料包装小袋内以便于

饮用的再加工茶。根据袋泡茶原料的不同，市场上有六大茶类以及花草茶对应的袋泡茶产品。合格的袋泡茶应该具有其对应品类茶叶固有的特征，尤其是香气和滋味方面，没有非茶异味和夹杂物，无任何添加剂，茶包内茶叶原料颗粒均匀。

4. 粉茶

粉茶指以茶叶为原料，经特定加工工艺制成的具有一定粉末细度的产品，包括各种花色品种的速溶茶粉、超微茶粉以及末茶等。合格的粉茶外观形态应呈均匀粉状，无杂质，粒径大小符合相关标准；色泽、香气、滋味等感官品质应与其相应的茶类尽可能保持一致，无异样。

中国茶叶的分类详见表 2-1。

表 2-1　中国茶叶的分类

中国茶类	基本茶类	绿茶	蒸青绿茶		中国煎茶、恩施玉露等
			晒青绿茶		滇青、川青、桂青、黔青等
			炒青绿茶	眉茶	特珍、珍眉、凤眉、秀眉、贡熙等
				珠茶	珠茶、雨茶、秀眉等
				特种炒青	龙井、大方、碧螺春、雨花茶、松针等
			烘青绿茶	普通烘青	条形茶、尖形茶、片形茶、针形茶等
				特种烘青	黄山毛峰、太平猴魁、六安瓜片、顾诸紫笋等
		白茶	白芽茶		北路白毫银针、南路白毫银针等
			白叶茶		白牡丹、贡眉、寿眉等
		黄茶	黄芽茶		君山银针、蒙顶黄芽等
			黄小茶		北港毛尖、沩山毛尖、平阳黄汤等
			黄大茶		霍山黄大茶、广东大叶青等
		青茶（乌龙茶）	闽北乌龙		武夷岩茶、水仙、肉桂等
			闽南乌龙		铁观音、奇兰、黄金桂等
			广东乌龙		凤凰水仙、凤凰单枞、岭头单枞等
			台湾乌龙		冻顶乌龙、文山包种、白毫乌龙等
		红茶	条红茶	小种红茶	正山小种等
				工夫红茶	滇红、祁红、闽红、川红、宜红等
			红碎茶		叶茶、碎茶、片茶、末茶
		黑茶	湖南黑茶		安化黑茶等
			湖北老青茶		蒲圻老青茶等
			四川边茶		南路边茶、西路边茶等

续表

中国茶类	基本茶类	黑茶	云南黑茶	普洱茶等
			广西黑茶	六堡茶等
			茉莉花茶、珠兰花茶、玫瑰红茶、桂花乌龙等	
	再加工茶类	花茶		黑砖、茯砖、方茶、饼茶、沱茶等
		紧压茶		立顿红茶、车仔绿茶等
		袋泡茶		速溶茶粉、超微茶粉以及末茶等

模块三　中国茶区与名茶

学习目标

熟悉中国茶区的分布。
了解中国名茶的基本特点及其分类。
能根据种属、产地及品质特点熟练识记中国常见名茶。

课前任务

自主查询资料，回答下列问题。
（1）我国一级茶区包括哪些？各茶区有何特点？
（2）我国绿茶和黄茶名茶有哪些？有何特点？
（3）我国乌龙茶和红茶名茶有哪些？有何特点？
（4）我国白茶和黑茶名茶有哪些？有何特点？

任务分工与实施

（1）各小组成员在组长的带领下，查阅茶叶知识（可以是新闻、短视频、文章等），尝试解决课前任务，组长汇总。
（2）讨论：中国名茶的主要特点，组长记录。

学习模块相关知识点

任务一　中国茶区

茶区是按茶树生物学特性，在适合茶叶生产要求的地域空间范围内，综合地划分为若干自然、经济和社会条件大致相似、茶叶生产技术大致相同的茶树栽培区域单元。中国茶树栽培历史悠久，随着我国古代朝代的更替与经济文化的发展，茶区的生态环境、茶类生产、茶叶品质等均经历了不同的变化。

一、古代茶区的演变

茶区的概念最早出现于唐代陆羽的《茶经》中，书中把当时的植茶地划分为山南、淮南、浙西、剑南、浙东、黔中、江西、岭南八大茶区。

到了元代，茶叶种植得到了迅速发展，主要茶区从长江流域和淮南一带拓展到了江西行中书省、湖广行中书省，包括现在的湖南、湖北、广东、广西、贵州、重庆和四川南部，并按成茶形态分成了片茶和散茶两大生产中心。

明代则无新产茶地区的记述，茶区沿袭元代。

清代，随着饮茶之风的普及以及对外贸易的开展，茶叶种植的范围得到了进一步扩大，并形成了以砖茶、乌龙茶、红茶、绿茶、边茶、花茶六大茶类为中心的栽培区域。

二、现代茶区概况

1. 中国茶区的分布

目前，全国产茶省（区、市）有浙江、安徽、福建、江西、山东、河南、湖北、湖南、广东、广西、海南、重庆、四川、贵州、云南、陕西、甘肃、西藏、台湾等，分布于1000多个市（县）。从地理纬度来看，南起北纬18°的海南省三亚市，北至北纬38°的山东蓬莱岛，东起东经122°的台湾东岸，西至东经94°的西藏自治区察隅，囊括中热带、边缘热带、南亚热带、中亚热带、北亚热带和暖温带等6个气候带。从地形条件来看，有平原、丘陵、盆地、山地和高原等类型，各茶叶种植地的海拔高低也具有较大差异。茶树的种植受土壤、气候、水热、地势等条件影响较大，不同地区的茶树面积、产量和产值也不一样，形成了一定的茶类结构。

2. 中国茶区的划分

依据茶类结构、地域差异、品种分布、人文历史等特点，我国的茶叶产地划分为四大茶区，即江南茶区、江北茶区、西南茶区、华南茶区。

（1）江南茶区。

江南茶区是我国茶叶的主产区，也是茶树适宜生态区，产茶历史悠久，资源丰富。黄山、武夷山、庐山、天目山、天台山等既是旅游胜地，又是名茶产地。生产的主要茶类有绿茶、红茶、白茶、黑茶、乌龙茶、黄茶、花茶以及品质各异的特种名茶，如浙江的西湖龙井、九曲红梅，安徽的黄山毛峰、太平猴魁、祁门红茶，江苏的洞庭碧螺春，湖南的君山银针、安化黑茶、古丈毛尖、黄金茶，江西的庐山云雾，福建的大红袍、正山小种、白毫银针、白牡丹等。

（2）江北茶区。

江北茶区是茶树次适宜生态区。与其他茶区相比，此区地形较复杂，土壤肥力不高，气温低，积温少。但在少数山区有良好的微域气候，生长季节昼夜温差大，茶的品质亦不亚于其他茶区。生产茶类主要为绿茶，如信阳毛尖、汉中仙毫等。

（3）西南茶区。

西南茶区是我国最古老的茶区，也是茶树适宜生态区，茶树品种资源丰富。茶区地形复杂，地势高、起伏大，各地气候差异也大。部分地区水热条件较好，土壤有机质含量丰富，产出的茶叶品质较优，也是中国发展大叶种红碎茶的主要基地之一。主要生产红茶、绿茶、普洱茶、边销茶和花茶等，如都匀毛尖、竹叶青、川红、蒙顶黄芽、沱茶、康砖、金尖等。

（4）华南茶区。

华南茶区是我国最南茶区，水热资源丰富，森林覆盖率高，土壤肥沃，茶区土壤以砖红壤为主，土层深厚，有机质含量丰富，非常适宜茶树生长，属茶树最适宜生态区。该区是红茶、乌龙茶、绿茶、普洱茶、六堡茶、花茶等茶类的重要生产基地。著名的茶叶有广东英红、凤凰单丛，福建铁观音、黄金桂，台湾冻顶乌龙、东方美人等。

任务二　中国名茶

名茶，顾名思义是指知名度高的好茶。名茶有以下共性特征：第一，产品质量好，这是形成名茶的前提。名茶外形优美、独特，内质（汤色、香气、滋味）优异，或者其中某个因子有与众不同的特点。第二，知名度高，得到社会公认。其名称和感官品质特征为广大消费者所熟悉、信任。第三，具有一定的商品生产规模。质量再好的茶，如不能成为生产规模的商品，也不能成为名茶。

一、名茶的分类

每种名茶都拥有很多的特征信息，如创制时间、产地、加工方式、茶类归属、形状等，因此名茶分类方法有很多。名茶只有经得起时间的考验而生存发展起来，才是真正的名茶。

1. 按名茶的产生年代分类

按产生的年代可将名茶分为三类：传统历史名茶、恢复历史名茶、新创名茶。

（1）传统历史名茶。

传统历史名茶，是指一直沿袭到现在的历代名茶，但名茶加工工艺和品质特点在历史的长河中发生了演变，如西湖龙井、庐山云雾、洞庭碧螺春、黄山毛峰、太平猴魁、信阳毛尖、六安瓜片、老竹大方、恩施玉露、桂平西山茶、屯溪珍眉、君山银针、云南普洱、苍梧六堡、湖南天尖、白毫银针、白牡丹、武夷岩茶、安溪铁观音、闽北水仙、凤凰水仙、祁门工夫红茶等。

（2）恢复历史名茶。

恢复历史名茶，即历史上曾有过这种名茶，有茶名、产地等文字记载，后未能持续生产或已失传的，在原产地经过研究恢复的名茶，即“旧地重创新，旧名重启用”的名茶，如休宁松萝、涌溪火青、敬亭绿雪、九华毛峰、蒙顶甘露、蒙顶黄芽、阳羡雪芽、鹿苑毛尖、霍山黄芽、顾渚紫笋、径山茶、雁荡毛峰、日铸雪芽、金奖惠明、都匀毛尖等。

（3）新创名茶。

新创名茶，即中华人民共和国成立后，尤其是20世纪80年代后研制的名茶。据不完全统计，新创名茶曾高达千种以上。近年来，随着各地名茶走向规模化、品牌化，有不少名茶销声匿迹。目前，有较大影响和规模的新创名茶有雨花茶、太湖翠竹、安吉白茶、开化龙顶、竹叶青、采花毛尖、英德红茶等。

2. 按加工工艺和品质特征分类

茶叶加工工艺直接决定着名茶的色、香、味、形品质特征。按照茶叶加工工艺和品质特征将茶叶分为绿茶、黄茶、黑茶、白茶、青茶、红茶六大基本茶类，六大茶类的品质特征差异明显，这种分类方法，方便消费者了解和识别不同名茶品质、风格的差异。

六大茶类中都有名茶，其中绿茶类名茶占绝大多数，其次是青茶类名茶。每个茶类的名茶又可依据外形、加工工艺再进行细分。

二、中国主要名茶

1. 绿茶类名茶

（1）西湖龙井茶。

①种属。

历史名茶，属扁形炒青绿茶。龙井茶始产于宋代。

②产地。

西湖龙井产于浙江杭州西湖的狮峰、翁家山、虎跑、梅家坞、云栖、灵隐一带的群山之中。由于产地生态条件和炒制技术的差别，历史上有“狮”“龙”“云”“虎”四个品类。“狮”字号产于狮峰一带，“龙”字号产于龙井、翁家山一带，“云”字号产于梅家坞、云栖一带，“虎”字号产于虎跑、四眼井一带。后来根据生产发展和品质风格的差异，调整为“狮峰龙井”“梅坞龙井”“西湖龙井”三个品类，其中以“狮峰龙井”品质最佳，因西湖龙井镇而得名。

③品质特点。

龙井茶分特级、一级、二级、三级、四级、五级共六个等级，以“色翠、香郁、味甘、形美”四绝著称于世，素有“国茶”之称。成品茶外形扁平挺直，光洁匀整，色翠略黄呈“糙米色”；汤色碧绿清莹，香气馥郁清高、幽而不俗，滋味甘鲜醇和；叶底嫩绿成朵。

④采制特点。

西湖龙井的采制有三大特点：一是早，二是嫩，三是勤。清明前后至谷雨是采制龙井茶的最佳时节，只采一个嫩芽的称“莲心”，一芽一叶称为“旗枪”，一芽二叶称为“雀舌”。特级茶采摘标准为一芽一叶及一芽二叶初展，每公斤干茶需7万～8万个鲜嫩芽叶。主要工艺包括：炒制手法包括抖、带、搭、甩、捺、扣、压、抓、推、磨等，盛称“十大手法”。

⑤社会声誉。

龙井茶是我国绿茶中的珍品，素有“茶中之美数龙井”的美誉及“国茶”之称。1981年全国质量评比获国家金质奖，1988年获得第27届世界优质食品评选金奖，2001年11月4日我国对龙井茶开始实施原产地域保护政策，将杭州西湖区划为龙井茶生产发源地，冠以“西湖龙井茶”名称。

茶博士——龙井茶的传说

乾隆皇帝下江南时，微服来到杭州龙井村狮峰山下，胡公庙老和尚陪着乾隆皇帝游山观景时，忽见几个村女喜洋洋地正从庙前十八棵茶树上采摘新芽，不觉心中一乐，快步走入茶园中，也学着采起茶来。刚采了一会，忽然太监来报：“皇上，太后有病，请皇上急速回京”。乾隆一听太后有病，不觉心里发急，随即将手中茶芽向袋内一放，日夜兼程返京，回到宫中向太后请安。其实，太后并无大病，只是一时肝火上升，双眼红肿，胃中不适。忽见皇儿到来，心情好转，又觉一股清香扑面而至，忙问道：“皇儿从杭州回来，带来了什么好东西，这样清香？”乾隆皇帝也觉得奇怪，我匆忙而回，未带东西，哪来的清香？仔细闻闻，确有一股馥郁清香，而且来自袋中。他随手一摸，原来是在杭州龙井村胡公庙前来的一把茶叶，几天后已经干燥，并发出浓郁的香气。

太后想品尝一下这种茶叶的味道，宫女将茶泡好奉上，果然清香扑鼻，饮后满口生津，回味甘醇，神清气爽。3杯之后，眼肿消散，肠胃舒适。当时太后可乐了，称杭州龙井茶是灵丹妙药。乾隆皇帝见太后这么高兴，自己也乐得哈哈大笑，忙传旨下去，将杭州龙井狮峰山下胡公庙前自己亲手采摘过茶叶的十八棵茶树封为御茶树，每年专门采制，进贡太后。从此，龙井茶的名气越来越大。十八棵御茶虽经多次换种改植，但这块“御茶园”却一直保留至今，而且成为一个旅游景点。

（摘录资料来源：http：//www. chawh. net/lc/lj/6471.html）

（2）黄山毛峰。

① 种属。

黄山毛峰为历史名茶，属烘青绿茶，因产于安徽黄山而得名。

②产地。

黄山毛峰产于安徽省著名风景地黄山，前身为黄山云雾茶，是清代光绪年间谢裕泰茶庄所创。

黄山产茶的历史可追溯至宋朝嘉祐年间，至明朝隆庆年间，黄山茶已很有名气了。其主产地分布在黄山风景区内的桃花峰、紫云峰、云谷寺、松谷庵、吊桥庵、慈光阁一带。

③品质特点。

黄山毛峰分特级、一级、二级和三级共四个等级，特级毛峰在清明前后采制，采摘一芽一叶初展芽叶，其他级别采一芽一二叶或一芽二三叶。特级黄山毛峰堪称中国毛峰之极品，外形美观，每片茶叶约半寸，绿中略泛微黄，色泽油润光亮，尖芽紧偎叶中，酷似雀舌，全身白色细绒毫，匀齐壮实，峰显毫露，色如象牙，鱼叶金黄；清香高长，汤色清澈，滋味鲜浓、醇厚、甘甜，叶底嫩黄，肥壮成朵。其中“金黄片”

和“象牙色”是特级黄山毛峰外形与其他毛峰不同的两大明显特征。

④采制特点。

黄山毛峰采摘细嫩芽叶，特级黄山毛峰采摘标准为一芽一叶，一至三级黄山毛峰的采摘标准分别为一芽一至二叶，一芽二至三叶。特级毛峰开采于清明前后，一至三级毛峰采摘于谷雨前后，特级毛峰又分上、中、下三等，一至三级各分两个等次。为了保质保鲜，要求上午采，下午制；下午采，当夜制。

其制作分杀青和烘焙二道工序。杀青在广口深底斗锅中进行，要求在锅内翻得快，扬得高，撒得开，捞得净。炒至叶色转暗失去光泽时出锅。特、一级毛峰不经揉捻，二级以下适当手揉。烘焙分毛火、足火两步进行。毛火用明炭火，足火用木炭暗火，采用低温慢烘，以透茶香。

⑤社会声誉。

黄山毛峰 1955 年被中国茶叶公司评为全国“十大名茶”，1982 年获商业部“名茶”称号，1983 年获外经部“荣誉证书”，1986 年被中国外交部定为招待外宾用茶和礼品茶。

（3）洞庭碧螺春。

① 种属。

洞庭碧螺春为历史名茶，属螺形炒青绿茶，创制于明末清初。

② 产地。

洞庭碧螺春产于我国江苏省苏州市的吴县太湖洞庭山。当地人称碧螺春为“吓煞人香”，意即有挡不住的奇香。后因康熙皇帝品饮后觉得味道很好，但名称不雅，于是题名“碧螺春”，此后，其名代代相传，延续至今。

③ 品质特点。

外形条索纤细，卷曲呈螺，满身披毫，色泽银白隐翠；汤色嫩绿清澈，香气嫩香芬芳，滋味鲜醇，回味绵长；叶底嫩绿柔匀，芽大叶小，人们赞道：“铜丝条，螺旋形，浑身毛，花香果味，鲜爽生津”。洞庭碧螺春有“一嫩（芽叶嫩）三鲜（色、香、味）”之称，是我国名茶中的珍品，以“形美、色艳、香浓、味醇”而闻名中外。

④ 采制特点。

碧螺春采制技术非常高超，采摘有三大特点：一是摘得早，二是采得嫩，三是拣得净。高级的碧螺春茶在春分前后开始采制，采一芽一叶初展，称为“雀舌”。每 500 克高品质茶叶约含 9 万个芽头。

碧螺春的制作分采、拣、摊凉、杀青、炒揉、搓团、焙干等七道工序，目前还保持手工方法，杀青以后即炒揉，揉中带炒，炒中带揉，揉揉炒炒，最后焙干。细嫩芽叶与巧夺天工的高超技艺，使碧螺春茶形成了色、香、味、形俱美的独有风格。

⑸ 社会声誉。

1982 年洞庭碧螺春被评为全国名茶。除畅销国内各大城市外，该茶还远销美国、德国、比利时、新加坡等国家。

（4）六安瓜片。

① 种属。

六安瓜片为历史名茶，属绿茶特种茶类，是名茶中唯一以单片嫩叶炒制而成的产品，堪称一绝。据考证，六安瓜片创制于清朝末年。

② 产地。

六安瓜片产于安徽六安和金寨两县的齐云山。六安为古时淮南著名茶区，六安产茶，始于秦汉，盛于唐宋，至明清年间，有三百年的贡茶历史。

③ 品质特点。

六安瓜片根据品质特征共分为名片与一、二、三级共四个等级。成品与其他绿茶大不相同，叶缘向背面翻卷，呈瓜子形，自然平展，色泽宝绿，大小匀整，每一片不带芽和茎梗，内质香气清高，汤色碧绿，滋味鲜醇回甘，叶底柔软、黄绿明亮。

④ 采制特点。

六安瓜片的采摘季节较其他高级茶迟约半月以上，高山区则更迟一些，多在谷雨至立夏之间。六安瓜片的采摘标准为一芽二叶，可略带少许一芽三、四叶。第一叶制“提片”，二叶制“瓜片”，三叶或四叶制“梅片”，芽制“银针”。

制作瓜片首先需炒茶，炒茶锅生锅温度在 100℃左右，熟锅稍低，投叶量约 100 克，鲜叶下锅后用竹丝帚或芦花帚翻炒 1～2 分钟，主要起杀青作用。炒至叶片变软时，将生锅叶扫入熟锅，边炒边拍，起整形作用，炒成片状，再以毛火烘至八成干，毛火后还要进行复烘，第一次复烘叫拉小火，第二次复烘叫拉老火。

⑤ 社会声誉。

1971 年 7 月美国前国务卿基辛格第一次秘密访华，回国前我国赠送他一桶“六安瓜片”作为礼品茶；1989 年六安瓜片被评为全国名茶；2006 年芜湖茶博览会上，“六安瓜片”在众名茶中被评为“茶王”；2007 年 3 月 26 日至 28 日，胡锦涛同志访问俄罗斯期间，将黄山毛峰、太平猴魁、六安瓜片和绿牡丹 4 种名茶，作为“国礼茶”赠送给俄罗斯领导人。

（5）太平猴魁。

① 种属。

太平猴魁为历史名茶，属尖形烘青绿茶，创制于清朝末年。

② 产地。

太平猴魁产于安徽省太平县新明乡的猴坑、猴岗及颜村三村。太平猴魁为茶之极品，久享盛名。传说清末年间，安徽省太平县新明乡猴坑茶农王老二（王魁成）在凤凰尖茶园，选肥壮幼嫩的芽叶，精工细制成王老二魁尖，由于此魁尖风格独特，质量超群，使其他产地魁尖望尘莫及，特冠以猴坑地名，叫“猴魁”，后冠以太平县名，即太平猴魁。

③ 品质特点。

成品茶挺直，两端略尖，扁平匀整，肥厚壮实，全身白毫，茂盛而不显，含而不露，色泽苍绿，叶主脉呈猪肝色，宛如橄榄；入杯冲泡，芽叶徐徐展开，舒放成朵，两叶抱一芽，或悬或沉；茶汤杏绿清亮，香气高爽，蕴有诱人的兰香，味醇爽口；叶底肥厚柔软，黄绿明亮。其品质按传统分法为：猴魁为上品，魁尖次之，再次为贡尖、天尖、地尖、人尖、和尖、元尖、弯尖等传统尖茶。现分为 3 个品级：上品为猴魁，次为魁尖，再次为尖茶。猴魁的色、香、味、形别具一格，有“刀枪云集，龙飞凤舞”的特色。每朵茶都是两叶抱一芽，俗称“两刀一枪”。

④ 采制特点。

猴魁以当地柿叶种茶树为原料，采法极其考究，一般在谷雨前开园，立夏前停采。采摘时间较短，每年只有 15 ~ 20 天时间，采摘标准为一芽三叶，并严格做到“四拣”：一拣山，拣高山、阴山、云雾笼罩的茶山；二拣丛，拣生长旺盛的茶丛；三拣枝，拣粗壮挺直的嫩枝；四拣尖，即折下一芽带二叶的“尖头”，作为制猴魁的原料。“尖头”要求芽叶肥壮，匀齐整枝，老嫩适度，叶缘背卷，且芽尖和叶尖长度相齐，以保证成茶能形成“二叶抱一芽”的外形。“拣尖”时，芽叶过大、过小、瘦弱、弯曲、色淡、紫芽、对夹叶、病虫叶不要（即“八不要”）。一般上午采、中午拣，当天制完。 制作工艺分杀青、毛烘、足烘、复焙四道工序。

⑤ 社会声誉。

1912 年，经太平茶商刘敬之（1880—1965）收购 2 公斤猴魁陈列于南京南洋劝业会场和农商部，并获得优质奖；1915 年，猴魁在巴拿马万国商品博览会上荣膺金质奖章荣获一等奖章和证书；1955 年，太平猴魁被评为全国十大名茶之一；2002 年 5 月，荣获中国国际茶业博览会金奖，并以 500 克 7 万元价格拍卖成功；2004 年，在国际茶博会上获得“绿茶茶王”称号，并以 50 克 6 万 1 千元的价格拍卖成功；2005 年，在中国黄山（上海）茶交会获特等金奖，在拍卖会上 100 克太平猴魁茶创下 15.9 万元竞拍天价，轰动茶界。

（6）信阳毛尖。

① 种属。

信阳毛尖为历史名茶，属绿茶特种茶类，是绿茶中的珍品。据考证，信阳毛尖创制于清朝末年。

② 产地。

信阳毛尖产于河南省信阳县西部海拔 600 米左右的车云山一带，信阳产茶，始于周朝。

③ 品质特点。

信阳毛尖属于锅炒杀青的特种绿茶，条索细紧圆直，色泽翠绿，白毫显露；汤色、叶底均呈嫩绿明亮；叶底芽壮，匀整；茶叶香气属清香型，并不同程度地表现出毫香、鲜嫩香、熟板栗香；茶叶滋味浓醇鲜爽、高长而耐泡，素以“色翠、味鲜、香高”著称。

④ 采制特点。

采摘是制好毛尖的第一关，制作特级毛尖，只采摘一芽一叶初展；一级毛尖采摘一芽二叶初展；二级毛尖采摘一芽二叶至三叶初展为主，兼有二叶对夹叶；三级茶采摘一芽二至三叶，兼有较嫩的二叶对夹叶；四、五级采摘一芽三叶及二至三叶对夹叶。一般于 4 月上旬开采，采茶一般在晴天进行，要求及时、分批、按标准采茶，不采小，不采老，不采鱼叶（马蹄叶），不采果，不采老枝梗。鲜叶采回摊晾，不时轻翻，当天采茶当天炒完。

⑤ 社会声誉。

1915 年，信阳毛尖荣获巴拿马万国博览会金奖；1958 年被评为全国十大名茶之一；1985 年获中国质量奖银质奖；1990 年“龙潭”毛尖茶代表信阳毛尖品牌参加国家评比，取得绿茶综合品质第一名的好成绩，荣获中国质量奖金质奖；1982 年、1986 年评为部级优质产品，荣获全国名茶称号；1991 年在杭州国际茶文化节上，被授予“中国茶文化名茶”称号；1999 年获昆明世界园艺博览会金奖。信阳毛尖不仅走俏国内，在国际上也享有盛誉，远销日本、美国、德国、马来西亚、新加坡等 20 多个国家。

2. 白茶类名茶

（1）白毫银针。

① 种属。

白毫银针为历史名茶，属白茶类，据考证，1796 年福鼎用菜茶的壮芽为原料创制白毫银针。

② 产地。

白毫银针产地位于中国福建省的福鼎市和南平市政和县，福鼎市选用福鼎大白茶品种茶树的壮芽为原料产制银针，政和县选用政和大白茶品种茶树产制银针。

③ 品质特征。

白毫银针制成成品茶后，外形挺直似针，白毫满披，色白如银，被美誉为茶中“美女”“茶王”。福鼎所产的白毫银针茶芽茸毛厚，色白似雪富有光泽，汤色杏黄，滋味清鲜爽口。政和所产的白毫银针茶，汤味醇厚，香气清芬。

④ 采制特点。

银针白毫原料采摘标准为春茶嫩梢萌发一芽一叶时即将其采下，然后用手指将真叶、鱼叶轻轻地予以剥离。剥出的茶芽均匀地薄摊于水筛上（一种竹筛），勿使重叠，置微弱日光下或通风荫处，晾晒至八九成干，再用焙笼以 30 ~ 40℃文火焙至足干即成，也有用烈日代替焙笼晒至全干的，称为毛针。毛针经筛取肥长茶芽，再用手工摘去梗子（俗称银针脚），并筛簸拣除叶片、碎片、杂质等，最后再用文火焙干，趁热装箱。

⑤ 社会声誉。

白毫银针早在 1891 年开始外销，1912—1916 年为极盛时期；1982 年被商业部评为全国名茶，在 30 种名茶中列第二位，1990 年在河南信阳召开的全国第二、三次名茶评比会上，又两次评为全国名茶。

（2）白牡丹。

① 种属。

白牡丹茶，福建省历史名茶，属于白茶类，因其制成的茶品犹如花朵一般，因此得名为白牡丹。据考证，白牡丹茶创制于 1922 年。

② 产地。

主产于福建省的南平市政和县、松溪县、建阳市和宁德市福鼎市。

③ 品质特征。

白牡丹外形毫心肥壮，叶张肥嫩，叶态自然，叶色灰绿，夹以银白毫心，呈“抱心形”，叶背遍布洁白茸毛；冲泡后毫香鲜嫩持久；滋味清醇微甜；汤色杏黄明亮或橙黄清澈；叶底嫩匀完整，叶脉微红，布于绿叶之中，有“红装素裹”之誉。

④ 采制特点。

传统采摘标准是春茶第一轮嫩梢采下一芽二叶，芽与二叶的长度基本相等，并要求“三白”，即芽及二叶满披白色茸毛。白牡丹的制造不经炒揉，只有萎凋及焙干两道工序，但工艺不易掌握。萎凋以室内自然萎凋的品质为佳。采下芽叶均匀薄摊于水筛上（一种竹筛），以不重叠为度，萎凋失水至七成干时两筛并为一筛，至八成半干时再两筛并为一筛，萎凋至九成五干时下筛，置烘笼中以 90~100℃温度焙干。

⑤社会声誉。

白牡丹为福建特产，1922 年开始远销越南，有退热祛暑之功，为夏日佳饮。

3. 黄茶类名茶

（1）君山银针。

① 种属。

君山银针为历史名茶，属于黄茶类针形茶，唐代称为“黄翎毛”，宋代称为“白鹤茶”，清代称为“贡尖”和“贡蓖”，始创于唐代。

② 产地。

君山银针产于湖南省洞庭湖中的君山岛上。

③ 品质特征。

君山银针芽头肥壮，紧实挺直，芽身黄绿，满披银毫，有“金镶玉”之称；汤色杏黄明净，香气清鲜，滋味甘甜醇和；叶底嫩黄明亮，冲泡时芽尖冲向水面，悬空竖立，然后徐徐下沉杯底，形如群笋出土，又像银刀直立，有“洞庭帝子春长恨，两千年来草更长”的描写。

④ 采制特点。

君山银针的采摘开始于清明前 3 天左右，直接从树上采摘芽头。为防止擦伤芽头，盛茶篮中要衬上白布。君山银针制作特别精细而别具一格，分杀青、摊晾、初烘、初包、复烘、摊晾、复包、足火 8 道工序，历时 3 昼夜，长达 70 小时之久。

⑤社会声誉。

君山银针质量超群，为我国名优茶的佼佼者。1956 年 8 月，在莱比锡国际博览会上，君山银针荣获金质奖章，1982 年被评为全国名茶。

（2）蒙顶黄芽。

①种属。

蒙顶黄芽是我国历史名茶，属于黄茶类。蒙顶茶是蒙顶山所产名茶的总称，创制于唐代。

②产地。

蒙顶黄芽产于四川省雅安市名山区，主要生长在名山区蒙山之顶，故名“蒙顶黄芽茶”。

③品质特点。

蒙顶黄芽成品外形扁直，芽条匀整，色泽嫩黄，芽毫显露，甜香浓郁，汤色黄亮，滋味鲜醇回甘，叶底全芽嫩黄。

④采制特点。

蒙顶黄芽由于芽叶特嫩，要求制工精细。蒙顶黄芽采摘于春分时节，当茶树上有百分之十左右的芽头鳞片展开，即可开园。选采肥壮的芽和一芽一叶初展的芽头。要求芽头肥壮匀齐，每500克鲜芽0.8~1万个。采摘时严格做到“五不采”，即紫芽、病虫为害芽、露水芽、瘦芽、空心芽不采。采回的嫩芽要及摊放，及时加工。蒙顶黄芽制造分杀青、初包、复炒、复包、三炒、堆积摊放、四炒、烘焙八道工序。

⑤社会声誉。

蒙顶茶自创制以来，历代为贡品供皇帝享用，新中国成立后曾被评为全国十大名茶之一。

4. 乌龙茶类名茶

（1）安溪铁观音。

①种属。

安溪铁观音为历史名茶，属乌龙茶类。铁观音既是茶树品种名，也是茶叶名和商品名称。据考证，早在唐朝安溪就已产茶，铁观音始创于清乾隆年间。

②产地。

安溪铁观音产于福建省的安溪县。

③品质特点。

铁观音是乌龙茶中的极品，干茶肥壮圆结，沉重匀整，呈青蒂绿腹蜻蜓头状，色泽砂绿油润，红点鲜艳，叶表有白霜；汤色金黄明亮，香气馥郁持久，富兰花香，有“七泡有余香”的美誉；滋味醇厚甘鲜，回甘悠长；叶底肥厚明亮，具有绸面光泽，有“青蒂、绿腹、红镶边”的特征。

④采制特点。

一年分四季采制，制茶品质以春茶为最好。秋茶次之，其香气特高，俗称秋香，但汤味较薄。夏暑茶品质较次。鲜叶采摘标准必须在嫩梢形成驻芽后，顶叶刚开展呈小开面或中开面时，采下二、三叶。采时要做到“五不”，即不折断叶片、不折叠叶张、不碰碎叶尖、不带单片、不带鱼叶和老梗。生长地带不同的茶树鲜叶要分开，特别是早青、午青、晚青要严格分开制作，以午青品质为最优。铁观音制作严谨，技艺精巧，经凉青、晒青、摇青、炒青、揉捻、包揉、烘干等十几道工序加工而成。

⑤社会声誉。

1982年6月，安溪铁观音在全国名茶评比会上被评为“全国名茶”。从那以后安溪茶厂出品的特级铁观音连续20多年保持国家金质奖章的荣誉；1984年，被审定为全国良种茶树；1986年10月，在法国巴黎获“国际美食旅游协会金桂奖”，被评为世界十大名茶之一；2004年，安溪铁观音被国家列入“原产地域保护产品”；2006年1月，“安溪铁观音”证明商标被国家工商总局授予“中国驰名商标”称号，这是全国茶业第一个中国驰名商标，也是世界最喜爱的中国品牌之一；2009年10月，在上海举办的“中国世博十大名茶”上，安溪铁观音拿得第一位；2010年，安溪铁观音正式进驻世博会，成为世博会茶叶第一品牌。

（2）武夷大红袍。

①种属。

武夷大红袍为历史名茶，属乌龙茶类，初创于明末清初。

②产地。

武夷大红袍产于福建省武夷山。

③品质特点。

外形条索紧结，色泽绿褐鲜润，冲泡后汤色橙黄明亮，叶底有“绿叶红镶边”之美感。大红袍最异于其他名茶的特点是香气馥郁，有兰花香，香高而持久，“岩韵”明显。大红袍很耐冲泡，冲泡七八次仍有香味。

④采制特点。

大红袍茶要求茶青采摘标准为新梢芽叶生育较完熟（采开面三、四叶），无叶面水、无破损、新鲜、均匀一致。采摘时间因品种不同而异，春茶采摘在谷雨后（个别早芽种例外）到小满前，夏茶在夏至前，秋茶在立秋后。岩茶采摘对天时要求甚高，一般有四不采，即雨天不采、露水叶不采、烈日不采、前一天下大雨不采（久雨不晴例外）。当天最佳采摘时间在上午9～11时，下午12～15时次之，其余时间较差。这主要与鲜叶含水能否满足焙制时的特殊加工要求有关。

大红袍初制的基本工艺有：萎凋、摊晾、摇青、做青、杀青、揉捻、烘干、毛茶等工序，精制主要流程包括：初拣、分筛、复拣、风选、初焙、匀堆、拣杂、装箱。

⑤社会声誉。

大红袍是乌龙茶中的极品。根据联合国教科文组织世界遗产委员会《世界遗产公约》，母树大红袍作为“主要自然景观”和“文化遗存与景观”之一，成为武夷山“世界文化与自然遗产”的重要组成部分。1998年以来的历次拍卖会上，20克大红袍拍出15.68万元至20.8万元人民币不等的天价，人民保险公司以一亿元承保6株母树大红袍。20世纪80年代初，大红袍品种无性繁殖成功。

1959年大红袍被评选为“中国十大名茶”之一；2001年，“武夷山大红袍”地理标志证明商标注册成功；2006年，武夷岩茶（大红袍）传统制作技艺作为全国唯一类被列入国家首批非物质文化遗产名录；2007年，大红袍绝品作为首份现代茶样品入藏国家博物馆；2010年“武夷山大红袍”被国家工商总局新认定为中国驰名商标；2012在“民生银行杯”北京国际茶业展茶叶评比大赛获得金奖。

茶博士——半壁江山的故事

在武夷山，一则关于大红袍的典故，不仅家喻户晓，在茶界更是津津乐道。

1972年2月，毛泽东在接见第一位访华美国总统尼克松时，为了送一份既不失礼仪又别出心裁的礼物，可谓是费尽心思。领导们纷纷献策，提出了琳琅满目的物品，却始终都未能让主席满意

在访华将近之日，主席突然让下属特地从武夷山精选了四两武夷大红袍茶叶。

两位领袖一阵交谈之后，毛泽东将包装精美的大红袍赠与尼克松。尼克松接过后神情不悦，为毛泽东在礼节上如此小气而迷惑不解，怀疑中国故意怠慢他。周恩来总理察觉后马上迎前解释：“总统先生，主席把‘半壁江山’都送给您了！”“半壁江山？”尼克松疑惑道。总理笑答：“总统先生，武夷大红袍是中国历代皇家贡品，一年只有八两，主席送您四两，正好是‘半壁江山’呀！”尼克松总统听后，再次欣赏了包装精美的大红袍，热情地握住了毛泽东的手友好言欢。

大红袍茶促外交、促和谐的佳话，得此载入了《武夷茶经》，也确立了大红袍中国第一名茶的地位。

1985 年，大红袍的无性繁殖由岩茶泰斗姚月明先生从母树大红袍下排左二茶树人工繁殖成功，在武夷山得天独厚的生长环境下，经过二十多年的推广和工艺改进，大红袍已开始有限量产。已能由旧时贡品飞入寻常百姓家，尤以姚月明先生弟子团队创立的岩传大红袍传承了母树大红袍的完整的“岩骨花香”。

（摘录资料来源：http://www.360doc. com/content/13/0225/16/7555863_267815931.shtml）

（3）凤凰单枞。

①种属。

“凤凰单枞”是从凤凰水仙群体中经过选育繁殖的优异单株，因采制是单株采收，单株制作，且品质优异，风味不同，故称为凤凰单枞。凤凰单枞是众多优异单株的总称，属于乌龙茶类。凤凰单枞创制于明代，为传统历史名茶。

②产地。

凤凰单枞产于广东省潮安区凤凰山。

③品质特征。

外形条索粗壮，匀整挺直，色泽黄褐似鳝鱼皮色，油润有光，并有朱砂红点；冲泡清香持久，有独特的天然花香，滋味浓醇鲜爽，润喉回甘；汤色清澈黄亮，叶底边缘朱红，叶腹黄亮，素有“绿叶红镶边”之称。具有独特的山韵品格。

④采制特点。

单枞茶是在凤凰水仙群体品种中选拔优良单株茶树，经培育、采摘、加工而成。因成茶香气、滋味的差异，当地习惯将单枞茶按香型分为黄枝香、芝兰香、桃仁香、玉桂香、通天香等多种。因此，单枞茶实行分株单采，当新茶芽萌发至小开面时（即出现驻芽），即按一芽、二三叶标准，用骑马采茶手法采下，轻放于茶罗内。有强烈日光时不采，雨天不采，雾水茶不采的规定。一般于午后开采，当晚加工，制茶均在夜间进行。初制工艺流程为：鲜叶→晒青→凉青→浪青（碰青）→杀青（炒青）→揉捻→烘焙，历时 10 小时制成成品茶。

⑤社会声誉。

凤凰单枞的产销历史已有 900 余年。1955、1982、1986 年获商业部全国优质名茶称号，1986 年在全国名茶评选会上被评为乌龙茶之首。1990 年由汕头市茶叶进出口公司潮州分公司生产的金帆牌凤凰单枞被商业部评为全国名茶。1989 年农牧渔业部在西安召开的名茶评比会上获名茶金杯奖。1991 年在“中国杭州国际文化节”上荣获“文化名茶奖杯”。在国内主销闽、粤，国外出口日本、新加坡、泰国等国家。

（4）白毫乌龙茶。

①种属。

白毫乌龙茶，又称东方美人茶、香槟乌龙，属于乌龙茶类。创制于 19 世纪中叶，为历史名茶。

②产地。

台湾地区北部的新竹县。

③品质特征。

白毫乌龙茶芽肥壮，白毫显露，叶部呈红、黄、绿相间，颜色鲜艳；茶汤为明亮艳丽的橙红色，有熟果香和蜜香，滋味浓厚甘醇，叶底淡褐有红边，叶基部呈淡绿色，耐冲泡。

④采制特点。

白毫乌龙茶采收期在炎夏六、七月，即端午节前后 10 天。其最特别的地方在于，茶菁必须让小绿叶蝉（又称浮尘子）叮咬吸食，昆虫的唾液与茶叶酵素混合出特别的香气，茶的好坏决定于小绿叶蝉的叮咬程度，同时也是白毫乌龙茶的醇厚果香蜜味的来源，也因为要让小绿叶蝉生长良好，东方美人茶在生产过程绝不能使用农药。在制作方面东方美人茶必需经手工采摘一芽二叶，再以传统技术精制而成高级乌龙茶，制茶过程的特点是：炒菁后，需多一道以布包裹，置入竹篓或铁桶内的静置回润或称回软的二度发酵程序，再进行揉捻、解块、烘干而制成毛茶。再经分级、精制焙火、包装。

⑤社会声誉。

据闻英国茶商将茶献给维多利亚女王，黄澄清透的色泽与醇厚甘甜的口感，令她赞不绝口，就赐名“东方美人茶”了，因其殊香美色，在国际市场上深受欢迎。

5. 红茶类名茶

（1）祁门红茶。

①种属。

祁门红茶为中国历史名茶，著名红茶精品，简称“祁红”，由祁门南乡平里镇贵溪人胡云龙等初创于清朝光绪八年。

②产地。

祁门红茶主产地是安徽省祁门县。与之相邻的东至、贵池、石台、黟县一带也有生产。该茶创制于清朝光绪元年，是我国红茶中的珍品。

③品质特征。

祁门红茶外形条索紧秀，锋苗好，色泽乌润泛黑光，俗称“宝光”；茶汤颜色红艳，香气浓郁高长，有果糖香，滋味醇和鲜爽，回味隽永；叶底嫩软红亮；其特有的香气在国际市场上被称为“祁门香”。

④采制特点。

祁红采制工艺精细，采摘一芽二、三叶的芽叶作原料，经过萎凋、揉捻、发酵，使芽叶由绿色变成紫铜红色，香气透发，然后进行文火烘焙至干，红毛茶制成后，还须进行精制，尤其烘茶车间门窗紧闭，门口设厚布帘，使室内保持一定温度，并使茶香不易散失，使之内质香气独树一帜。

⑤社会声誉。

祁红在国际市场上享有“名茶之中是珍品，国际红茶是英豪”的盛誉，被誉为“王子茶”“群芳最”。人们把祁红与印度大吉岭茶、斯里兰卡乌伐季节茶并列为世界公认的“三大高香茶”。1915年祁红在巴拿马国际博览会上荣获金奖，1987年在布鲁塞尔第26届世界优质食品大会上荣获金奖；1992年获香港国际食品博览会金奖，2010年上海世博会十大名茶之一。

（2）正山小种。

①种属。

正山小种为传统历史名茶，属于红茶类，始产于明代，是红茶的鼻祖。

②产地。

福建省崇安县星村镇桐木村。

③品质特征。

正山小种外形条索肥壮，紧结圆直，色泽乌润；冲泡后汤色红艳浓厚，似桂圆汤；香气高长带松烟香；滋味醇厚，似桂圆汤味。

④采制特点。

正山小种鲜叶标准要选用当地高山菜茶一芽二、三叶或小开面（三、四叶），由于桐木山高水冷气温低，一般在4月下旬才开始采春茶。正山小种毛茶经过萎凋—揉捻—发酵—过红锅—复揉—熏—复火等工艺制成毛茶，再马尾松熏制，从而使得茶更加突出桂圆干香气味。

⑤社会声誉。

1662年，葡萄牙公主凯瑟琳在英国掀起红茶热，从此，红茶走进了欧洲市场，成为英国皇家的贡品。2002年获得中国原产地保护产品注册，2000年至今连年获得德国BCS、日本JAS和美国NOP国际有机认证，荣获得中国（芜湖）国际茶业博览会金奖、中国厦门国际茶文化节“五星级国际茶王”。

（3）滇红工夫茶。

①种属。

滇红工夫茶是对云南出产的红茶的总称，为红茶类。1938年底，云南中国茶叶贸易股份公司分别在顺宁（今凤庆）和佛海（今勐海）两地试制红茶并取得成功，属于传统历史名茶。

②产地。

滇红工夫茶产于云南临沧、保山、德宏、普洱、大理、西双版纳等地。

③品质特征。

滇红工夫茶外形条索紧结、肥壮，色泽乌润，金毫特显；汤色艳亮；香气鲜郁高长；滋味浓厚鲜爽，富有刺激性；叶底红匀明亮。

④采制特点。

原料采用优良的云南大叶种茶树鲜叶，经由萎凋、揉捻或揉切、发酵、烘烤等多道工序制成。滇红的制作要过五关，第一，要按一芽二三叶采，鲜叶不能堆积过厚、过久，要及时实行分级加工。第二，要掌握萎凋程度，不能过快、过度。第三，揉捻要用揉切机，使叶的组织充分破碎。第四，揉后茶叶要分筛、分级、分别进行发酵。第五，发酵适度的叶子及时在摄氏 100℃左右的气温下薄层干燥。认真掌握各个工序中的温度、水分和叶子变化的标准，是提高品质的关键。

⑤社会声誉。

1986 年全国名茶评比会上，凤庆茶厂的云南红茶工夫茶被评为全国名茶；1989 年的全国名茶、优质茶评选会上，昌宁茶厂生产的云南红茶一级工夫茶被评为全国名茶；1990 年 9 月全国名茶评比会上，凤庆县茶场生产的中茶牌云南红茶工夫茶再次荣获全国名茶称号；1996 年美国茶道专家协会授予“凤牌”红茶“特别冠军奖”；2011 年“凤牌”红茶被商务部授予“中华老字号”称号；2014 年“滇红茶传统制作技艺”入选第四批国家级非物质文化遗产代表性项目名录。

（4）坦洋工夫红茶。

①种属。

坦洋工夫红茶属于工夫红茶，是福建省三大工夫红茶之一，创制于清代，属于传统历史名茶。

②产地。

福建省福安市坦洋乡。

③品质特征。

外形条索紧细匀直，叶色润泽，净度良好，毫尖金黄，香气高锐持久，滋味浓醇鲜爽，醇甜、有桂圆香气，汤色红亮，叶亮红明。

④采制工艺。

坦洋工夫红茶鲜叶采摘选择晴天采摘一芽一叶或一芽二叶，品种以坦洋菜茶为佳，鲜叶要求芽叶肥壮、不带鱼叶和鳞片无病虫伤害、无异杂、无损伤，严格实行分批、分品种、及时付制，保持鲜叶的新鲜度。再通过萎凋、揉切、发酵、烘干、复制、精选等工序，经过精制的红茶具有枝叶分明、茶汤清澈、香气扑鼻、甘甜醇厚，集成了色、香、味、形俱佳的精品红茶。

⑤社会声誉。

坦洋工夫红茶创制以来，在国际市场享有极大声誉。1915 年获巴拿马万国博览会金奖。2007 年成为中国申奥第一茶。2013 年福建新坦洋茶业集团代表“坦洋工夫”再次荣获巴拿马国际博览会金奖。2015 年“坦洋工夫”成为米兰世博会中国馆“全球合作伙伴”和“指定用茶”。2019 年入选中国农业品牌目录。2020 年坦洋工夫入选中欧地理标志首批保护清单。

6. 黑茶类名茶

（1）普洱茶熟茶。

①种属。

普洱茶熟茶是以公认普洱茶区的云南大叶种晒青毛茶为原料，经过后发酵加工成的散茶。为适应消费者对普洱茶特殊风味的需求，1973 年起，昆明茶厂用晒青毛茶，经高温高湿的处理，制成了陈化普洱茶，现在称“普洱茶熟茶”，属于黑茶类，为新创名茶。

②产地。

普洱茶因集中在古普洱府（今普洱市）销售而得名，主产区位于澜沧江两岸，包括普洱、西双版纳、临沧、文山、保山、红河等地。

③品质特征。

普洱茶熟茶散茶外形条索肥硕，色泽褐红，呈猪肝色或带灰白色。汤色红浓明亮；香气具有独特陈香；滋味醇厚回甘；叶底褐红色。

④采制特点。

普洱茶采摘期从 3 月开始，可以连续采至 11 月。在生产习惯上，划分为春、夏、秋茶三期。采茶的标准为二三叶。其制作方法为亚发酵青茶制法，经杀青、初揉、初堆发酵、复揉、再堆发酵、初干、再揉、烘干 8 道工序。

⑤社会声誉。

普洱茶在国外市场有很高声誉，主销美国、日本、马来西亚、新加坡、英国、法国、荷兰、德国等 50 多个国家。

（2）六堡茶。

①种属。

苍梧六堡茶创制于清朝，已有 200 多年的生产历史，属于传统历史名茶；六堡茶散茶属于黑茶类。

②产地。

广西壮族自治区梧州市苍梧县六堡镇。

③品质特征。

六堡茶素以“红、浓、陈、醇”四绝著称。其外形色泽黑褐、汤色红浓明亮、滋味醇厚、爽口、回甘、香气陈醇、有槟榔香。品质优异，风味独特。

④采制特点。

六堡茶的采摘标准为一芽二、三叶至三、四叶。采后保持新鲜，当天采当天制完。制作工序依次为：杀青、揉捻、渥堆、复揉、干燥。

⑤社会声誉。

在清嘉庆年间，梧州六堡茶就以“红、浓、陈、醇”及其独特的槟榔香味而入选中国二十四名茶，远销东南亚各国，是著名的“侨销茶”，因此形成了积淀深厚的“茶船古道”历史文化。2011 年六堡茶获国家地理标志产品保护，2014 年六堡茶制作技艺列入国家级非物质文化遗产代表性项目名录。

（3）安化黑茶。

①种属。

安化黑茶产自湖南省安化县，创制于 16 世纪末，属于传统历史名茶。安化黑茶主要品种有“三尖”“三砖”“一卷”。三尖茶又称湘尖茶，指天尖茶、贡尖茶、生尖茶；“三砖”指茯砖茶、黑砖茶和花砖茶；“一卷”是指花卷茶，现统称为安化千两茶。

②产地。

湖南省益阳市安化县。

③品质特征。

天尖茶的品质特征为外形条索紧结扁直，色泽黑润，内质香气纯正带松烟香；汤色橙黄，滋味浓厚；叶底黄褐或带棕褐，尚嫩匀。茯砖茶的品质特征为外形平整，棱角分明，厚薄一致，金花普遍茂盛，无杂菌，砖面褐黑色；内质香气纯正或带松烟香、有菌香；汤色橙黄或橙红；滋味醇厚或纯和；叶底黄褐较匀。

④采制特点。

由于黑茶原料要求有一定的粗老的程度，再加上安化地区天气较冷，所以在黑茶的产区，鲜叶的采摘一般比较晚。而且不同品级的黑茶、采摘的时期也不同。1 至 2 级的采摘在立夏前 4~6 天；3 级的采摘在立夏后 3 天；4 级的采摘时间就到小满后的 5~6 天了。为保证黑茶的品质，采下来的鲜叶应该尽快进行制作，所以茶区有“日采夜制”的传统习惯。安化黑茶的工艺流程分为杀青、揉捻、渥堆、烘焙干燥 4 个步骤，即先通过高温杀青，除去茶叶的青草气味，使得茶青柔软，并经过搓揉使其细胞破裂，然后促成渥堆发酵，最后用松柴明火使其干燥。

⑤社会声誉。

安化黑茶是中国黑茶的始祖，明嘉靖三年就正式创制出了现在的安化黑茶，至 16 世纪末期，安化黑茶已位居中国领先地位，万历年间被定为官茶，大量远销西北，誉为“茶文化的经典，茶叶历史的浓缩，茶中的极品”。

模块四　茶叶的鉴别

学习目标

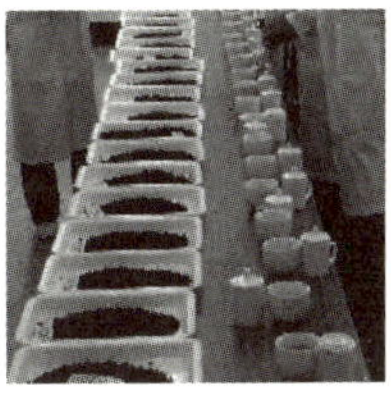

认识生活中茶叶品质的鉴别方法。

能使用茶叶审评方法对茶叶的品质进行鉴定。

能使用茶叶识别的方法对真假茶、新茶与陈茶、劣变茶、高山茶与平地茶进行识别。

课前任务

利用网络，查询下列问题的相关知识。

（1）茶叶审评有哪些步骤？

（2）如何识别真假茶、新茶与陈茶、劣变茶、高山茶与平地茶？

任务分工与实施

（1）各小组成员在组长的带领下，查阅茶叶审评知识（可以是新闻、短视频、文章等），尝试解决课前任务。

（2）各组长组织成员讨论茶类鉴别的方法，并记录汇总。

学习模块相关知识点

任务一　茶叶品质优劣判别

我国茶叶种类丰富，特色各异，评价茶叶品质的优劣需要采用科学的、客观的方法，茶叶感官审评就是茶叶品质优劣判定的重要方法。

一、感官审评概述

茶叶感官评审是由评审人员运用正常的视觉、味觉、触觉的辨别能力，对茶叶的外形、汤色、香气、滋味与叶底等品质因素进行评审，从而达到鉴定茶叶品质的目的。

茶叶审评审查茶叶的外观与内质。分为干茶审评与开汤审评，也就是所谓的干评与湿评。首先看干茶外形，判断茶叶的形状、嫩度、颜色、整碎度。湿评即为开汤之后，评价香气、汤色、滋味、叶底四个指标。茶叶感官审评一般按照外形、香气、汤色、滋味、叶底的顺字进行。

1. 评外形

评外形这一步称为把盘，把盘又称为摇样盘，是审评干茶外形的首要步骤。在进行干茶审评前，应对茶叶的茶类、花色、名称、产地等信息进行查对，然后扦样。审评毛茶需 250~500 克，一般将茶叶放入样匾，运用手势做回旋转动，使茶叶呈现有序的分布，分出上、中、下三层。处于表面一层的上段茶一般比较粗长轻飘，中段茶细紧重实，下段茶多为细小的片末与碎茶。一般以中段茶多为好。另外，需要手抓一把干茶，嗅茶叶的干香以及手测含水量。

审评精茶需 200~250 克。将样茶倒入木质审评盘，双手拿住审评盘的对角边缘，用回旋方法分出上、中、下三层。看精茶外形的一般要求，对样评比上、中、下三档茶叶的拼配比例是否恰当。一般先看面装和下身，再看中段茶，看中段茶时，抓一把放入手里，查看其品质情况，判断其身骨轻重。

2. 评内质

湿评时，称 3 克茶叶，置入 150 毫升标准杯，加入沸水，2~5 分钟后滤出茶汤。内质审评分为四个部分：开汤、嗅香气、看汤色、尝滋味。开汤之后，应先嗅香气，再看汤色，尝滋味，最后评叶底，但在审评绿茶时，应该先看汤色。

嗅香气应当以热嗅、温嗅、冷嗅结合进行。通过冲泡，茶叶的内含芳香物质得到挥发，挥发性物质的气流刺激嗅觉神经，使人感受到不同的茶香。热嗅可以判断香气是否有杂异味、香气类型、香气高低；温嗅主要判断香气优次；冷嗅可判断香气是否持久。审评香气时应注意排除外界干扰，切勿擦香水、用香皂洗手、抽烟等，否则这些活动会干扰茶香的审评。不同的茶香气不一样，绿茶较清鲜，红茶较甜香，乌龙茶含有各种各样的花香，普洱茶是陈香，黄茶是甜香。

汤色易受光线强弱、茶碗规格、沉淀物、冲泡时间长短等因素的影响，因此看汤色需要及时，在热嗅之后马上进行，有人也将评汤色放在嗅香气之前。汤的类型没有好坏之分，但是汤的色度与明亮程度反映了茶的质量，一般好的茶，汤色较明亮。

评滋味是在温嗅之后进行的。从消费者角度来看，茶叶好不好喝是买茶叶时最重要的评价标准。审评滋味时，将 5 毫升茶汤放在嘴里面，使茶汤在嘴里面停顿两秒钟，因为舌头各部位对激味的感觉是不一样的，所以不要马上喝下去，要体会一下、感受一下茶中的香。

评叶底主要依靠视觉与触觉，需要观察叶底的嫩度、均匀度和色泽，用手指感受叶底的软硬程度。鉴定时，要将形状、嫩度鉴定出来，将色泽描述出来。

二、感官审评结果判定

茶叶感官质量审评之后，应对结果进行判断。审评的结果，主要分为以下几个方面。

第一，定等级。定等级称为对样评茶，即茶的等级需要根据标准样来定，根据标准样比对外形，在开汤之后再加以比较，就可以给茶叶定级。如果一个茶样外形和内质都是处于一级与二级标准样之间，那么这个茶是二级茶。这是因为标准样是最低标准，也就是规定了一个等级的最低标准。在生产过程中需要严格控制质量，未达到标准样品质，不能随意销售。在规范的企业中，茶叶的标准应该明晰，这也是茶叶审评中要做的质量判断相关内容。

第二，七档制茶叶审评法多应用于比较性的审评中，如贸易中的验收环节等。通常以成交样或标准样相应等级的色、香、味、形的品质要求为水平依据，按规定的审评因子，即形状、整碎、净度、色泽、香气、滋味、汤色和叶底的审评方法，将审评样对照标准样或成交样逐项进行对比审评，各审评因子按“七档制”方法进行评分。随后，将各因子的得分相加，获得茶样的总分。

在进行判定时，任何单一审评因子中得 3 分则判该样品为不合格。总得分 <-3 分判该样品为不合格。评分说明见表 2-2。

表 2-2　七档制评分细则

七档制	评分	说明
高	+3	差异大，明显好于标准样品
较高	+2	差异较大，好于标准样品
稍高	+1	差异不大，稍好于标准样品
相当	0	与标准样品相当
稍低	−1	差异不大，稍差于标准样品
较低	−2	差异较大，差于标准样品
低	−3	差异大，明显差于标准样品

第三、茶叶质量名次的排序。排序方法为计分排序，如名优绿茶按照以下公式计分：

$$名优绿茶样品得分=\sum(25A+25B+10C+30D+10E)/100$$

每个因子前的权数是按照全国统一的标准，A、B、C、D、E 是各个因子，即为外形、香气、汤色、滋味和叶底的得分。得分来源于评茶员或者评茶师通过感官审评打的分。参与审评的每位评茶员或评茶师各自打分，去掉一个最高分，去掉一个最低分，得出平均分。也可以分组审评，将参加审评的人员分成 A、B 两组，将 A、B 两组的分进行比较，相差 3 分以上重评，3 分以内则取平均。还有一种方法是单一人评，其他人依次审评后对评分进行调整。加权计算得到综合得分，按分数高低进行名次排序。

任务二　不同茶叶的识别方法

一、真假茶的识别

识别真假茶，要抓住茶叶固有的本质特征。下面介绍一些最简单易行的感官识别法。

1. 干茶识别

手抓茶叶，用鼻子闻香，有清香者则为真茶；若有青腥气或其他香气者为假茶。还可抓少量茶叶，用火灼烧，真、假茶的气味更易区分；或者抓一把茶叶放在白纸中央仔细观察，若绿茶深绿、红茶乌黑、乌龙茶青褐，则为真茶，凡色泽枯暗，呈现绿色或青色，多有假茶之嫌。

2. 开汤识别

取少量茶叶放入杯中，用开水冲泡审评。此时，除从茶的色香味来鉴别真假茶外，还可观察叶底，真茶叶片的边缘锯齿，上半张密而深，下半张稀而疏，近叶柄处无锯齿；假茶叶边缘布满锯齿，或者无锯齿。

二、真假花茶的识别

窨花茶是真花茶，是用鲜花和花坯在特定的环境下进行拼和窨制的。这种窨制方法可使茶叶充分吸收鲜花的香气，因而窨花茶的香气浓而鲜醇，闻之既有鲜花的芬芳，又有茶叶的清香。

拌花茶是用花茶窨制后失去香气的花干拌和在低级茶叶中冒充窨花茶的一种假花茶。这种花茶只有茶叶香，没有花香。

喷花茶也是假花茶的一种，它是以喷洒少量香精在茶叶上而冒充窨花茶的假花茶。此种花茶的香气过一两个月就会消失，用鼻闻之无天然花香，冲泡第一开有香，第二开就香气全消。

三、新茶与陈茶的识别

新茶是指当年采制的春、夏、秋茶；隔年以后的茶叶为陈茶。可从色、香、味三方面进行识别。

（1）色泽。茶叶在储存过程中，由于受到空气和光的作用，使构成茶叶色泽的一些色素物质发生缓慢的氧化、分解或聚合，使得干茶色枯暗不润；从茶梗角度识别新茶与陈茶，陈茶的茶梗枯脆易断，在断面呈枯黑色。若是茶梗中央呈褐色，周围留有一圈绿色，则为新茶。

（2）香气。茶叶在储存过程中，由于香气物质的氧化、缩合和缓慢挥发，使茶叶的香气由清香变得低浊。故陈茶香气淡而不清新。

（3）滋味。茶叶在储存过程中，由于酯类物质经氧化后产生了易挥发的醛类物质，使可溶于水的有效成分减少，使茶叶滋味由醇厚变得淡薄，同时，由于茶叶中氨基酸的氧化和脱氨，茶叶的鲜爽味减少。

四、劣变茶的识别

如果当年采制的新茶产生陈色、陈气、陈味现象，多是由于加工、储存方法不当所致，这类茶属于劣变茶。有下列现象之一者都属此类。

（1）霉茶。从外形看霉点明显或茶叶结块，干嗅有霉气；红茶汤色暗红变黑，绿茶汤色红而混浊，并有粉状浮游物，这样的茶即为严重的霉变茶，不能饮用。

（2）酸馊茶。凡在冷、热条件下嗅有酸馊气，尝滋味也有馊味，干茶色泽死灰，汤色浑浊，叶底乌条烂叶的茶，则为严重劣变茶，不能饮用。

（3）焦气茶。茶叶在干燥过程中由于烘炒温度过高，或翻炒不匀、不勤，致使干嗅或开汤嗅有焦气，且不易消失，叶底有焦片，也属劣变茶。

（4）烟气茶。凡茶嗅有浓烈烟气，尝滋味也可尝到烟味，且不易消失，则是严重的烟气茶，应视为劣变茶，如果程度较轻，可视为次品茶。

五、高山茶与平地茶的识别

高山茶与平地茶相比，由于生态环境的差异，不仅茶叶形态不一，而且茶叶内质也不相同。

高山茶新梢肥壮，色泽翠绿，茸毛多，节间长，鲜嫩度好。由此加工而成的茶叶一般具有特殊的花香，而且香气高，滋味浓，耐冲泡，条索肥硕、紧结，白毫显露。

平地茶的新梢短小，叶底硬薄，叶张平展，叶色黄绿少光。由此加工而成的茶叶香气稍低，滋味平淡，条索细瘦，身骨较轻。

模块五　茶叶的贮存

学习目标

了解影响茶叶品质变化的四大因素。
熟练运用茶叶贮存的基本方法。

课前任务

利用网络，查询下列问题的相关知识。

（1）影响茶叶品质的因素有哪些？

（2）常见的茶叶贮存方法有哪些？

任务分工与实施

（1）各小组成员在组长的带领下，查阅影响茶叶品质的因素和茶叶的贮存方法（可以是新闻、短视频、文章等），尝试解决课前任务。

（2）各组长组织成员讨论茶叶贮存的方法，并记录汇总。

学习模块相关知识点

任务一　影响茶叶品质变化的因素

由于茶叶具有易碎性、吸湿性、吸附性、陈化性等特点，其品质的变化与贮存中的外界条件有直接关系，影响茶叶色、香、味、形的重要因素是水、温度、光线和氧气（空气）。

一、影响茶叶品质变化的四大因素

贮存茶叶总的要求是低温、干燥密封、防潮、牢固，以防止茶叶受到温度、水分、氧气和光线这四大因素的损害。

1. 温　度

常温下，茶叶的色泽易变化，温度越高，变化的速度越快。气温每升高 10℃，茶叶色泽褐变的速度将增加 3 ~ 5 倍。在 10 ~ 15℃的范围内，茶叶的色泽尚能较好保持；在 0 ~ 5℃的条件下，茶叶的色泽能在较长时间内保持不变；如果把茶叶贮存在 0℃以下的环境中，能抑制茶叶的陈化。

2. 水　分

茶叶的含水量在 6%以下，较耐贮存，含水量增高会促进茶叶内含物的氧化反应。氧化反应释放热能，使叶温增高，而温度升高又会加速茶叶的氧化反应，茶叶的品质很快会降低，出现陈化、霉变，干茶的色泽由鲜变枯，汤色和叶底的色泽由亮变暗。如果茶叶的含水量控制在 4% ~ 5%，可较长时间保持品质不劣变。一般来说，大宗红茶和绿茶的水分含量高限为 6%，乌龙茶为 6.5%，花茶为 8%。

3. 氧　气

茶叶中多酚类化合物的氧化、维生素 C 的氧化以及茶黄素、茶红素的氧化聚合都和氧气有关。这些氧化作用会产生陈味物质，严重破坏茶叶的品质。

4. 光　线

光线尤其是紫外线会促进茶叶中的植物色素（如叶绿素）和脂质的氧化，使茶叶的绿色减退，产生腥气味（日晒味），足干的茶叶贮存在密闭无光的容器中，茶叶的色泽稳定，变化很小。如果茶叶处在有光环境中，特别是直射光下，绿茶很快会失去绿色，变成棕红色，茶叶愈嫩，色泽变化愈大。

任务二　茶叶贮存的方法

茶叶包装可分为真空包装、无菌包装、充气包装和普通包装四种。目前市面上常用的茶叶包装有：复合袋、塑料袋、纸盒（袋）、马口铁茶叶罐、竹盒、木盒、锡瓶等。家庭少量茶的贮存方法很多，现选取几种简略介绍如下。

1. 瓦坛保存

选用干燥、无异味、无裂缝的瓦坛，先将茶叶用牛皮纸包好，置于坛中，在瓦坛中放置一袋石灰，再用棉花团将坛口盖住，每隔一两个月换一次石灰。这种方法主要是利用石灰吸潮的特性使茶叶干燥，茶叶的湿度越低，氧化作用越慢。

2. 冰箱保存

将茶叶置于无异味、密封性好的容器中，盖上盖儿后，用玻璃胶纸将盖儿密封，放入冰箱的冷藏柜中。这种方法简便易行，效果比较好。

3. 充氮保存

把茶叶装入塑料复合袋，充入氮气后，密封袋口，放在避光的地方，如放在低温处，效果更好。此种方法利用了氮气是惰性气体，茶叶在此环境中氧化反应极慢的原理。

4. 热水瓶保存

将热水瓶中的水倒干净后，彻底消除水分，然后将茶叶放进去，把瓶塞盖紧，就可以保存茶叶了。

5. 塑料袋保存

将干燥的茶叶用毛边纸包好装入塑料袋内，并轻轻挤压，以排出袋内空气，扎紧袋口，再将另一个塑料袋反套在第一个袋外边，同样挤出空气扎紧，放入干燥、无味、密闭的铁罐内。

茶博士——茶叶受潮的处理

1. 快速风干

将茶叶用干净、无异味的纱布裹好后摊开，用吹风机的低温热风挡边吹边翻动，至干。或用无异味、质量好的纸巾裹好，然后摊开，吸取水分后，再用吹风机的低温热风挡边吹边翻动，至干。

2. 太阳烘晒

不能将茶叶直接暴晒。阳光中的紫外线会破坏茶叶的营养，使茶叶品质大幅下降。较好的烘晒方法是：用干净、无异味的筛形器物将茶叶摊开，外罩纱布遮挡太阳，用太阳的热度烘晒。注意随时翻动，至干。

3. 热炒、烘烤

用干净、无油、无异味的铁锅烧至微热，把受潮的茶叶放入，边烤边翻动茶叶，至干；也可用干净、无油、无异味的烘箱烘烤，注意用最微火低温烘烤，以免烤焦；还可用微波炉烘烤，也要注意用最微火低温烘烤，以免烤焦。

无论哪种方法，必须注意以下几点。

（1）温度不能太高，保持在 40～60 ℃最好。

（2）干燥茶叶的环境必须干燥、干净、无异味；盛装茶叶的容器、遮盖物等必须干净、无油、无异味。

（3）不能用报纸垫底，茶叶会吸收报纸的油墨味和铅。

（4）不能接触化妆品，以免吸收异味，影响茶叶的原味。

（资料来源：鄢向荣，《茶艺与茶道》，天津：天津大学出版社）

能力提升 实训任务单2-1：认识绿茶

实训目的：了解绿茶的分类，熟悉绿茶品质的感官审评指标；掌握西湖龙井、碧螺春、信阳毛尖、黄山毛峰、太平猴魁、六安瓜片的感官审评方法。

实训要求：通过训练能够识别并比较西湖龙井、碧螺春、信阳毛尖、黄山毛峰、太平猴魁、六安瓜片六种绿茶的品质特征。

实训器具：茶盘、审评杯、审评碗、评茶盘、叶底盘、称茶器（天平）、计时器、吐茶桶、茶匙、随手泡、茶巾、绿茶（西湖龙井、碧螺春、信阳毛尖、黄山毛峰、太平猴魁、六安瓜片）适量。

实训步骤：备具→认识西湖龙井→认识碧螺春→认识信阳毛尖→认识黄山毛峰→认识太平猴魁→认识六安瓜片→收具

参考课时：1学时，教师示范10分钟，学生练习30分钟，考核、教师点评5分钟。

预习思考：（1）绿茶感官审评包括哪些指标？

（2）茶叶变质、变味、陈化的原因是什么？

操作标准：

名称	类属与创制	产地	品质特征					
			形状	色泽	汤色	香气	滋味	叶底
西湖龙井	历史名茶，属炒青绿茶，始产于宋代	浙江杭州西湖的狮峰、龙井、云栖、虎跑、梅家坞一带	扁平挺直、光洁匀整	翠绿鲜润	清莹色绿	馥郁清香、幽而不俗	甘鲜醇和	嫩绿、匀齐成朵
碧螺春	历史名茶，属炒青绿茶，创制于明末清初	江苏吴县市太湖洞庭山，以石公、建设和金庭等为主要产区	条索纤细、卷曲如螺	银绿隐翠	嫩绿清澈	嫩香芬芳	鲜醇	芽大叶小、嫩绿柔匀
信阳毛尖	历史名茶，属炒青绿茶，创制于唐代	河南省信阳县	细秀匀直、白毫显露	翠绿	黄绿明亮	清香高长、略有熟板栗香	鲜、浓、爽	细嫩匀整
黄山毛峰	历史名茶，属烘青绿茶，创制于清代光绪年间	安徽省著名的黄山、歙县、休宁	形似雀舌、白毫显露	黄绿油润	黄绿清澈明亮	清香馥郁	鲜醇爽口	嫩黄柔软
太平猴魁	历史名茶，属烘青绿茶，创制于清末	安徽省黄山市黄山区新明乡和龙门乡一带	挺直、扁平重实、白毫隐伏	苍绿	杏绿清亮	幽香扑鼻	醇厚爽口回甘	肥厚柔软
六安瓜片	历史名茶，属炒青绿茶，创制于唐代	安徽省六安、金寨、霍山县等	单片，不带芽梗、叶边背卷顺直	宝绿色、富有白霜	碧绿清澈明亮	清香持久	鲜醇回甘	黄绿明亮柔软

能力检测

序号	测试内容	应得分	扣分	实得分
1	认识西湖龙井	20 分		
2	认识碧螺春	20 分		
3	认识信阳毛尖	15 分		
4	认识黄山毛峰	15 分		
5	认识太平猴魁	15 分		
6	认识六安瓜片	15 分		
总　分		100 分		

能力提升　实训任务单2-2：认识红茶

实训目的：了解红茶的分类，熟悉红茶品质的感官审评指标；掌握祁门红茶、九曲红梅、正山小种、坦洋工夫、英德红茶、宁红工夫的感官审评方法。

实训要求：通过训练能够识别并比较祁门红茶、九曲红梅、正山小种、坦洋工夫、英德红茶、宁红工夫六种红茶的品质特征。

实训器具：茶盘、审评杯、审评碗、评茶盘、叶底盘、称茶器（天平）、计时器、吐茶桶、茶匙、随手泡、茶巾、红茶（祁门红茶、九曲红梅、正山小种、坦洋工夫、英德红茶、宁红工夫）适量。

实训步骤：备具→认识祁门红茶→认识九曲红梅→认识正山小种→认识坦洋工夫→认识英德红茶→认识宁红工夫→收具

参考课时：1 学时，教师示范 10 分钟，学生练习 30 分钟，考核、教师点评 5 分钟。

预习思考：（1）红茶可分为哪几类？

（2）红茶感官审评包括哪些指标？

操作标准：

名称	类属与创制	产地	品质特征					
			形状	色泽	汤色	香气	滋味	叶底
祁门红茶	历史名茶，属工夫红茶，始产于清代	安徽省祁门县	条索细紧匀齐秀丽	乌润	红亮	鲜甜清快、有果糖香	醇和鲜爽	嫩匀明亮
九曲红梅	历史名茶，属工夫红茶，又称“九曲乌龙”，始产于清代	源于福建武夷山的九曲溪，太平天国期间，随福建武夷农民迁徙至杭州市郊，遂传名于世	条索细紧、秀丽	乌润	红艳明亮	香高	醇厚	红明嫩软

续表

名称	类属与创制	产地	品质特征					
			形状	色泽	汤色	香气	滋味	叶底
正山小种	历史名茶，属小种红茶，始产于明代，是红茶的鼻祖	福建省崇安县星村镇桐木关村	条索肥壮、紧结圆直、不带芽毫	乌黑油润	红艳浓厚、似桂圆汤	松烟香	醇厚回甘	肥厚红亮
坦洋工夫	历史名茶，属工夫红茶，福建三大工夫红茶之一创制于清代	福建省福安市坦洋乡	条索紧结秀丽、茶毫微显金黄	乌润	红明	高爽	醇厚	红亮
英德红茶	新创名茶，属工夫红茶，创制于1959年	广东英德县城东北约20千米，地居大庚岭的瑶山以南	条索紧结、身骨重实、匀整秀美	乌润	红艳明亮	浓郁纯正	醇厚甜润	红亮
宁红工夫	历史名茶，属工夫红茶，始产于清代	江西省修水县	条索紧结圆直，锋苗挺拔	色乌略红、光润	红亮	香高持久似祁红	醇厚甜和	红匀

能力检测

序号	测试内容	应得分	扣分	实得分
1	认识祁门红茶	20分		
2	认识九曲红梅	20分		
3	认识正山小种	15分		
4	认识坦洋工夫	15分		
5	认识英德红茶	15分		
6	认识宁红工夫	15分		
总　分		100分		

能力提升　实训任务单2-3：认识乌龙茶

实训目的：了解乌龙茶的分类，熟悉乌龙茶品质的感官审评指标；掌握安溪铁观音、安溪黄金桂、大红袍、铁罗汉、凤凰单枞、冻顶乌龙的感官审评方法。

实训要求：通过训练能够识别并比较安溪铁观音、安溪黄金桂、大红袍、铁罗汉、凤凰单枞、冻顶乌龙六种乌龙茶的品质特征。

实训器具：茶盘、审评杯、审评碗、评茶盘、叶底盘、称茶器（天平）、计时器、吐茶桶、茶匙、随手泡、茶巾、乌龙茶（安溪铁观音、安溪黄金桂、大红袍、武夷水仙、凤凰单枞、冻顶乌龙）适量。

实训步骤：备具→认识安溪铁观音→认识安溪黄金桂→认识大红袍→认识武夷水仙→认识凤凰单枞→认识冻顶乌龙→收具

参考课时：1 学时，教师示范 10 分钟，学生练习 30 分钟，考核、教师点评 5 分钟。

预习思考：（1）乌龙茶可分为哪几类？

（2）乌龙茶感官审评包括哪些指标？

操作标准：

名称	类属与创制	产地	品质特征					
			形状	色泽	汤色	香气	滋味	叶底
安溪铁观音	历史名茶，创制于清乾隆年间	福建省安溪县	肥壮圆结、沉重匀整	砂绿油润、红点鲜艳	金黄明亮	浓馥持久、富兰花香	醇厚甘鲜、回甘悠长	软亮、肥厚红边
安溪黄金桂	历史名茶，创制于清光绪年间	福建省安溪县	紧细卷曲、匀整	金黄油润	金黄明亮	高强清长	鲜醇鲜爽	色泽黄绿、红边明显、尚软亮
大红袍	历史名茶，传说创制于明代	福建省武夷山	条索匀整、壮实	绿褐鲜润	金黄清澈	兰花香	甘爽滑顺	软亮、边红中绿
武夷水仙	历史名茶，传说创制于清代	福建省武夷山	条索匀整紧结、粗壮	乌褐油润	橙黄清澈	浓郁鲜锐、具兰花香	醇浓、鲜滑甘爽	软亮、叶缘微红
凤凰单枞	历史名茶，传说创制于宋代	广东省潮安县凤凰山	挺直肥硕	鳝褐油润	深黄明亮	浓郁花香	甘醇爽口	绿腹红边
冻顶乌龙	历史名茶，传说创制于清代	台湾南投县鹿谷乡冻顶山	条索紧结匀整、卷曲成球	墨绿油润	蜜黄透亮	清香持久	浓醇甘爽	绿腹红边

能力检测

序号	测试内容	应得分	扣分	实得分
1	认识安溪铁观音	20 分		
2	认识安溪黄金桂	20 分		
3	认识大红袍	15 分		
4	认识武夷水仙	15 分		
5	认识凤凰单枞	15 分		
6	认识冻顶乌龙	15 分		
总　分		100 分		

能力提升　实训任务单2-4：认识黄茶与白茶

实训目的：了解黄茶和白茶的分类，熟悉黄茶和白茶品质的感官审评指标；掌握君山银针、莫干黄芽、蒙顶黄芽、政和白毫银针、白牡丹、贡眉的感官审评方法。

实训要求：通过训练能够识别并比较君山银针、莫干黄芽、蒙顶黄芽三种黄茶以及政和白毫银针、白牡丹、贡眉三种白茶的品质特征。

实训器具：茶盘、审评杯、审评碗、评茶盘、叶底盘、称茶器（天平）、计时器、吐茶桶、茶匙、随手泡、茶巾、茶叶（君山银针、莫干黄芽、蒙顶黄芽、政和白毫银针、白牡丹、贡眉）适量。

实训步骤：备具→认识君山银针→认识莫干黄芽→认识蒙顶黄芽→认识政和白毫银针→认识白牧丹→认识贡眉→收具

参考课时：1学时，教师示范10分钟，学生练习30分钟，考核、教师点评5分钟。

预习思考：（1）黄茶、白茶分别可分为哪几类？

（2）黄茶、白茶感官审评包括哪些指标？

操作标准：

名称	类属与创制	产地	品质特征					
			形状	色泽	汤色	香气	滋味	叶底
君山银针	历史名茶，始产于唐代	湖南省洞庭湖君山周围	芽壮挺直、匀整露毫	黄绿	杏黄明净	清香浓郁	甘甜醇和	黄亮匀齐
莫干黄芽	恢复历史名茶，古称莫干山芽茶，1979年恢复生产	浙江省德清县莫干山区	细如雀舌、芽壮显毫	绿润微黄	嫩黄清澈	清香幽雅	鲜爽醇和	嫩黄成朵
蒙顶黄芽	恢复历史名茶，1959年恢复生产	四川省名山县蒙山	扁平挺直、满披白毫	嫩黄油润	黄亮	甜香浓郁	甘醇	嫩黄匀齐
政和白毫银针	历史名茶，创制于1889年(福建白茶约始创于150年前)	福建省政和	芽壮肥硕、挺直似针	毫多白如云、银绿有光泽	浅黄	毫香新鲜	鲜爽微甜	银白、芽针完整
白牡丹	历史名茶，1922年政和开始生产	福建省政和、建阳、松溪、福鼎等县市	绿叶夹银白毫心	面绿背白	杏黄	毫香明显	甜醇	叶张肥嫩、芽叶连枝、叶底浅绿
贡眉	历史名茶，也称寿眉，继白牡丹后创制	福建省建阳等县市	芽壮叶嫩、卷紧如眉	灰绿或墨绿	浅橙黄	鲜爽	清甜醇爽	黄绿明亮、柔软

能力检测

序号	测试内容	应得分	扣分	实得分
1	认识君山银针	20 分		
2	认识莫干黄芽	20 分		
3	认识蒙顶黄芽	15 分		
4	认识政和白毫银针	15 分		
5	认识白牡丹	15 分		
6	认识贡眉	15 分		
总　分		100 分		

能力提升　实训任务单2-5：认识黑茶及其紧压茶

实训目的：了解黑茶的分类，熟悉黑茶品质的感官审评指标；掌握黑毛茶、云南普洱沱茶、普洱茶砖、米砖茶、七子饼茶、梅花饼茶的感官审评方法。

实训要求：通过训练能够识别并比较黑毛茶、云南普洱沱茶、普洱茶砖、米砖茶、七子饼茶、梅花饼茶六种黑茶的品质特征。

实训器具：茶盘、审评杯、审评碗、评茶盘、叶底盘、称茶器（天平）、计时器、吐茶桶、茶匙、随手泡、茶巾、茶叶（黑毛茶、云南普洱沱茶、普洱茶砖、米砖茶、七子饼茶、梅花饼茶）适量。

实训步骤：备具→认识黑毛茶→认识云南普洱沱茶→认识普洱茶砖→认识米砖茶→认识七子饼茶→认识梅花饼茶→收具

参考课时：2 学时，教师示范 30 分钟，学生练习 50 分钟，考核、教师点评 5 分钟。

预习思考：（1）黑茶可分为哪几类？

（2）黑茶感官审评包括哪些指标？

操作标准：

名称	类属与创制	产地	品质特征					
			形状	色泽	汤色	香气	滋味	叶底
黑毛茶	历史名茶，已有近千年历史	湖南省安化、桃江、沅江、汉寿等地	条索粗卷、欠紧结	黄褐	橙黄微暗	醇厚、略带松烟香	醇厚	黄褐
云南普洱沱茶	历史名茶，属黑茶紧压茶，明代已有记载	云南省下关茶厂	似碗臼状、紧结光滑、白毫显露	褐红	红浓	陈香	醇厚回甘	稍粗、深猪肝色

续表

名称	类属与创制	产地	品质特征					
			形状	色泽	汤色	香气	滋味	叶底
普洱茶砖	历史名茶，属黑茶紧压茶，明代已有记载	云南省勐海、德宏自治州	长方形、棱角整齐、压痕清晰光滑，紧厚结实	褐红	深红褐色	陈香	醇和	深猪肝色
米砖茶	历史名茶，紧压茶，明代中期已呈砖茶雏形	湖北省赵李桥茶厂	表面光洁美观、砖形棱角分明、纹面图案清晰秀丽	乌润	明亮	醇和	醇厚	深褐
七子饼茶	历史名茶，紧压茶，周朝已有记载	云南省易武、勐海、景东及下关等地	紧结、圆整、显毫	褐红	深红褐色	纯正、陈香	醇浓	深猪肝色
梅花饼茶	历史名茶，紧压茶，由宋代龙凤团茶演变而来	云南省下关、勐海及德宏等地	饼状紧结、端正光滑	褐红	深红褐色	陈香	醇浓	猪肝色

能力检测

序号	测试内容	应得分	扣分	实得分
1	认识黑毛茶	20 分		
2	认识云南普洱沱茶	20 分		
3	认识普洱茶砖	15 分		
4	认识米砖茶	15 分		
5	认识七子饼茶	15 分		
6	认识梅花饼茶	15 分		
总　分		100 分		

能力提升　实训任务单2-6：“我知家乡茶”茶叶审评

实训目的：认识家乡茶，掌握家乡茶的品质特点、历史沿革，从而了解家乡，培养家国情怀。

实训要求：通过茶叶推介能够识别家乡茶的品质特征。

实训器具：茶盘、审评杯、审评碗、评茶盘、叶底盘、称茶器（天平）、计时器、吐茶桶、茶匙、随手泡、茶巾、茶叶（家乡茶）适量、多媒体。

实训步骤：备具审评+PPT 介绍茶叶品质特征→介绍家乡茶→收具

参考课时：2 学时，学生讲解并审评 80 分钟，学生教师各点评 5 分钟。

预习思考：（1）家乡茶属于什么茶类？

（2）家乡茶感官审评包括哪些指标？

能力检测

序号	测评内容	赋分	得分
1	选取茶叶有代表性	20	
2	茶叶历史介绍清晰、全面	20	
3	茶叶品质特征介绍清晰、全面	20	
4	茶叶审评流程正确	25	
5	讲解语言清晰、解说流畅	10	
6	PPT 制作美观、图文并茂	5	
合计		100	

项目小结

本项目主要涉及茶树知识、茶叶分类与制法、中国茶区与名茶、茶叶鉴别、茶叶贮存等内容。具体介绍了茶树的外形特征、生长环境及品种；中国茶叶的基本分类及其茶叶加工的基本工艺流程；中国茶区的分布、中国名茶的种类；名茶的种属、产地、品质特征、制作工艺；茶叶感官鉴别方法及茶叶贮存的要点；为了提升学生能力，还专门设计了介绍茶树形态特征和生长环境、认识绿茶、认识红茶、认识乌龙茶、认识黑茶、认识黄茶与白茶等实训任务。

项目练习

一、判断题

1.（　　）看色泽就可以区别新茶与陈茶。

2.（　　）君山银针属于六大茶类中的黄茶。

3.（　　）红茶按加工工艺分为滇红、宁红、宜红工夫三大类。

4.（　　）名茶可分为传统名茶、恢复历史名茶、创新名茶三大类。

5.（　　）全国可以分为四大产茶区：西南茶区、华南茶区、江南茶区和江北茶区。

二、选择题

1. 茶树性喜温暖、湿润，最适宜的生长温度为（　　）。

A. 15 ~ 20 ℃　　B. 16 ~ 20 ℃

C. 18 ~ 20 ℃　　D. 18 ~ 25 ℃

2. 乌龙茶按产地分为闽北乌龙、闽南乌龙、广东乌龙、台湾乌龙。下面属于广东乌龙的是（　　）。

A. 武夷岩茶　　B. 铁观音　　C. 凤凰单枞　　D. 冻顶乌龙

3. 红茶的发酵度是（　　），其叶色深红，茶汤呈朱红色。

A. 0%　　B. 30%　　C. 50%　　D. 100%

4. 审评茶叶时大部分茶都比较注重（　　）两因子。

A. 滋味与汤色　　B. 香气与滋味

C. 香气与汤色　　D. 香气与叶底

三、简答题

1. 简述六大基本茶类的产地和品质特点。

2. 简述中国十大名茶的产地以及主要品质特征。

项目实践

实践内容：以学习团队为单位，课后走访茶艺馆和茶叶市场。

能力要求：能够区分不同的茶类，能够辨认中国十大名茶；调查当地茶叶的消费和茶叶市场的营销状况；结合实践过程，撰写一篇字数 1000 字左右的调查报告。

项目评价

学习自评表

评价内容		自评得分				
学前	富有浓厚的学习兴趣，能主动运用网络检索课前问题并成功解决（10 分）	10	8	6	4	2
	积极参加小组学习活动，分工明确，主动与同学合作交流（20 分）	20	16	12	8	4
	能够主动发现和提出问题，有条理地表达思考过程；能提出解决问题的策略，表达自己独特的见解（10 分）	10	8	6	4	2
学中	学习态度端庄，无无故缺勤、迟到、早退现象；遵守课堂纪律，主动参与课堂，并积极发言（2 分）	20	16	12	8	4
学后	掌握项目教学中的理论知识（10 分）	10	8	6	4	2
	能够利用本项目知识解决茶艺服务中的实际问题（20 分）	20	16	12	8	4
	提高对茶艺的认识与热爱（10 分）	10	8	6	4	2
总分						

本评分表总分 100 分，在自评得分栏中分为五级打分，分数从高到低分别表示非常符合——比较符合——一般——比较不符合——非常不符合。学生根据自身学习情况，勾选每一项评价内容的自评得分，最后加总即为本人学习评价总分。

项目三

茶艺基础

俗话说“好马配好鞍”，同样的，好器自然沏好茶。无论茶叶味道如何好，倘若盛放的器具不对或者质量差，那么也无法做到与之契合。除此之外，泡茶用水和茶艺师的泡茶手法，都会直接影响茶汤的品质。

模块一　茶具知识

学习目标

在学习活动中采用直观的方法认识茶具的种类，并掌握其功能；
认识不同类型的茶具名称；
掌握茶具的选用原则。

课前任务

利用网络，查询下列问题的相关知识。
（1）常见的茶具根据材质分哪些种类？
（2）茶道六君子是什么？

任务分工与实施

（1）各小组成员在组长的带领下，查阅茶具知识（可以是新闻、短视频、文章等），尝试解决课前任务。
（2）各组长组织成员讨论不同材质茶具的优缺点，并记录汇总。

学习模块相关知识点

任务一　茶具种类

“器为茶之父”，茶具的材质对茶汤的香气和味道有重要的影响，因此茶具多以材质的不同来进行分类。如今，最常使用和出现最多的茶具主要有紫砂茶具、瓷器茶具、漆器茶具、金属茶具、玻璃茶具和竹木茶具六大类。其中，精致典雅、精品荟萃的紫砂茶具和晶莹细腻、端庄淡雅的瓷器茶具在众多种类的茶具中占最大的比重，得到饮茶人最广泛的青睐，即被誉为茶具上品的“景瓷宜陶”。

一、气韵独特的紫砂茶具

紫砂是陶土的一个种类，产于中国宜兴。紫砂泥又叫紫砂矿，雅称“富贵土”，为制作紫砂壶（器）的主要原料。

紫砂为多孔性材质，气孔微细、气密度高，这种特殊的结构使它具有良好的透气性和吐纳的特性。当紫砂器遇热时，气孔张开，将胎土内贮存之物吐出来，器具之内贮存是茶，便吐茶香；若贮存是油，就会吐油；久置不用，吸收了空气中的尘垢，就会吐尘垢。所以紫砂壶用来泡茶效果最好，且因为它的贮换功能，泡茶的效果还会越来越好，久用后，以沸水注入空壶也会有茶香溢出。

茶博士——紫砂壶的选购

1. 外观

在样式繁多的宜兴壶中，挑选一把自己喜欢的正品好壶亦非易事，需要仔细的比较和鉴别。选壶时，最直接的第一感官接触当属视觉。茶壶的外观形状、纹理装饰、泥料色泽，都是影响视觉感受的重要因素，而外观又直接影响到茶壶内在神韵。好壶不但外表养眼，还要神采飞扬。一把宜兴壶是由多部分组合而成，而各部件的配合是否协调，比例是否匀称，衔接是否流畅自然，是制作工艺高低的重要衡量标准。三个最关键要素：壶嘴、壶纽、壶把，三点必须呈一条直线；上下壶把要在同一垂直线。这是许多收藏家尤其注重的一点，与中国文化讲求的“大中至正”一脉相承。

2. 密合度

壶盖与壶身必须紧密吻合，即茶壶的密合度一定要高，才能保证茶香凝聚，味道不散，倾壶倒茶时也无脱落之忧。具体操作测定时，可将茶壶注满水，手指紧压盖上气孔，此时倾壶倒水，若滴水不流，则表明密合度极高。也可用手压住茶壶壶嘴，颠倒壶身，若壶盖不落，那- 定也是密合度很高的好壶。

3. 出水流畅

紫砂壶的实用性很强，除了外形美之外，一定还要注意功能之美，才能保证壶的使用价值充分发挥。壶嘴出水流畅，断水果断，是紫砂壶功能美的一个重要体现方面。好壶出水时刚劲有力，水束弧线流畅圆润。断水时，即倾即止，干净利落，不飞溅外流。倾壶之后，壶内的水能保证完全倒出，滴水不存，即为壶中上品。

因此一般来讲，壶的外观应整体比例协调，点、线、面的过度转折要清楚流畅，造型古朴大方、素雅端庄的茶壶，有脱俗之美，更加契合朴素自然的茶道文化。

4. 质地

紫砂原料的质地，对于紫砂壶质量的影响也十分重。好的紫砂壶，胎骨要坚，色泽滑润，壶面为砂质感，而绝非泥沙感。除眼感手感外，因壶体硬度不同，使得壶声也不尽相同，所以听音也是辨质的一个有效方法。选壶时，以掌托壶，另一只手持壶盖轻敲壶口，以声音铿锵轻扬、清脆悦耳为佳。若声音浑浊，说明壶的导热性有所欠缺；若音高刺耳，则是导热过快。

5. 舒适在握

好的紫砂壶，应在使用时手感舒适合意，便于把握，提拿方便。壶的手感与壶的重心设计有很大关系，壶身与壶把和壶嘴配合精确，壶把的力点接近壶身盛水时的重心，可保持壶的结构均衡，重心不偏。选壶时，在壶中倒入约 3/4 的水，用手平提茶壶，缓缓倒水，如感觉轻松自如，则表明壶身稳定，重心适当；若是需刻意用力紧握壶把才能平稳倒水，则说明壶的重心位置不对。

壶的大小也会影响把玩。壶身不宜过大过沉，一般容量在 200~350 毫升，足够几人对饮，提壶只需一手即可，故称“一手壶”。

（资料来源：http://tea. sheup. com/index. htm）

茶博士——紫砂壶的收藏

紫砂壶自明代出现以来就与茶文化紧密地结合在一起，除了其自身具有的实用价值和艺术价值之外，还有着丰富的文化内涵。

一把好壶不仅仅是一件艺术品，也是一段历史的诉说，一种文明的象征，出自名家之手的优秀作品如今更是身价百倍。名壶的收藏热潮席卷东南亚和欧美国家，经久不衰，紫砂壶“一两紫砂一两金”的身价不断被古董收藏家以新的纪录刷新。也有越来越多的普通收藏者，“淘”出工艺精湛、独具特色的新紫砂壶收藏起来，在享受着收藏乐趣的同时，静待着其价值的提升。

*紫砂壶“四大名家”：董翰、赵梁、文畅、时朋。

*紫砂壶“三大妙手”：时大彬、李仲芳、徐友泉。

近代名师：顾景洲、朱可心、蒋蓉、徐秀棠、汪寅仙、吕尧臣、徐汉棠、谭泉海、许四海

二、温润细腻的瓷器茶具

中国是陶瓷艺术的发源地，有着几千年的陶瓷发展史，早在宋代，就已达到瓷器制造业的极度繁荣。瓷器作为中国古代最著名的发明之一，是中华民族独有的珍贵文化遗产，对世界文明的发展作出了巨大贡献。

唐代以来，陶瓷工艺被广泛地应用于茶具生产，作为历代茶具的上选材料，造出了许多传世的艺术精品。南越北邢、五大名窑、景德镇……一代代瓷器名家争奇斗艳，长盛不衰；青瓷、白瓷、黑瓷、彩瓷……各类制品色彩缤纷，形态各异。

陶瓷制品独有的淡泊清雅，提升了品茶情趣，深受好茶之人的喜爱。千百年来，经过不同时代、不同茶叶类型、不同饮茶习俗和方式、不同文化背景的考验，陶瓷始终贯穿于中国茶具文化的历史长河，至今仍保持着旺盛的生命力，成为现代最普遍流行的茶具类型之一。

1. 白瓷

白瓷于北朝时期已见雏形，但那时的釉色并不纯净，白中泛灰。到了唐朝，河北邢窑烧制出的白瓷，则是自有白釉瓷器以来最完美的产物，土质细润，坯质致密透明，色泽纯洁，欺霜赛雪，成品茶具轻巧精美，壁坚而薄，器型稳厚、线条流畅，敲之音清韵长，传热、保温性能皆强。因色泽纯白光洁，能更鲜明地映衬出各种类型茶汤之颜色，适用范围较青瓷更广。杜甫曾有诗称赞白瓷茶碗：“大邑烧瓷轻且坚，扣如哀玉

锦城传。”

元代以后，江西景德镇的白瓷茶具更上一层楼，造型精美，装饰典雅，其外壁多绘有名人书画加以点缀，艺术气息更为浓厚，欣赏价值极高，堪称饮茶器皿之珍品，远销国外。至今白瓷依旧作为使用最为普遍的茶具，久盛不衰。

白瓷的出现除了打破青瓷的垄断地位外，另一深远意义则在于为后代茶具盛行的青花瓷、釉里红瓷、五彩瓷和粉彩瓷等彩瓷器打下了深厚的工艺基础，为陶瓷茶具的发展注入了新的活力。

2. 青瓷

青瓷为玻璃质的透明淡绿色青釉，瓷色纯净，青翠欲滴，既明澈如冰，又温润如玉，制造出来的茶具质感轻薄，圆滑柔和，得到陆羽在《茶经》中的大力推崇。自商代出现原始瓷以来，青釉一直占据瓷釉的主流，至唐代，浙江越窑烧制的青瓷器，已经称得上炉火纯青。古诗中“捩翠融青瑞色新”就是对越瓷色泽的赞美。宋代五大名窑，有四座都以产青瓷著称，其中龙泉哥窑生产的青瓷茶具，更是远销各地，至明代开始出口海外。明代的青瓷茶具更以其质地细腻、造型端庄、釉色青莹、纹样雅丽而蜚声中外，被视为稀世珍品。

青瓷茶具除具有瓷器茶具的众多优点外，因釉色青中透绿，冲泡绿茶时最能衬托出茶汤碧色之美。不过，若用它来冲泡红茶、白茶、黄茶、黑茶，则易使茶汤本色不够分明，略为美中不足。

3. 黑瓷

黑瓷茶具开始于晚唐，在宋朝达到鼎盛，延续于元，明、清时衰微。宋代斗茶之风盛行，为黑瓷茶具的流行创造了非常便利的条件。白色茶沫与黑色茶盏色调分明，便于观察，且黑瓷胎体较厚，能够长时间保持茶温，最适宜于斗茶所用，这两点主要原因使得黑瓷茶具成为宋代瓷器茶具的最主要品种。

宋代有很多大量生产黑瓷茶具的瓷窑，其中以福建建窑生产的建盏最为著名。建盏配方独特，茶盏表面的细纹已经精致到“纹路兔毫”的地步，茶汤一旦入盏，能放射出五彩纷呈的点点光辉，增加了斗茶的情趣。蔡襄在《茶录》中曾说:“建安所造者……最为要用。出他处者，或薄或色紫，皆不及也。”建安兔毫盏代表了黑瓷茶具的最高峰。

到了明朝，因饮茶方式、茶叶类型的改变，黑瓷茶具不再适用，逐步退出茶具市场的历史舞台。

4. 彩瓷

彩瓷是指带彩绘装饰的瓷器，比单色釉瓷更具美感，可细分为釉下彩、釉上彩、釉中彩以及釉上、釉下相结合的斗彩，于明清年间兴起。景德镇最负盛名的青花瓷茶具是典型的釉下彩瓷代表，其胎质坚薄，釉面光润明亮，釉色晶莹，蓝白花纹相映，淡雅清幽，造型多样。清代出现的釉上彩充分吸收了中国绘画的表现方式，瓷面上的绘画图案更富层次，出现凹凸浓淡的变化，立体感强，光泽透亮，粉润柔和。

斗彩茶具多为青花与釉上五彩相结合，画面细腻生动，色彩柔和明丽，胎釉、纹饰都十分精致。织金彩瓷是自珐琅彩发展而来，在白色釉面上绘上金色花纹，熠熠生辉，高贵艳丽。

彩瓷在现代的应用仍十分广泛。对于茶具而言，釉下彩瓷器在健康环保方面胜于釉上彩，因彩绘图案是在釉的下层，受釉层保护，不会脱落褪色，彩绘中含的有色颜料也就不会对人体产生不利影响。

5. 骨瓷

骨瓷属软质瓷，是以骨粉加上石英混合而成，是当今世界上公认的最高档的瓷种。其制作过程极为复杂，工艺特殊，标准严格。骨瓷起源于英国，现在中国也已经掌握了骨瓷的制作工艺并能生产出在工艺、花面设计、器型风格上独具中华特色的骨瓷茶具。

骨瓷茶具比起普通陶瓷质地更为轻巧，器壁虽薄，却致密坚硬，不易破损，釉面光滑，瓷质细腻。色泽呈天然骨粉独有的自然乳白色，晶莹剔透，视之如凝脂，触之如软玉，弹之如钟磬。骨瓷茶具的透光性和保温性都很好，规整度、洁白度、透明度、热稳定性等指标均要求极高。瓷的花面与釉面融为一体，不易磨损脱落，是有益于健康和环保的绿色瓷器。骨瓷茶具将实用和艺术的双重价值集于一身，以自身独有的雍容典雅，成为收藏名家、豪华宴会都视之如珍的首选，无愧为当世“瓷中之王”。

茶博士——听声辨色

辨别陶瓷茶具的质量，主要在于闻其声与观其色。用食指在瓷器茶具上轻轻弹扣，应该能听到悦耳的叮当声，声色清脆，回音婉转，如珠落玉盘，这表明瓷器胎质细腻，烧制良好；反之，如声音暗哑沉闷，则说明有瓷釉破损或瓷坯质劣。

做工精良的瓷器表面光滑细密，色泽纯净，柔润如玉，在阳光下质感通透，瓷釉光洁，平滑如镜，釉面无斑点、小孔、气泡等瑕疵，釉色准确均匀，图案清晰美观，纹饰完整统一。若是挑选整套的茶具，则还要注意不同器具间形状的协调，色彩、图案的搭配。

茶博士——五大名窑

宋代茶具分类精细，如饮茶用盏，注水用执壶（瓶），炙茶用铃，生火用铫等，主要器具材质多为瓷器，对瓷器的成色非常讲究，尤其追求茶盏的质地、纹路细腻和厚薄均匀。宋代制瓷工艺技术更加炉火纯青，且独具风格，浑然天成，釉色与式样较前朝都有翻新。

这时期的名窑层出不穷，首推五大名窑，即汝、官、钧、哥、定，继“南青北白”的局面后，竞相斗艳，难分轩轾。五大名窑各具特色，简单概括如下。

汝窑：五大名窑之首，以青瓷为主，以釉色纯正而名扬天下。

官窑：以青釉著称于世，对釉色之美极为重视，工艺带有雍容典雅的宫廷风格。

钧窑：北方青瓷一派，最大的成就是发明了制瓷史上的“窑变色釉”，釉色青中透红，灿若云霞。

哥窑：瓷器以纹片著名，里外披釉，均匀光洁，晶莹滋润。

定窑：以烧白瓷为主，瓷质细腻，质薄有光，坚密细腻，以丰富多彩的装饰花纹取胜。

五大名窑的兴旺贯穿了宋金元几代，至元朝时，器型、釉色方面更为可观，为明清两代瓷器茶具的发展奠定了坚实的基础。

（资料来源：《茶经》，于观亭，外文出版社）

三、淳朴典雅的漆器茶具

1. 主要产地

漆器的历史悠久，据史料记载，早在夏禹时代已见使用。在汉代，漆器被作为日用器具已日渐普遍，后经历朝蓬勃发展，漆器制成茶具，有据可考的始见于清代。现代漆器工艺广泛分布于山西平遥、甘肃天水、陕西凤翔以及北京、江苏、上海、重庆、福建等地。其中，以风格富丽华贵的北京雕漆、以镶嵌螺钿为特色的扬州漆器和色泽光亮、轻巧美观的福建脱胎漆器最富特色，制成的漆器茶具受到人们的欢迎。

2. 独具特色

漆器茶具是用漆涂在各种茶具的表面所制成的饮茶器具。漆料可以涂在各种材质的表面，常见的有陶器、瓷器、铜器、竹木器具等。漆器完好地保留了原有材质保温性能好、造型多样、使用轻巧方便等作为茶具的优秀特质。

生漆是从漆树割取的天然液汁，主要由漆酚、漆酶、树胶质及水分构成。在生漆中加入颜料作为涂料，具有防水防潮、耐高温、耐腐蚀等优点，并因采用不同的工艺，配制出不同的颜色，而光彩照人，美观实用。

3. 漆器茶具的种类

漆器茶具的种类有如下几种划分方式：

根据使用功能划分，有漆器茶壶、漆器茶杯、漆器茶碗、漆器茶盘等。

根据漆器茶具的产地划分，比较著名的有北京漆器、福州脱胎漆器、扬州镶嵌漆器、天水漆器以及成都漆器等。

根据漆器茶具的制作工艺和技法划分，有光素无纹、以单一色彩修饰的一色漆器，多为黑色，以造型见长；用漆色或油色绘出花纹的描漆茶具；用金粉绘出花纹，多在红、黑漆地上运用的描金茶具；此外还有堆漆茶具、雕漆茶具、平漆茶具、螺钿茶具等，种类繁多，不胜枚举。

四、华贵不实的金玉茶具

1. 尊贵的金银器具

在唐代，金银已经被用于茶具的制造。陕西法门寺出土的宫廷御用金银茶具，工艺精巧绝伦，形美质佳，极尽皇家奢华，代表了当时金属茶具工艺的最高水平。如果说唐代金银茶具还只是多为上流社会权贵富人显示身份地位所用，那么到了宋代，金银制造工艺又有进步，加上民风奢靡，斗茶之风盛行，金银茶具更被视为上品，即使在民间茶肆也有使用。蔡襄的《茶录》中曾有记载，当时流行的斗茶用具均以黄金为上，次一些则以银铁或瓷石为之，充分说明了金银器具在当时的受重视程度。

金银茶具绚烂夺目，在工艺上穷极精巧，自身造价极高，无论何时都是奢侈的高档消费品。

2. 玉石茶具

自从陶瓷茶具出现，玉石茶具就被逐渐淘汰并取代。究其原因，除了陶瓷本身具有适宜泡茶的特点之外，陶瓷工艺的迅速发展也是一个方面。当然最重要的还是玉石本身，因材料稀少而价格昂贵，且雕琢困难，用玉石制成的茶具成为普通人可望而不可即的奢侈品。也正因如此，自唐宋以来，使用玉石茶具饮茶，仅仅成为贵族富人炫耀财富与地位的方式之一而已。

然而玉石茶具并没有在茶文化的历史中销声匿迹，只是扮演着极为次要的角色而始终存在着。时至今日，仍有一些现代人对玉石茶具格外青睐。材料上乘、工艺精湛的玉石茶具，外观精美，雕琢精细，平滑圆润，光泽流转，是价值不菲的工艺品，值得赏玩与收藏。

此外，据《本草纲目》中记载，玉器可除胃热、息喘、润心肺、止烦躁、安魂魄、利血脉……科学研究表明，玉含有多种对人体有益的微量元素，用玉器饮茶，具有良好的保健功能。

五、通透夺目的玻璃茶具

1. 古之琉璃

陕西法门寺地宫出土的皇室茶具中，已有琉璃茶盏和茶托，虽然造型还很简单原始，质地也略显浑浊，透明度较低，但却是茶具文化考古的一个重大发现，证明了琉璃茶具至迟始于唐代，是现代玻璃茶具的始祖。

琉璃在古时属稀罕之物，其质通透明亮、色泽光润。唐代著名诗人元稹曾专门赋诗咏之："有色同寒冰，无物隔纤尘。象筵看不见，堪将对玉人。"赞扬了琉璃的流光溢彩、拟珠似玉之美。皇家选其为礼佛供奉所用，足见其价值。宋代，独特的高铅琉璃器具面世；元明时期，民间也出现了规模较大的琉璃工艺作坊；清代，北京还出现了宫廷琉璃厂……只是古时琉璃身价过高，难以推广民用，产品以工艺收藏品为主，仅有少量茶具出现，一直未能形成较大的琉璃茶具生产规模。

2. 不可取代的优势

近现代，随着玻璃制造工艺的发展，古之珍贵的琉璃终于发展成为今天价廉物美的玻璃，并以自己的特点和优势成为茶具选材中的后起之秀，开始走进寻常百姓家。玻璃质地透明，光可鉴人，传热快，不透气。其可塑性极大，制成的茶具形态各异，外观秀美，晶莹剔透，光彩夺目。

用玻璃茶杯泡茶时，茶汤色泽由浅入深的匀染，澄清碧绿；茶叶由团至展的沉浮飘动，如繁花盛放；杯中热气升腾缭绕，如云蒸雾涌，点滴细微的变化皆可通过透明的玻璃杯尽收眼底，将冲泡茶叶的整个过程转化为不尽的视觉动态之美，观之赏心悦目，别有一番情趣。尤其是冲泡各种名茶时，柔嫩细软的茶叶之美态在玻璃杯中得到淋漓尽致的发挥，不负名优茶种珍贵的品赏价值。

3. 品类众多

玻璃在茶具的制作中使用十分广泛，可以制成茶杯、茶壶、水壶、茶海、茶匙、茶漏、茶盏、茶托以及茶盘等。有玻璃制成的整套功夫茶具，有一壶数杯的茶具组，也有一个茶壶或一只茶杯的单品茶具。

由于玻璃的制作工艺简单且容易操作，玻璃茶具的造型也十分多变，装饰多样，颜色有无色玻璃和各种有色玻璃，种类也有如水晶玻璃、金星玻璃、磨砂玻璃、乳浊玻璃等。可以选择使用的玻璃茶具品类繁多，琳琅满目。

六、自然朴实的竹木茶具

1. 流传于民间

竹木茶具起源于民间，其经济实惠的特点最易被劳动大众接受。唐代茶圣陆羽在《茶经》中所列的整套 28 种茶具，多数也为竹木所制。历史上，茶文化遍及乡野，在广大农村很多劳动人民都使用廉价的竹碗或木碗喝茶。南方海岛之地，还有人用椰壳加工而成的茶具泡茶，取材更为随意，清新别致，更像一件艺术欣赏品。

2. 扬长避短

竹木茶具发展至今，与其自身的特性息息相关。竹木之材天然而生，来源广泛，便于加工，对茶叶无污染，对人体也无害；因竹木的导热性差，茶具保温性能良好，持握也不会烫手；其外形虽简单粗放，却朴实无华，还带有植物特有的清香；竹木生长的纹理情态各异，浑然天成，蕴涵着一种古典的自然风韵，很耐观赏，颇受饮茶人喜爱。但竹木茶具的局限性是易损坏变质，无法长期使用，不能永久保存，也就失去了用于收藏的文物价值。

现代，竹木饮茶器具已经很少被采用，但是竹木之材被用作茶盘，或用于贮茶，依旧极为普遍，甚至有的竹木茶具已经被设计成精美的工艺品，广为流传。如福建武夷山出产的乌龙木茶盒，在盒子上绘以山水图案，制作精良，别具一格，实用价值及审美价值兼备，盛名远播。

3. 竹编茶具

清代时，四川一带出现一种竹编茶具，多为成套制作，主要品种有茶壶、茶杯、茶盅、茶托、茶盘等。它既是一种工艺品，又富有实用价值。

内胎和外套是组成竹编茶具的两个部分。内胎多是陶瓷类饮茶器具，外套是用精选的慈竹，经过劈、启、揉、匀等多道工序，制成细如发丝的竹丝，经过烤色、染色，再按茶具内胎的形状和大小编织嵌合，而成为完整如一的茶具。这种茶具，不但能保护内胎，减少损伤，而且泡茶后不易烫手。竹编茶具富含艺术欣赏价值，因此大多数人购置竹编茶具时，注重的是其摆设和收藏价值。

任务二 常用茶具

“水为茶之母，器为茶之父”，对器的强调和要求正凸显了茶人对品茗的完美追求。现代使用的茶器需要兼具实用和美感的特性，从备水，到理茶、置茶、品茗和洁净，每一个环节和步骤都要求配备专门且精致的茶器。

一、备水器

1. 煮水壶

煮水壶是用来煮开水用的泡茶辅助器具。陶制的煮水壶具有保温作用，是较佳材质。现代的煮水壶，通常会在壶底加一层保温材质，以保持水温。在茶艺表演中泡茶的时候，使用较多的有紫砂提梁壶、玻璃提梁壶和不锈钢壶等。

2. 茗炉

茗炉是用来煮烧泡茶水的炉子。为表演茶艺的需要，现代茶艺馆经常备有一种“茗炉”，炉身为陶器，下有一支金属支架，中间放置酒精灯，点燃后，将装好水的水壶放在“茗炉”上，可用来烧水或保持水温，便于表演。

另外，现代茶艺馆及家庭使用最多的是“随手泡”，它是用电来加热烧水，加热开水时间较短，水开后可以自动断电，方便快捷。

3. 暖水瓶

暖水瓶是用来贮备沸水的泡茶辅助工具，具有保温作用。瓶口较小，用来保温热水。在泡茶时，当无需现场煮沸热水时使用。暖水瓶中的开水注满茶壶后倒出，起到预热茶壶的作用。

4. 水方

水方是用来贮存生水的泡茶辅助用具。陆羽的《茶经》中记载：“水方以木、槐、楸、梓等合之，其里并外缝漆之，受一斗。”（注：一般水方与存储淋注茶壶水的茶船通称“水方”，实际二者功用有别。）水方的出现增加了茶艺的精细与优雅。

二、理茶器

1. 茶夹

茶夹又称茶筷，功用与茶匙相似。用于烫洗杯具和将茶渣自茶壶中夹出，有人也用它挟着茶杯洗杯，防烫又卫生。明代李贽写有隽永小品《茶夹铭》，其言“我老无朋，朝夕唯汝……夙兴夜寐，我与子终始”，素朴悠然的词句增加了茶夹的文化意蕴。

2. 茶桨

撇去浮于茶汤表面的茶沫的用具，尖端用于通壶嘴。茶叶第一次冲泡时，表面会浮起一层泡沫，此时可用茶桨拨去泡沫。品茶时出现的泡沫不能用嘴吹或者直接倒掉，而是也要用茶桨拨去。

3. 茶针

因形状为一根细长针形的泡茶用具，故名为茶针，多以竹、木制成。茶针除去用来疏通茶壶的内网，保持水流畅，还用于疏通壶嘴以及茶盘出水孔，以免茶渣阻塞，造成出水不畅。茶针精致与修长尖细的外形，加上疏通涤滓的用途，为品茶增进了清静舒畅、精巧雅致的享受。

4. 茶刀

茶刀通常在冲泡普洱茶时使用。取一小块饼茶放入茶荷后，用茶刀轻轻撬开，将敲下的碎片放入壶中，冲泡时更容易得到较浓的茶汤。由于茶叶种类不同，用茶刀时不必将茶敲打得过于细碎，以免粉末较多。用茶刀适度按压，舒活茶叶，利于茶香发散。

三、置茶器

1. 茶瓮

用于大量贮存茶叶的容器，通常为陶瓷。小口鼓腹，贮藏防潮。也可以用马口铁制成双层箱，下层放干燥剂（通常用生石灰），上层用于贮藏茶叶，双层间以带孔搁板隔开。经过茶瓮贮存的茶叶，可以长期保持茶叶口味不变，甚至增加茶叶的韵味。

2. 茶罐

作为备茶器具的茶罐一般分为茶样罐和贮茶罐两种。茶样罐为泡茶时用于盛放茶样的容器，体积较小，装干茶 30 ~ 50 克。贮茶罐或叫贮茶瓶为大量贮藏茶叶用，能贮茶 250 ~ 500 克。为确保密封，应用双层盖或防潮盖。贮茶罐一般为金属或瓷质，且造型美观多样。

3. 茶匙

一种长柄、圆头、浅口的小匙，用于将茶叶由茶样罐中取出，或者从茶壶内取出茶渣时使用，不可以沾水。茶匙多为竹质，如今亦有黄杨木质，一端弯曲。茶匙要求击拂有力，古代也有以黄金、银、铜制成。

4. 茶则

分盛茶叶用的器具，一般为竹制。将宽一点的竹杆切开，利用竹管内部自然形成的节隔，可制作成茶则。此种宽的茶则是盛散茶入壶的用具。另一类茶则偏小，有的一端尽头稍微向上隆起，在茶道中用来将粉末茶盛入茶碗。

5. 茶荷

茶荷既可以观看鉴赏茶样的质色，同时也做置茶分样用。需先将茶叶装入茶荷内，此时可将茶荷递给客人，鉴赏茶叶外观，再用茶匙将茶荷内的茶叶拨入壶中。茶荷的使用增加了品茗的观赏性和情趣。

6. 茶漏

茶漏呈圆形漏斗状，形制小巧，也叫作茶斗。一般泡茶所用茶壶壶口皆较小，当用小茶壶泡茶时，将其放置壶口，茶叶从中经过缓缓漏进壶中，以防茶叶洒落到壶外。茶漏在茶艺表演过程中具有导引茶叶入壶的功用。

四、品茗器

1. 茶海

茶海也叫作茶盅或公道杯，形状似无盖的敞口茶壶。茶海的容积要大于壶或盖碗，一般为瓷器、紫砂、玻璃器等。从外观上分为无柄和有柄两种，有的还有内置过滤网。

茶海的功用大致为：盛放泡好茶汤，再分倒各杯，使各杯茶汤浓度相若，沉淀茶渣。当茶壶内的茶汤浸泡至适当浓度后，将茶汤倒至茶海，再分倒于各小茶杯内，这样可以均匀茶汤的浓度。于茶海上覆一滤网，可以滤去茶渣、茶末。

2. 闻香杯

闻香杯顾名思义，即用来品闻茶香的专用杯子。它的容积与品茗专用的品茗杯相仿，但杯身细长而高，容易聚香。使用闻香杯时，将茶杯倒扣在闻香杯上，用手将闻香杯托起，稳妥地倒转，使闻香杯倒扣在茶杯上，稳稳地将闻香杯竖直向上提起（此时茶汁已被转移到了茶杯内），将闻香杯再次倒转，使杯口朝上，双手掌心向内夹住闻香杯，靠近鼻孔，闻茶汤留下的余香。

3. 品茗杯

一提到茶具，不能不想到精致的茶杯。茶杯是品茗时的重要茶具。现在常用的品茗杯主要有两种：一种是白瓷杯；另一种是紫砂杯，内壁贴白瓷，也有纯紫砂的饮杯。茶杯以白底为佳，便于观察汤色。同时，高腹杯又比低平杯更容易品得茶香。

4. 杯托

杯托是用以承托衬垫茶杯的碟子。杯托的出现是饮茶习俗的普及和茶具装饰多样化的结果，杯托是整个茶具的配套器具。茶托一般与所托茶杯在质地上保持一致，体现协调之美。

5. 茶壶

茶壶是供泡茶和斟茶用的带嘴器皿。茶壶是茶具的一个重要组成部分，主要用来泡茶，也有直接用小茶壶来泡茶和盛茶，独自酌饮的。茶壶由壶盖、壶身、壶底、圈足四部分组成，壶盖有孔、钮、座、盖等细部。壶身有口、延（唇墙）、嘴、流、腹、肩、把（柄、扳）等部分。由于壶的把、盖、底、形的细微差别，茶壶的基本形态就有近 200 种。泡茶时，茶壶大小依饮茶人数多少而定。茶壶的质地很多，目前使用较多的是紫砂陶壶或瓷器茶壶。

小茶壶顾名思义，是与大茶壶比较而言相对较小的品茗器具。小茶壶在泡茶中的创制始于明代，一般做工精细，适合独啜或者作为功夫茶具组中的泡茶壶出现。

用小茶壶泡出的茶，味道格外甘醇芳香。明清时期以江苏宜兴的紫砂壶最为著名，如果出自名家之手，甚至是四方争购，价比黄金。

6. 盖碗

盖碗由盖、碗、托三部分组成，为现代茶艺最常使用的器具，清雅的风格能反映出茶的色彩美和纯洁美。在古代，盖碗的使用有讲究的礼仪，同时也是一种身份的象征。碗盖可以防尘、保温、闻香、拂去茶沫。鲁迅先生在《喝茶》一文中曾这样写道："喝好茶，是要用盖碗的。"

杯托与茶杯、茶盖相互配合，也符合"天、地、人"的文化意涵。茶盖在上，谓之"天"，杯托在下，谓之"地"，茶杯居中，是为"人"。茶托托住茶杯，既美观，又可避免端茶烫手，饱含人文关怀。

五、洁净器

1. 茶船

茶船形状有盘形、碗形，不但托放茶碗，茶壶也放置其中，盛热水时供暖壶烫杯之用，也可用于养壶。当注入壶中的水溢满时，茶船可将水接住，避免弄湿桌面。茶船有竹木、陶、瓷及金属制品。

2. 茶盘

茶盘即用来盛放茶壶、茶杯、茶道组、茶宠乃至茶食等器具的浅底器皿。其形状根据配套茶具，可方可圆或作扇形。形式可以是抽屉式或嵌入式，既可以是单层也可以是夹层，夹层用以盛废水。

茶盘的选材广泛，金、木、竹、陶皆可取。金属茶盘简便耐用，竹制茶盘清雅相宜，陶瓷茶盘精致讲究。放置茶壶、茶杯用的加彩搪瓷茶盘，也曾一度受到不少茶人的欢迎。有了茶盘的摆放使品茗活动能在一个更为洁净齐整的环境中进行。

3. 水盂

与文房中的水盂稍有不同，文房中的水盂用于盛磨墨用水，而茶艺中作为茶具洁净器皿的水盂主要用来贮放茶渣和废水。水盂多用陶瓷制作而成，也有玉、石、紫砂等。

水盂往往造型丰富、制作精细、纹饰细致精美，一度成为文人雅士赏玩的对象，认为其具有息心养神、滋益文思的妙处。

4. 茶巾

茶巾俗称茶布，主要功用为擦干茶壶，在品茶之前将茶壶或茶海底部残留的水擦干，也可用来擦拭滴落桌面的水滴。茶巾置于茶盘与泡茶者之间的案上，宜采用麻、棉等吸湿性较好的材质。同时，茶巾需手感柔软，花纹要柔和，也可以起到装饰的作用。

5. 容则

容则是摆放茶则、茶匙、茶夹等器具的容器，属于洁净器的一种。容则取“海纳百川，有容则大”的意涵，有包养天地的韵味。容则一般为筒状，与茶匙、茶夹、茶针、茶漏、茶则一起被称为“茶道六君子”。

六、其他辅助器具

在茶类冲泡过程中，为了更好体现整个流程的科学性与艺术性，还有一些辅助器具，共同组成茶席，如铺垫、茶巾盘、奉茶盘、盖置、壶垫、滤网、滤网架等。

茶博士——茶宠

很多喜爱品茶的朋友都会在自己的茶盘上摆放一件小小的陶制工艺品，通常为动物造型，如猪、狗、金蟾、貔貅等，也有人物、佛像等经典造型，这就是茶宠，又名开汤佛。一边喝茶一边用茶扫蘸茶汤轻轻拂刷表面，被茶汤滋润养着的茶宠日久就会显出色彩来，有的利用中空的原理，还会吐泡、喷水。紫砂茶宠与紫砂壶一样，时间久了也会升值。想要拥有一只漂亮的茶宠，一定要用心呵护和滋养，注意使用茶水淋漓刷扫而不是白水，这样才能表面温润顺滑，通常普洱茶养茶宠比其他茶的成效会更快一些。有茶宠为伴为朴素的品茶增添了几分雅趣，得到很多茶人的喜爱。

（资料来源：《茶经》，于观亭，外文出版社）

茶博士——品茗杯器型的主要分类

品茗杯器型的主要分类详见表 3-1。

表 3-1　品茗杯器型的主要分类

杯型	特点	图示
盏	敞口、斜身、深腹、圈足，体略小。宋代有黑、白、酱、青、白和青白釉茶盏，以黑釉为贵	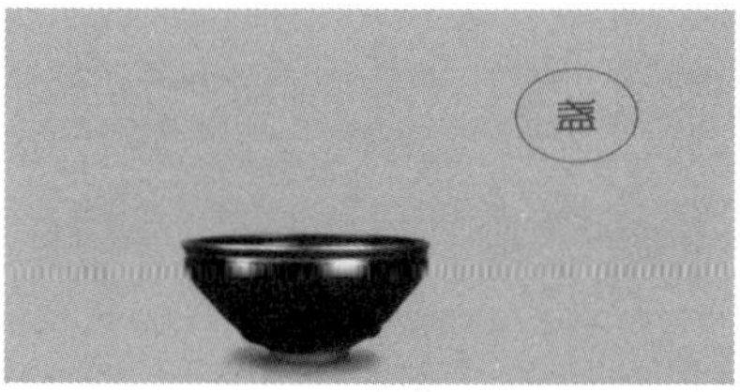

续表

杯型	特点	图示
压手杯	杯口平坦而外撇，腹壁近于竖直，自下腹壁内收，圈足。握于手中时，微微外撇的口沿正好压合于手缘，体积大小适中，分量轻重适度，稳贴合手，故称“压手杯”	
撇口杯	口略往外撇，腹微敛，滚圆圈足。胎薄，胎质细润，这个形状也是最常用和最常见的	
折腰杯	“折腰”二字出自陶渊明“不为五斗米折腰”的典故，是清高、有骨气的代名词。而折腰杯之所以有此名，因其杯身中部有一处明显往里收的曲线，好似一个人弯转的腰部。折腰杯的特点是高度大小适中，贴合手部曲线，并且比较聚香、聚味	
六方杯	六方形，造型挺拔，线面清爽，棱角分明，施以汝釉，用起来更加圆润，六棱流直而上翘，方中带曲，形状大小适中，杯型耐看	
莲瓣杯	杯口点缀的小小莲瓣，宛如新生。古朴典雅、光润有度、实用大方	
斗笠杯	斗笠杯造型如蓑翁之斗笠，口部大，底足小，取其怡然自得之美，线条简洁优雅，烧成难度高，于简洁中见大智，尤显珍贵	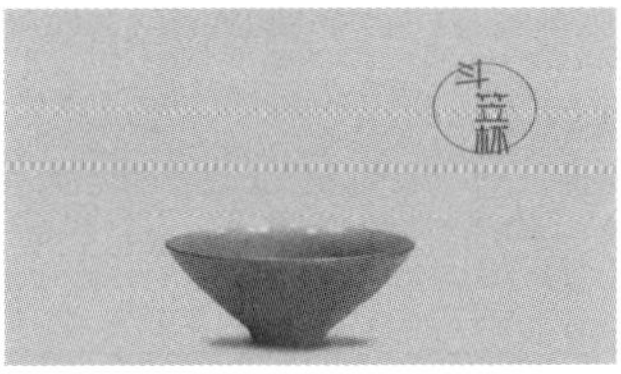
圆融杯	偏矮，腹部圆鼓，口径内收，有厚重沉稳之感，有“大肚能容天下事”的寓意。其聚香和聚味的效果明显，综合口感非常好	

续表

杯型	特点	图示
方斗杯	流行于明代嘉靖时期的一种杯式，因形似方斗而得名。由于开口大，高度低	
耳杯	亦称“羽觞”。酒具。系仿汉代漆制羽觞，器身呈椭圆形，两侧有对称的小耳，故名。流行于东汉至两晋、南北朝，品种有绿釉陶、青瓷等	
鸡缸杯	敞口，浅腹，卧足。杯上以斗彩绘画雌、雄鸡及雏鸡，间以山石、兰草、牡丹，故名鸡缸杯。明成化斗彩鸡缸杯曾名噪一时，清代各朝都有仿造	
爵杯	仿青铜器造型，口沿外撇，圆腹略深，前尖后翘，下承三高足，口沿两侧有对称的立柱。明、清两代均有烧造，有青花、白釉、蓝釉及粉彩等品种	
高足杯	因杯身之下有高足，故名。口微撇，近底处丰满，下承高足，高足有竹节形，圆柱形、四方形等。明、清两代均有烧造，品种有青花、斗彩等	
鸡心杯	型为敞口，口以下内收，瘦底，圈足。因杯心下凹呈深圆涡状，底心凸起鸡心形，故名	

杯型	特点	图示
卧足杯	因杯底无圈足，呈内凹的卧足而得名。是明、清时期流行的一种杯式，有白釉、青花、五彩、粉彩、墨彩等品种	
罗汉杯	创作灵感来源于传统罗汉缸，以佛教十八罗汉为主题，采用纯手工拉坯制作，并独创性地将粉彩工艺手法与釉下五彩工艺相结合，使之既具有粉彩细腻，粉润、柔和的画面效果，又具有釉下五彩晶莹光亮、润泽饱满的水分感以及安全无毒、永不褪色的特性	
铃铛杯	也称仰钟杯、金钟杯、磬式杯，杯口外撇，深腹，圈足，倒置似铃铛，由此而得名。明成化、嘉靖、万历时期有白釉、斗彩、青花等品种，发展到了清康熙、雍正时则有青花、五彩等	
马蹄杯	流行于明清。敞口，斜削腹，内凹底小平底，官窑器底大多有年款，形状倒置似马蹄。明代以回青、洒蓝、孔雀蓝、白釉等品种为常见。清代雍正年间较为流行，多作斗彩，以腹部饰四团花者为常见	

（根据 https://www. yinchaba. com/“品茗杯的杯型介绍，品茗杯的器型类别分类大全图”一文整理）

任务三　茶具选用

几千年来，精美雅致的各种材质的茶具，蕴含文人之灵气，吸收香茗之精华，由大到小、由繁而简、由瑰丽至清丽，一代代传承于品茶之人的双手，融合进爱茶之人的血脉。它已从单纯的物质工具，繁衍而成一种精神文化的象征，艺术价值大大升华，成为中国源远流长的茶文化的重要组成部分。茶具有助于我们更深刻地感受茶之韵味，也增加了品茶时的感官享受，让眼、口、心，得到温馨舒适的统一。对一个爱茶的人来说，不仅要会选择好茶，还要会选配好茶具。

一、与茶相宜

壶添品茗情趣，茶增壶艺价值。好茶与好茶具，恰如红花绿叶，配合好了必能相映生辉。

不同的茶，有不同的冲泡方法，不同的观赏特色，不同的汤色、香气和滋味，不可一概而论，不分种类就随手拿一个茶具应付了事，那样绝对体会不到冲泡和品饮之情趣。对于绿茶、黄茶、白茶、花茶，采用自然冲泡法，以透明玻璃杯为最佳，可将茶汤色泽及茶叶舒展起伏的姿态一览无余。对于红茶、黑茶来说，一般采取功夫茶冲泡法，以闻香品味为首要，而观形略次，可以把紫砂壶和瓷杯结合使用。紫砂泡茶，有助于掌握茶叶的泡制时间，紫砂多含气隙，吸收茶汤精华，有助于提升茶的芬芳；瓷杯饮用，有助于衬托深色茶汤，更好地观察茶汤本色，也便于事后清洗。

二、因人而异

茶具是品茶人在日常生活中不可或缺的用品，自然要根据品茶人自己的审美观点、品饮习惯、职业、年龄、性别、性格等，挑选出最合自己心意，使用起来最得心应手的茶具。

对于喜爱古典文化的饮者，古色古香的紫砂器具自然最受青睐。紫砂壶造型古朴，色泽典雅，看上去稳重而不张扬，泡出的茶叶茶香味浓，贵在味道，适合中老年人选用。仿古造型的瓷器也能为茶平添几分古典韵味。而时尚的年轻人对茶更多的要求是香清味纯，重在外观，宜用高身瓷壶、瓷杯，或直筒玻璃杯沏茶，看上去简练快捷，更富现代气息。若品茶人是文人雅士，则切不可用大壶大杯，而要用小巧玲珑的紫砂或瓷质壶杯。提壶在手，慢冲慢酌，才能营造出幽雅清闲的氛围。

三、地域有别

中国地域辽阔，各地种植的茶叶和饮茶习俗不尽相同，对茶具的要求也不一样。长江以北一带，大多爱用有盖瓷杯冲泡花茶，以保持花香；在长江三角洲和华北等地，人们爱好品饮细嫩名优茶，因此特别喜欢用玻璃杯或白瓷杯；在江浙一带，饮茶注重茶叶的滋味和香气，因此喜欢选用紫砂茶具泡茶，或用有盖瓷杯沏茶。

福建及广东潮州、汕头一带，习惯于用小杯啜乌龙茶，与之相配的茶具是烹茶四宝：潮汕风炉、玉书、孟臣罐、若琛瓯。从名字到外形都十分雅致，体现了潮汕功夫茶的独特韵味。

四川人饮茶特别钟情盖碗，颇有清代遗风。一方面防止茶叶喝进口，另一方面可以降低茶汤温度，以防烫口，去掉盖可观姿察色，盖上盖又可保温。在海南岛上，当地人就地取材，采用椰壳制成茶具，极富创意。少数民族地区至今大多习惯于用碗喝茶，古风犹存。

模块二 用水知识

学习目标

了解水的分类及其指标；
掌握泡茶用水的选择；
熟悉名泉佳水。

课前任务

利用网络，查询下列问题的相关知识。

（1）什么水适合泡茶？

（2）中国有哪些名泉佳水？

任务分工与实施

（1）各小组成员在组长的带领下，查阅泡茶用水知识（可以是新闻、短视频、文章等），尝试解决课前任务。

（2）各组长组织成员讨论用什么水泡茶更好喝？组长做好记录。

学习模块相关知识点

“水为茶之母”，正是无水则无茶之意。水与茶依依关联，茶色、茶香、茶味都通过水来体现，可以说“清水出茶心”，所以，择水便理所当然地成为饮茶艺术中的一个重要组成部分。

自古，中国人就十分讲究饮茶择水，水中溶入了茶的清香芬芳，也溶入了茶道的精神品质、文化底蕴和审美理念。烹茶鉴水，也是中国茶道的一大特色。明代熊明遇在《罗芥茶记》中提道：“烹茶，水之功居大。”张大复于《梅花草堂笔谈》说：“茶性必发于水。八分之茶，遇水十分，茶亦十分矣；八分之水，试茶十分，茶只八分耳！”由此可见，好水对泡出好茶起到的作用之重。

任务一　水的分类和指标

茶人们常说“水是茶之母”“水是茶之体”。好水配好茶，名泉伴佳茗，则可以美上加美，相互辉映。

一、水的分类

1. 按来源分类

按来源，水可以分为泉水（山水）、溪水、江水（河水）、湖水、井水、雨水、雪水、露水、自来水、纯净水、矿泉水、蒸馏水等。

2. 按硬度分类

按硬度，水可以分为硬水和软水。根据现代的科学分析，水中通常含有处于电离状态下的钙和镁的碳酸钙、硫酸盐和氯化物，每公升水中钙、镁离子含量少于 8mg 的称为软水，超过 8 mg 的称为硬水。

二、好水的主要指标

饮茶与水密不可分，好水要达到的主要指标如下。

1. 感官指标

色度不超过 15 度，即为无异色；浑浊度不超过 5 度，即水呈透明状，不浑浊；无异常的气味和味道，不含肉眼可见物。

2. 化学指标

pH 值 6.5~8.5。茶汤水色对 pH 值相当敏感。pH 降至 6 以下时，水的酸性太大，汤色变淡；pH 高于 7.5 呈碱性时，茶汤变黑。

3. 水的总硬度

水的总硬度不高于 25 度。水的硬度是反映水中矿物质含量的指标，它分为碳酸盐硬度和非碳酸盐硬度两种，前者在煮沸时产生碳酸钙、碳酸镁等沉淀，因此煮沸后水的硬度会改变，故称暂硬度，这种水称“暂时硬水”；后者煮沸时无沉淀产生，水的硬度不会发生改变，故称永久硬度，这种水称“永久硬水”。

水的硬度会影响茶叶成分的浸出率。软水中溶质含量较少，茶叶成分浸出率高；硬水中矿物质含量高，茶叶成分的浸出率低。尤其是当水的硬度为 30 度以上时，茶叶中的茶多酚等成分的浸出率就会明显下降。并且硬度大也就是水中钙、镁等矿物质含量高，还会引起茶多酚、咖啡碱沉淀，造成茶汤变浑、茶味变淡。各类茶中的风味最易受水质的影响，如要泡好绿茶最好用硬度为 3~8 度的水。日本水质较软，大部分地方的水的硬度为 7~9 度，冲泡的绿茶滋味鲜爽，汤色亮绿，因此日本人偏爱绿茶。而欧洲国家的水质较硬，很多地方高于 20 度，泡绿茶时汤色为黑褐色，且滋味不正常，因此那里的绿茶不如红茶、咖啡普及。

现在自来水的硬度一般不超过 25 度。在自然界中，雨水、雪水等天然水本是地上水分蒸发而成的，纯度高，硬度低，属于软水；泉水、江水等在石间土中流动，溶入了多种矿物质，硬度高，但多为暂时硬水，煮沸后硬度下降。

4. 其他指标

水中氯离子浓度不超过 0.5 毫克/升，否则有不良气味，茶的香气会受到很大影响。水中氯离子多时，可先积水放一夜，然后烧水时保持沸腾 2~3 分钟。

水中氯化钠的含量应该在 200 毫克/升以下，否则咸味明显，对茶汤的滋味有干扰。

水中铁浓度不超过 0.3 毫克/升、锰不超过 0.1 毫克/升，否则茶汤变黑，甚至表面会浮起一层“锈油”。

同时，作为饮用水必须达到的安全指标如下。

（1）微生物指标。水遭到微生物污染，就可造成传染病的暴发。理想的饮用水不应该含有已知致病微生物。生活饮用水的微生物指标为细菌总数在 1 毫升水中不超过 100 个，大肠杆菌群在 1 升水中不超过 3 个。

（2）毒理学指标。生活用水中如含有化学物质，长期接触会引起健康问题，特别是蓄积性毒物和致癌物质的危害。生活饮用水的卫生标准中，包括 15 项化学物质指标，如氯化物、氟化物、砷、硒、汞、镉、铬、铅、银、硝酸盐、氯仿、四氯化碳、滴滴涕、六六六等。这些物质不得超过规定浓度。

到底什么样的水泡茶最好，不可一概而论。在自然界中，大抵来说，在无污染的情况下，只有雪水、雨水、露水才称得上是软水，其他如泉水、江水、河水、湖水、井水等，都是硬水。用软水泡茶，香高味醇，自然很好，但是软水不可多得。硬水的主要成分是碳酸氢钙和碳氢镁，一经高温煮沸，就会立即分解沉淀，使硬水变成软水，因此同样能泡一杯好茶。

任务二　泡茶用水选择

一、用水要求

现代茶道认为，“清、轻、甘、冽、活”五项指标俱全的水，才称得上宜茶美水。若要体现出茶的真味，唯有佳茗配美泉方可。

第一，水质要清。水清则无杂、无色、透明、无沉淀物，方能体现茶汤本色。

第二，水体要轻。水的比重越大，说明溶解的矿物质越多。各种金属矿物质对茶汤的滋味都有或浓或淡的影响，甚至含有毒性。所以水以轻为美。

第三，水味要甘。即水一入口，舌尖立时便会有甜滋滋的美妙感觉。咽下去之后，喉中亦觉甜爽，用这样的水泡茶自然会增添茶之甘甜。古人有云“凡水泉不甘，能损茶味”。

第四，水温要冽。古人云“冽则茶味独全”，因为寒冽之水多源于地层深处的泉脉之中，未被外界空气污染，所以，泡出的茶汤滋味纯正。

第五，水源要活。流水不腐，在流动的活水中细菌不易繁殖，氧气和二氧化碳等气体的含量较高，同时活水有自然净化作用，泡出的茶汤特别鲜爽可口。

二、现代人泡茶用水的选择

1. 山泉水

山泉水是位于无污染山区的天然泉水，终日处于流动状态，经过砂石的自然过滤，通常比较干净，味道略带甘美，水质的稳定度高，非常适合作为泡茶用水。但须注意山泉水不宜放置过久，最好趁新鲜时泡茶饮用。山泉水大多出自岩石重叠的山峦。山上植被繁茂，从山岩断层细流汇集而成的山泉，富含二氧化碳和各种对人体有益的微量元素；而经过砂石过滤的泉水，水质清净晶莹，含氯、铁等化合物极少，用这种泉水泡茶，能使茶的色香味形得到最大发挥。但也并非山泉水都可以用来沏茶，如硫磺矿泉水是不能沏茶的。此外，山泉水也不是随处可得，因此，对多数茶客而言，只能视条件和可能去选择宜茶水品了。

2. 江、河、湖水

江、河、湖水属地表水，含杂质较多，浑浊度较高，一般说来，沏茶难以取得较好的效果，但在远离人烟，植被生长繁茂之地，污染物较少，这样的江、河、湖水，仍不失为沏茶好水，如浙江桐庐的富春江水、淳安的千岛湖水、绍兴的鉴湖水。唐代陆羽在《茶经》中说“其江水，取去人远者”，说的就是这个意思。唐代白居易在诗中说:“蜀茶寄到但惊新，渭水煎来始觉珍”，认为渭水煎茶很好。唐代李群玉曰: “吴瓯湘水绿花”，说湘水煎茶也不差。明代许次纾在《茶疏》中更进一步说:“黄河之水，来自天上。浊者土色，澄之即净，香味自发。”言即使浑浊的黄河水，只要经澄清处理，同样也能使茶汤香高味醇。这种情况，古代如此，现代也同样如此。

3. 井水

井水属地下水，悬浮物含量少，透明度较高。但它又多为浅层地下水，特别是城市井水，易受周围环境污染，用来沏茶，有损茶味。所以，若能汲得活水井的水沏茶，同样也能泡得一杯好茶。唐代陆羽《茶经》中说的“井取汲多者”，明代陆树声煎茶七类中讲的“井取多汲者，汲多则水活”，说的就是这个意思。

4. 雨水和雪水

雨水和雪水被古人誉为“天泉”。用雪水泡茶，一向被人重视。如唐代大诗人白居易《晚起》诗中的“融雪煎香茗”，元代诗人谢宗可《雪煎茶》诗中的“夜扫寒英煮绿尘”，都是描写用雪水泡茶。清代曹雪芹在《红楼梦》“贾宝玉品茶栊翠庵”一回中，更描绘得有声有色：当妙玉约宝钗、黛玉去吃“休已茶”时，黛玉问妙玉“这也是旧年的雨水?”妙玉回答“这是收的梅花上的雪；隔年蠲的雨水，哪有这样清淳”。雨水一般较洁净，但因季节不同而有很大差异。秋季，天高气爽，尘埃较少，雨水清洁，泡茶滋味爽口回甘；梅雨季节，和风细雨，有利于微生物滋长，泡茶品质较次；夏季雷阵雨，常伴飞沙走石，水质不净，用于泡茶茶汤浑浊，不宜饮用。总体来说，如今空气污染严重，两者皆不适宜用来泡茶。

5. 自来水

由于自来水含氯，直接取用将破坏茶汤的味道，所以，在使用自来水时，需经过几个净化步骤。除氯：将自来水煮沸 5 分钟，或将自来水装在无盖的容器中静置一天。过滤：讲究的行家多以滤水器过滤自来水。在滤水器的选择上，“超过滤”可过滤水中杂质和细菌，“逆渗透”更可除去矿物质，加上活性炭过滤掉氯，经由此过滤后的自来水可生饮，泡茶时也可不经煮沸再降温步骤，直接加热至所需温度即可。

6. 纯净水

现代科学的进步，采用多层过滤和超滤、反渗透技术，可以将一般的饮用水变成不含有任何杂质的纯净水，并使水的酸碱度达到中性。用这种水泡茶，不仅因为净度好、透明度高，沏出的茶汤晶莹透彻，而且香气滋味纯正，无异杂味，鲜醇爽口。市面上纯净水品牌很多，大多数都宜泡茶。除纯净水外，还有质地优良的矿泉水也是较好的泡茶用水。

7. 矿泉水

一般来说，市面上包装出售的矿泉水不一定适合用来泡茶，因为水中矿物质的增加，影响水质本身的口感。

8. 蒸馏水

蒸馏水是人工制造出的纯水，水质绝对纯正，对茶汤表现毫无增减作用，泡茶效果并不优于其他水质，加上蒸馏水的成本高，以蒸馏水泡茶的人并不多。

任务三　名泉佳水

泉水水源多出自深山，或潜埋底层深处，而流出地面的泉水，经多次渗透过滤，以致有“泉从石出清宜冽”之说。在茶圣陆羽眼中，山泉水是地水中最适合泡茶的美水。神州大地，名泉众多，水质甘甜，历来被名人雅士竞相评论。

1. 中冷泉

后唐名士刘伯刍喜品天下甘泉，将适宜煮茶的泉水分为七等，而中冷泉从众多名泉中脱颖而出，被品评为天下第一。中冷泉自此名扬天下，“天下第一泉”的美誉流传至今。

中冷泉位于江苏镇江，在那座因“白娘子水漫金山”的美丽神话而家喻户晓的金山寺西侧塔影湖畔。泉眼在长江中，泉水如一条戏水的游龙，夭矫灵动，汩汩而出，声势夺人。将泉水缓缓注入杯中，即使水高出杯口二三分，也绝不满溢，将硬币投入其中不会沉底，颇为神奇。

南宋诗人陆游有诗云："铜瓶愁汲中濡水，不见茶山九十翁。"形象地突出了中冷泉水之珍贵。清代的张潮在《中冷泉记》中生动地写道，因漩涡湍急，汲取泉水极为困难，必须在子午两个时辰，将带盖的铜瓶用绳子拴好，吊入泉水中，迅速地把盖子拉开，此时灌入瓶中的才是最为纯正清冽的中冷泉水。

中冷泉水被形容为"绿如翡翠，浓似琼浆"，可见水色碧绿，水质清澈，甘冽醇厚，极宜烹茶。用中冷泉水烹煮成的茶汤，味道清甜，细细品来，回味无穷，满口清香自唇齿间沁人心脾。饮罢二三盏后，顿觉尘襟涤尽，人也似沾了泉水之仙气。"男儿斩却楼兰首，闲品茶经拜羽仙。"如此雄浑豪迈的句子，正是南宋诗人文天祥在尝过了中冷泉水泡的好茶后，诗兴大发，激情满怀，一笔挥就。

泉水南侧石栏上镌刻着遒劲有力的"天下第一泉"五个大字。泉水周围亭台错落，古色古香，桌凳齐备，绿树成荫，柳荷相映，环境幽雅，成了爱茶之人极佳的品茗之处。观赏完泉水美景，在凉亭的石凳上小憩，用清新的泉水泡一壶香茶，领略天下第一泉的甜香美味，实为一大风雅乐事。

2. 玉泉

虽然陆羽和刘伯刍都喜爱品评天下名泉，且各有各心中的第一，但还有一个天下第一泉因为得到了乾隆皇帝御口亲封，名号更为响亮，那就是位于北京西郊玉泉山东麓的玉泉。

玉泉水甘冽，水清而碧，澄洁似玉，故名玉泉。山由水得名，被称为"玉泉山"。明初王英曾有诗形容："山下泉流似玉虹，清冷而与众泉同。"玉泉水自山间石隙喷涌而出，似白练，若玉虹。清乾隆更名为"玉泉趵突"另立碑，至今是著名的燕京八景之一。玉泉之水也是颐和园的水源，玉泉东流，汇成西湖，即是今日昆明湖的前身。

玉泉水清澈无杂质，用它浇灌的水稻产量极好。"京西稻"颗粒饱满，至今都是名贵大米。明清两代，玉泉水是皇宫指定的御用饮用水，每天清早，插着龙旗的水车都要从西直门运进皇宫。此外，玉泉水也成为民间饮用水泉源之一。

乾隆皇帝嗜好饮茶，他常到玉泉观景，并令人汲取全国各大名泉的水样，和玉泉水相比较，感觉唯有玉泉水水轻质优，味道最为醇厚甘甜，泡出茶来香气纯正浓郁，凝香不散，遂封玉泉为天下第一泉，并亲笔题写了"天下第一泉"五个大字。后来他还撰写了《御制玉泉山天下第一泉记》，刻在石碑上，立于泉旁，碑中记云："水之德在养人，其味贵甘，其质贵轻。朕历品名泉，实为天下第一"。

3. 谷帘泉

又是一个"天下第一泉"的名号，不过此名为茶圣陆羽而定。相传陆羽嗜茶，对泡茶之水极有研究，遍尝天下名泉之水，按所泡出茶汤的美味程度，称"庐山康王谷水帘水第一"。

谷帘泉位于庐山大汉阳峰康王谷中，如一匹白练自天空散落而下，绰约多姿。泉水周围重峦叠嶂，植被茂盛。大自然的降水通过植被，顺着岩石纹理向下渗透，从岩石的缝隙渗出，汇聚成一泓清泉，从山谷喷薄而出，倾泻入潭。泉水甘腴清冷，清澈透明，味道香醇，无杂质污染，有益身体健康，几乎包揽了山泉水“八大功德”，自然成为泉水中的绝佳上品，泡出茶来甘润清香、清新爽口。

因得到茶圣陆羽的推崇，谷帘泉自然是名动天下，身价倍增，引得天下无数的好茶品泉者纷纷前来观赏谷帘美景，品鉴山泉之美味。宋代的陆游、苏轼、秦观、朱熹、王安石等名士大家都曾到此游览，品尝茶中的“琼浆玉液”，公认此处泉水“具备储美而绝品也”，并留下了许多绚丽的赞景品泉诗篇。苏轼曾称赞“谷帘自古珍贵”，并留诗称颂“此山此水具第一，共成三人鉴中人”。宋代名人王禹对谷帘泉水赞许有加，称其“水之来计程，一月矣，而其味不败。取茶煮之，浮云蔽雪之状，与井泉绝殊”，形象生动地描述出谷帘水泡茶的形色之美。

庐山上还有另外一大特产——庐山云雾茶。用谷帘泉水冲饮，好水好茶相得益彰，浓郁甘醇，满口生香，饮者无不交口称赞。

4. 趵突泉

“三窟并发，声如隐雷”“泉涌上奋，水涌若轮”，这是对济南趵突泉美景形象的描述。趵突泉是泺水的源头，距今有 2700 年的历史，济南三大名胜之一，七十二泉之首。泉水跳跃奔突，喷涌不息，故名“趵突”。泉水四季恒温，固定在 18° C 左右。

自古以来就有“不饮趵突水，空负济南游”之说。茶文化在趵突泉历史悠远，流传甚广。趵突泉水清洌甘美，可以直接饮用。用此水煮茶，色泽纯正，甘甜可口，余香醇厚，茶水可凸出杯面却不外溢，被称为“趵突一绝”。北宋文学家曾巩曾留诗称赞其“滋荣冬菇湿常西早，润泽春茶味更真”。历代名人如苏轼、张养浩、王守仁、蒲松龄等都曾在此品茶并留下佳句美文，以资纪念。

趵突泉品茗论道的氛围极为浓厚，泉水西侧的观澜亭建于明朝，亭内有石桌石凳，供游人休息。泉水北岸是久负盛名的蓬莱社，又称望鹤亭茶社。当年康熙、乾隆两位皇帝都曾大驾光临于此，品茗赏泉，给此地增加了几分帝王贵气。乾隆更是将南巡时随身携带的北京泉水全部换成趵突泉水，足可见趵突泉水之引人喜爱。

现在，趵突泉品茗主要集中在泉水周围的几个茶社以及晚间的“观泉品茗”夜广场。最近几年还建成了趵突泉文化街，亭台轩榭林立，极富古典韵味。在煦暖的微风中临水而坐，听着古乐悠扬，看茶博士一叶扁舟徐徐而至，带来一壶泉心处的新水，冲得茶来芳香四溢，名泉、名茶、好情调，体味趵突泉万千风韵。

5. 惠山泉

惠山泉位于江苏无锡惠山寺附近，共两池，上池水色清碧，水质更优，无任何有害物质，故饮用水都在此池汲取。陆羽在《茶经》中以茶味评定了天下名泉二十等，惠山泉居于第二。后唐评水大家刘伯刍则认为：宜于煮茶的泉水有七眼，惠山泉排第二。经过两方共同评判，惠山泉“天下第二泉”的美誉为世人所公认。

惠山泉水为山水，是通过了岩层裂隙过滤的地下水，含矿物质少，无色透明，水质纯良，甜美适口，“味甘”而“质轻”，宜以“煎茶为上”，是泉水中难得的泡茶珍品，名不虚传。自古以来得到诸多文人雅士的喜爱，他们都以品尝到惠山水泡的茶为幸。中唐诗人李绅称赞道："惠山书堂前，松竹之下，有泉甘爽，乃人间灵液，清鉴肌骨。漱开神虑，茶得此水，皆尽芳味也。"

唐朝武宗时期的丞相李德裕善于鉴水别泉，独爱惠山泉水，曾经"置驿传送，不远数千里"，供其煎茶。当时从江苏到陕西一路上都是运水的"水驿"，其场面之宏大，堪比明皇时代从岭南运送荔枝。到了宋代，惠山泉水声誉更上一层楼，成为宫廷贡品。苏东坡曾两次游无锡品惠山泉，留下了"独携天上小团月，来试人间第二泉"的佳句，将惠山泉水盛名推向极致。元代著名书法家赵孟頫慕名而来，并专门为惠山泉题写了"天下第二泉"五个大字，至今仍在泉亭后壁上，保存完好。

6. 虎跑泉

虎跑泉位于杭州西南，因唐代高僧性空被神仙托梦，见二虎刨地成泉，故而得名，带了几分宗教与神秘的色彩。它居西湖诸泉之首，与龙井泉并称天下第三泉。因地处西湖景区，风景幽静秀美，自古以来便受到文人墨客的喜爱。

"龙井茶叶虎跑水"，被爱茶之人誉为西湖双绝。明代高濂在《四时幽赏录》中曾说："西湖之泉，以虎跑为最。西山之茶，以龙井为最。"虎跑泉水水量丰沛，水质纯净，水色晶莹清透，澄碧如玉。因其中含有多种矿物元素，经常饮用会有很好的医疗保健作用。当地很多人都习惯在凌晨去虎跑泉边汲取清新的泉水，泡上一杯热气腾腾的龙井茶，在西湖之畔慢慢品饮，一股甘冽醇厚的甜香之味遍布唇舌之间，渐透齿颊，让人瞬间便觉神清气爽，自得其乐。

古往今来，所有到杭州的游客，无不以身临其境领略西湖之美，并品上一壶虎跑甘泉冲泡的西湖龙井茶为乐事。历代的诗人们为赞颂虎跑泉水之甘美，不吝笔墨。苏东坡曾说过："道人不惜阶前水，借与匏樽自在尝。"1959 年郭沫若先生游览虎跑泉，品茗后乘兴题诗："虎去泉犹在，客来茶甚甘。名传天下二，影对水成三。"

西湖双绝天下闻名，推动了杭州茶文化的蓬勃发展。虎跑泉边盖起了一批颇具规模的茶室，中外茶客纷至沓来，常常座无虚席。

7. 龙井泉

龙井泉位于浙江省杭州市西湖西面的风篁岭上，是一个裸露型岩溶泉。古时候，龙井泉逢旱年却不干涸，古人认为其与大海相通，有神龙潜居，膜拜景仰，称其为"龙井"。龙井泉是与杭州虎跑泉齐名的天下第三泉，也是杭州四大名泉之一。

龙井泉水出自山岩中，清澈凛冽，味道甘甜，四季不旱，平滑如镜。历史上有"采取龙井茶，还烹龙井水"之说。明朝田艺蘅在《煮泉小品》中记载道：（龙井）其产茶，为南北山绝品……求其茶泉双绝，两浙罕伍。可见在人们心中，龙井泉水、龙井名茶，与之所在的龙井村、龙井寺似乎已经浑然一体，密不可分。

在龙井寺的茶座中，用龙井泉的水，沏上一壶龙井村特产的龙井茶，"茶经水品两足佳"，相得益彰，别有情趣。它们共同构成了杭州的新西湖十景之一——龙井问茶。清朝的陆次元对龙井茶推崇备至，赞它"甘香如兰，幽而不冽，啜之淡然，似乎无味。饮过之后，觉有一种太和之气，弥沦齿颊之间，此无味之味，乃至味"。就连乾隆皇帝也曾经多次御驾亲临，在龙井问茶一试甘泉，并留下了"龙井新茶龙井泉，一家风味称烹煎”的赞许，一时间让龙井泉身价倍增。

名泉配佳茗，好水沏好茶，是爱茶之人求之不得的雅事。如今，“龙井问茶”已经被镌刻成碑，在龙井茶室品龙井茶，成为游客们的绝佳去处。

8. 虎丘寺石泉

苏州虎丘寺不仅以风景秀丽闻名遐迩，也以拥有天下名泉著称于世。茶圣陆羽曾在此长期居住，研究水质对饮茶的影响。他觉得虎丘寺山泉水甘甜可口，于是在山上挖筑了一口石井，并将其评定为“天下第五泉”，这便是今日的虎丘寺石泉，又称“陆羽泉”。而刘伯刍品过之后，深感其清甘味美，将其升级为第三，于是虎丘石泉便以“天下第三泉”名传天下。宋代司马允曾为此泉赋诗一首：“百尺寒泉浸崖腹，藓蚀题名不堪读。只今此味属谁论，自把铜瓶汲新渌。”

虎丘石泉位于虎丘寺“千人石”右侧的“冷香阁”北面。这个“石泉”其实就是一口古石井，井口一丈见方，四面石壁，泉水长年清寒，碧色如玉，终身不涸。用它来泡茶，既能保持茶叶清香醇厚的本来味道，又增添了古井水甘甜鲜爽之美，如给好茶锦上添花。

冷香阁这个名字为品茗添了几分冷艳之香。阁内设了茶室，窗明几净，素淡清雅，是茶客试泉品茗的集中地。在这冷香之所，泡一壶苏州特产的洞庭碧螺春，新茶的芬芳扑鼻，几乎胜过窗外园林风景的诱惑。

当年陆羽曾经在此用虎丘泉水栽培茶树，使得这里的茶叶也带了山泉之灵性。由于陆羽的影响，苏州人饮茶成风，茶道文化底蕴深厚，百姓也多以种茶为业，被誉为“苏州茶饮遍天下”。

9. 珍珠泉

珍珠泉位于济南旧城区，是济南第三名泉。它的周围被诸多小泉包围着，如大珠小珠点缀着泉城风景，也有传说珍珠泉水是娥皇与女英的眼泪汇集而成，“娥皇女英异别泪，化作珍珠清泉水”，为珍珠泉又披上了一层多情的面纱。

珍珠泉水清澈如碧，从地下上涌而出，形如珠串，日光相映，波光闪耀，仿似万颗珍珠跳跃起伏，珠花飞溅，迷离动人，有人形容为“跳珠溅雪碧玲珑”“百尺珠帘水面铺”，十分形象传神。清人王昶在《游珍珠泉记》中描绘道：“泉从沙际出，忽聚忽散，忽断忽续，忽急忽缓，日映之，大者为珠，小者为玑，皆自底以达于面，瑟瑟然，累累然。”一串串银色气泡随着泉水鱼贯冒出，此起彼伏，昼夜不停。

泉水日涌水量约 2500 吨，且常年恒温在 18° C 左右，水味甘甜，济南乡谚有云：“常饮玉泉水，胜于龙井茶”。用清澈的珍珠泉水泡茶，茶叶清香四溢，茶味沁人心脾，茶汤色泽明亮，似乎还能感受到珍珠在舌尖鲜活地跳跃着，别有一番清新滋味。此时想起那两位美丽女子滴泪成湖的传说，仿佛水中也多了一些穿越了几千年的温馨气息。这有灵性的珍珠泉水，不但丰富了香茶的口感，也给茶汤注入了滋润思想的特殊佐料，震撼着品茶人的灵魂。

10. 大明寺泉

大明寺泉位于扬州西北部，在陆羽的排行名单上，大明寺泉居于二世等级中的第十二位佳水。刘伯刍则对其更为青睐，将它抬到天下第五的位置，自此大明寺泉便以天下第五泉杨名。至今在大明寺山门两边的墙上对称地镶嵌着“淮东第一观”和“天下第五泉”十个大字，笔力遒劲。

大明寺泉水味醇厚，最宜煎茶。欧阳修专门为此写过一篇《大明寺泉水记》，但他并未如陆羽或刘伯刍一般，将大明寺泉水排出个等级，而是称其“为水之美者也”。这个说法深得当年寺中方丈赏识，与欧阳修结为挚友。凡是品尝过大明寺水煎茶的人，都认为欧阳修所说是“深识水性之论”。

清代诗人卓尔堪写过一篇《大明寺泉烹开夷茶浇诗人雪帆墓》，以茶为祭，感情充沛，把茶的个性、诗人与茶的关系写得十分巧妙，是清代少有的好茶诗，也让大明寺泉水成为茶祭之象征，再次名动天下。

西花园现在建立了五泉茶社，构造极为独特，如悬架在湖水之中。游人在茶社中小憩，细细品饮着用大明寺泉水冲泡的江南香茗，既可举目远眺连绵山色，又可低头俯视清雅秀丽的扬州瘦西湖，赏心悦目，烦恼全无，不虚此行。品茗与赏景两相结合，是一种极度快乐的享受。

11. 招隐泉

招隐泉位于江西庐山风景区内三峡桥东，关于它的名字来历，说法不一，但都与茶圣陆羽密切相关。一是说陆羽曾经隐居苕溪，人称“苕隐”，二是陆羽曾在此处被官吏召见，取同音字命名，便成招隐泉。有一首名为《招隐泉》的诗：“龙首清泉味无穷，长流清韵此山中。古今招隐何人至，只有苕溪桑苎翁。”便是借陆羽之名，大赞招隐泉水。

招隐泉的泉眼隐藏在一个石筑小阁之中，泉水原有一龙首，泉水出自龙首石隙之中，出水时好似玉龙吐珠，生生不息。泉水久旱不涸，久雨不溢。经测定，招隐泉水呈中性，水体矿物含量较低，硬度低，属软水，每升水中约溶解有 70 毫克的硫酸钙，因而入口甘爽。水体洁净，色清如碧，味甘如饴，水温四季不变，流量稳定，为山泉水之中的优质饮用水，更是宜茶好水。

传说陆羽经常来此地取水烹煮庐山云雾茶，经招隐泉水煮过的云雾茶汤，汤色清亮，醇香持久，喝起来清凉爽口。很长一段时间内，陆羽都在泉水附近的石亭中一边专心致志地撰写《茶经》，一边如痴如醉地品饮招隐泉水烹制成的云雾茶。“翁在野泉亭醉，皆为泉入心。”最终他将招隐泉水列为“天下第六泉”，这个小亭子也被人称为“陆羽亭”。

12. 漱玉亭

漱玉亭是济南七十二名泉之一，坐落在趵突泉公园内，是趵突泉泉群之一。泉名源自《世说新语·排调》中的“漱石枕流”。宋代著名女词人李清照曾在此处居住，并以泉为名，将自己的作品集命名为《漱玉词》，流芳千古，可见她对此处优雅之所情有独钟。漱玉泉跟随那些不朽的诗篇，名声大振。

漱玉泉池以石砌垒，周饰雕石栏杆，泉水自地面涌出，清澈见底，光可鉴人，水石相激，淙淙有声。串串水泡旋转着慢慢升起，状似螺形，在水面破裂，咝咝作响，似是盛开着一朵朵小巧的水花，然后漫石穿隙，如同漱玉般清脆。

明代晏壁曾有诗赞漱玉泉："泉流此间瀑飞玉，静日如闻漱玉声。纤手掬来清澈骨，高人宜而濯尘缨。"养育了婉约派词宗的泉水，自然也是一样的妩媚多情，散发着无尽的灵秀之气。漱玉泉水味甜却不腻口，清新淡然，泡得茶来细细啜饮，口有回甘，茶香极浓，提神醒脑，让人不忍放手，越喝越能品出茶中所蕴含的万千风情。

比起其他名泉，漱玉泉还多了几分儒雅之气。在一片青松翠竹当中，似乎依稀可见李清照临水照花的寂寞身影……

模块三　泡茶知识

学习目标

能在学习活动中熟练掌握茶类的冲泡与品饮的基本要素，并应用于茶类冲泡技能的训练中；

熟练掌握泡茶的基本手法；学会欣赏茶艺技法的内涵美；

熟练掌握泡茶的基本程式，学会欣赏茶艺程式的韵律之美。

课前任务

利用网络，查询下列问题的相关知识。

（1）泡茶有哪些基本手法？

（2）泡茶与喝茶应注意哪些要素？

（3）泡茶的一般程式是什么？

任务分工与实施

（1）各小组成员在组长的带领下，查阅泡茶知识（可以是新闻、短视频、文章等），尝试解决课前任务。

（2）各组长组织成员观看泡茶视频，讨论并总结泡茶的一般程式，并记录汇总。

学习模块相关知识点

任务一　茶类冲泡与品饮的基本要素

一、茶类冲泡基本要素

茶叶的色、香、味是由茶叶中所含的各种化合物决定的，部分化合物能在冲泡过程中溶解于水，从而形成了茶汤的色泽、香气和滋味。泡茶时，应根据不同茶类的特点，调整水的温度、浸润时间和茶叶的用量，从而使茶的香味、色泽、滋味得以充分发挥。综合起来，泡好一壶茶主要有五大要素：一是茶具选配、二是茶叶用量、三是泡茶水温、四是冲泡时间、五是冲泡次数。

1. 茶具选配

随着我国茶具品种的丰富，冲泡技艺的不断创新，茶具搭配的方式越来越多，选配范围也越来越广。在选配茶具时，一般从以下几个方面来考虑：一是根据茶叶品种来选配；二是根据饮茶风俗来选配；三是根据饮茶场合来选配；四是根据个人爱好来选配。

2. 茶叶用量

茶叶用量就是每杯或每壶中应当放入的茶叶分量。泡好一杯茶或一壶茶，首先要掌握茶叶用量。茶叶的用量并没有统一标准，主要根据茶叶种类、茶具大小及消费者的饮用习惯而定。一般而言，水多茶少，滋味淡薄；茶多水少，茶汤苦涩不爽。因此，细嫩的茶叶用量要多；较粗的茶叶用量可少些。

普通的红、绿茶类（包括花茶），可大致掌握在 1 克茶冲泡 50 ~ 60 毫升水。如果是 200 毫升的杯（壶），那么，放入 3 克左右的茶叶，冲至七八分满，就成了一杯浓淡适宜的茶汤。若饮用云南普洱茶，则需放茶叶 5 ~ 8 克。

饮乌龙茶注重品味和闻香，故要汤少味浓，用茶量以茶叶与茶壶容积比例来确定，茶量大致是茶壶容积的 1/3 ~ 1/2。广东潮汕地区饮乌龙茶的人，用茶量达到茶壶容积的 1/2 ~ 2/3。

3. 泡茶水温

古人十分讲究泡茶的水温，认为煮水“老”“嫩”都会影响到开水的质量，故应严格掌握煮水程度。明张源《茶录》中介绍：“汤有三大辨十五小辨。一曰形辨，二曰声辨，三曰气辨。形为内辨，声为外辨，气为捷辨。如虾眼、蟹眼、鱼眼、连珠皆为萌汤，直至涌沸如腾波鼓浪，水气全消，方是纯熟。如初声、转声、振声、骤声，皆为萌汤，直至无声，方是纯熟。如气一缕、二缕、三四缕，及缕乱不分，氤氲乱绕，皆为萌汤，直至所直冲贯，方是纯熟。”从以上经验可知，水要急火猛烧，待水煮到纯熟即可，切勿文火慢煮，久沸再用。

据测定，用 60℃的开水和 100℃的开水冲泡茶叶，在时间、水量和用茶量相同的情况下，茶汤中的茶汁浸出物含量，前者只是后者的 45% ~ 65%。这就是说，冲泡茶的水温高，茶汁就容易浸出，茶汤的滋味也就更浓；冲泡茶的水温低，茶汁浸出速度慢，茶汤的滋味也就相对淡一些。“冷水泡茶慢慢浓”说的就是这个意思。

泡茶水温的高低与茶的老嫩、松紧、大小有关。大致说来，茶叶原料粗老、紧实、整叶的，要比茶叶原料细嫩、松散、碎叶的，茶汁浸出要慢得多，所以冲泡水温要高。当然，水温的高低还与冲泡的茶叶品种有关。

具体说来，高级细嫩名茶，特别是名优高档的绿茶，冲泡时水温应在 80℃左右。大宗红茶、绿茶和花茶，由于茶叶原料老嫩适中，故可用 90℃左右的开水冲泡。

冲泡乌龙茶、普洱茶等特种茶，由于原料并不细嫩，加之用茶量较大，所以须用刚沸腾的 100℃开水冲泡。特别是乌龙茶为了保持和提高水温，要在冲泡前用滚开水烫热茶具；冲泡后用滚开水淋壶加温，目的是增加温度，使茶香充分发挥出来。

4. 冲泡时间

茶叶的冲泡时间与茶叶种类、泡茶水温、用茶数量和饮茶习惯等都有关。一般来说，投茶量多的，冲泡时间宜短，反之则宜长。质量好的茶，冲泡时间宜短，反之宜长些。

茶的滋味是随着时间延长而逐渐增浓的。据测定，用沸水泡茶，首先会浸泡出咖啡碱、维生素、氨基酸等；大约到 3 分钟时，浸出物浓度最佳，这时饮起来，茶汤有鲜爽醇和之感，但缺少饮茶者需要的刺激味。以后，随着时间的延续，茶多酚浸出物含量逐渐增加。

对于注重香气的乌龙茶、花茶，泡茶时，为了不使茶香散失，不但需要加盖，而且冲泡时间不宜太长，通常 2～3 分钟即可。由于泡乌龙茶时用茶量较大，因此第一泡 1 分钟就可将茶汤倾入杯中，自第二泡开始，每次应比前一泡增加 15 秒左右，这样泡出的茶汤比较均匀。

白茶冲泡时，要求沸水的温度在 70℃左右，一般在 4～5 分钟后，浮在水面的茶叶才开始徐徐下沉，一般到 10 分钟，方可品饮茶汤。这是因为白茶加工未经揉捻，细胞未曾破碎，所以茶汁很难浸出，以致浸泡时间须相对延长，同时只能重泡一次。

另外，冲泡时间还与茶叶老嫩和茶的形态有关。一般说来，凡原料较细嫩，茶叶松散的，冲泡时间可相对缩短；相反，原料较粗老，茶叶紧实的，冲泡时间可相对延长。

5. 冲泡次数

据测定，茶叶中各种有效成分的浸出率是不一样的，最容易浸出的是氨基酸和维生素 C；其次是咖啡碱、茶多酚、可溶性糖等。一般茶冲泡第一次时，茶中的可溶性物质能浸出 50%～55%；冲泡第二次时，能浸出 30%左右；冲泡第三次时，能浸出约 10%；冲泡第四次时，只能浸出 2%～3%，几乎是白开水了。所以，通常茶叶以冲泡三次为宜。

颗粒细小、揉捻充分的红碎茶和绿碎茶成分很容易被沸水浸出，一般都是冲泡一次就将茶渣滤去，不再重泡；速溶茶也是采用一次冲泡法；功夫红茶则可冲泡 2～3 次；而条形绿茶如眉茶、花茶通常只能冲泡 2～3 次；白茶和黄茶一般也只能冲泡 1 次，最多 2 次。

品饮乌龙茶多用小型紫砂壶，在用茶量较多（约半壶）的情况下，可连续冲泡 4～6 次，甚至更多。

二、茶类品饮基本要素

好茶会泡还要懂品。所谓懂品，就是通过品饮的过程，可以从观茶色、辨茶形、闻茶香、品茶味来判断茶叶品质的优劣，将这四个方面称为茶类品饮的四要素。

1. 观茶色

（1）干茶色泽是茶叶品质的体现。绿色的鲜叶因加工方法不同，制成绿茶、红茶、乌龙茶（青茶）、黄茶、白茶、黑茶等各种不同的茶类。不同茶类对色泽有不同的要求，但当年的高档茶叶一般具有一定的光泽，这是指干茶而言。

（2）茶汤颜色与通透度是茶叶品质的展现。开汤观察，可同时泡几杯同种类茶叶比较其优劣。一般茶汁分泌最旺盛者，应视为好茶。观看茶汤要快、要及时，因为茶多酚类溶解在热水中后，与空气接触易氧化变色。

（3）叶底色泽是判定茶叶等级的依据之一。辨叶底主要靠视觉和触觉，即眼睛和手指，辨识老嫩、色泽、均匀度、软硬、厚薄来评定有无掺杂、异常和损伤等。一般情况下，叶底呈现规律为：红茶叶底——黄红到红褐色；绿茶叶底——翠绿到黄绿；乌龙茶叶底——绿叶红镶边；黄茶叶底——黄色；黑茶叶底——黑褐色；白茶叶底——黄白色。

2. 辨茶形

（1）干茶外形。干茶要看是否干燥，如回软，则质次。再看叶片是否整洁，如果有太多叶梗、杂质，则不是上等茶叶。还要看外观特征是否属于该茶类。

（2）茶叶开汤后的形状。看干茶的外形特征只能看出其质量的 30%，并不能马上断定是好茶或次茶。茶叶开汤后，其形态也会产生各种变化，或快、或慢地舒展开来，如舒展顺利且柔软飘逸，展露茶叶原本形态，令人赏心悦目，一般是较好的茶叶。

3. 闻茶香

（1）干茶香。将干茶盛少许于器皿中，或直接放在手掌中闻清香、浓香、糖香，有无异味、杂味等。

（2）茶汤香。茶泡好，茶汤倒出，趁热端杯闻茶汤热香，待茶汤渐冷，再闻冷香，看属于哪类茶香，是否有异味。

（3）叶底香。喝完茶汤，待茶渣冷却后，还可欣赏茶渣的冷香，即嗅杯底香，如是劣质茶则无香。嗅香气的技巧很重要，冲泡 5 分钟左右就应该开始嗅香气，最适宜嗅茶叶香气的叶底温度为 45 ~ 55℃，过高则感到烫鼻，低于 30℃时茶香低沉，特别是染有烟气等异味者，其茶香很容易随热气挥发而变得难以辨别。

（4）为了正确判断茶叶香气的高低、长短、强弱、清浊及纯杂等，嗅时应重复一两次，但每次嗅香时间不宜过长，以免因嗅觉疲劳而失去灵敏感，嗅香过程一般为 3 秒左右。嗅茶香的过程是：吸（1 秒）—停（0.5 秒）—吸（1 秒）。品味前嗅出茶的“高温香”。品味时嗅出茶的“中温香”。品味后便可嗅茶的“低温香”或“冷香”。好茶具有持久香气，有余香、冷香才是好茶。

4. 品茶味

（1）茶汤的滋味以微苦回甘为最佳，好茶喝来甘醇浓厚。

（2）人的舌头是辨别口味好坏的味觉器官，一般舌尖对甜味敏感，舌根对苦味敏感，舌缘两侧后部对酸味敏感，舌尖与舌缘两侧前部对咸味敏感，舌心对鲜味及涩味敏感，全舌对辛辣味都敏感。品滋味时，舌头的姿势要正确，把茶汤吸入嘴内后，舌尖顶住上层齿根，嘴唇微微张开，舌稍向上抬，使茶汤摊在舌中部，再用腹部呼吸从口慢慢吸入空气，使茶汤在舌上微微滚动，连吸两次气后，辨出滋味，即闭嘴，舌的姿势不变，从鼻孔中排出肺内废气，吐出茶汤。若初感有苦味的茶汤，应抬高舌位，把茶汤压入舌根，进一步评定苦的程度。

（3）品茶味时茶汤温度以 40 ~ 50℃最为适合，如大于 70℃，味觉器官易烫伤，影响评味；而小于 40℃时，品评汤灵敏度差，且溶解于茶汤中的与滋味有关的物质在汤温下降时易被析出，汤味由协调变为不协调。

（4）品味时，每一口茶汤的量以 5 毫升为宜，时间掌握在 3 ~ 4 秒内，将 5 毫升的茶汤在舌中回旋 2 次，品味 3 次即可，也就是 15 毫升的茶汤分 3 口喝。

（5）茶味的类型有：浓烈型，如绿茶中的熟板栗香，味浓而不苦，回味爽口有甜感；浓强型，“浓”表明茶汤中浸出物丰富，“强”指刺激性大，如红碎茶的滋味等；浓醇型，入口感到内含物质丰富，回味甜而甘爽，如功夫红茶、毛峰等；醇爽型，滋味不浓不淡，不苦不涩，回味爽口，如黄茶品种等；醇甜型，味感甜醇，如白茶等；醇味型，回味平和，如六堡茶等；平和型，鲜叶较老，多为中下档茶；鲜醇型，味鲜而醇，如猴魁、祁红等；陈醇型，如普洱茶等；淡薄粗青型，各类低级茶。

任务二　泡茶的基本手法

知识准备

茶具的摆放一是要注意布局合理。摆放的位置方便实用，构图美观，层次分明，注重线条的变化；二是要注意摆放过程有序。一般的顺序是由前至后摆放。摆放时，左右要平衡，尽量不要有遮挡，如果有遮挡，则要按由低到高的顺序摆放，将低矮的茶具放在客人视线的最前方。三是要注意有礼。为了表达对客人的尊重，壶嘴不能对着客人，茶具上的图案要正向客人。

泡茶的基本手法是构成茶艺的细节，“细节定胜败”，操作好每个手法，才能体现茶艺的技艺之美，才能泡出一杯好茶。茶艺基本技法的设定包含了科学性与行为美的双重要求，目的在于使茶艺人员运用娴熟的技法，行云流水般圆融大方地表演，令观者处处会心，如沐春风。

泡茶的基本手法包括：茶巾折取用法；持壶手法；持盅（公道杯、茶海）手法；茶则、茶匙、茶夹、茶漏及茶针的操作（取用）手法；茶荷的操作手法；茶叶罐的操作手法；温（洁）壶法；温（洁）盖碗法；温（洁）杯法；温（洁）盅及滤网法；翻杯法以及取茶置茶法等。

能力提升　实训任务单3-1：泡茶基本手法（一）

实训目的：掌握泡茶的基本手法；学会欣赏茶艺技法的内涵美。

实训要求：掌握规范得体、圆融大方的动作要领，熟练操作。

实训时间：2 学时，教师示范 30 分钟，学生练习 50 分钟，教师点评、考核 10 分钟。

实训器具：茶巾、茶壶（侧提壶、飞天壶、提梁壶、无把壶）、茶盅（无盖侧把、有盖无把）、茶荷、茶则、茶匙、茶夹、茶漏、茶针。

预习思考：怎样折叠纸茶荷？

实训任务与操作标准：

<table>
<tr><th colspan="2">任务</th><th>技法</th><th>操作标准</th><th>图示</th></tr>
<tr><td rowspan="2">茶巾折叠</td><td>长方形</td><td>八叠法</td><td>用于杯（盖碗）泡法。将正方形的茶巾平铺桌面，将茶巾上下对应横折至中心线处，接着将左右两端竖折至中心线，最后将茶巾竖着对折成长方形。将折好的茶巾放在茶盘内，折口朝内</td><td></td></tr>
<tr><td>正方形</td><td>九叠法</td><td>用于壶泡法时，不用茶巾盘。以横折法为例，将正方形的茶巾平铺桌面，将下端向上平折至茶巾 2/3 处，接着将茶巾对折，然后将茶巾右端向左竖折至 2/3 处，最后对折即成正方形。将折好的茶巾放茶盘中，折口朝内</td><td>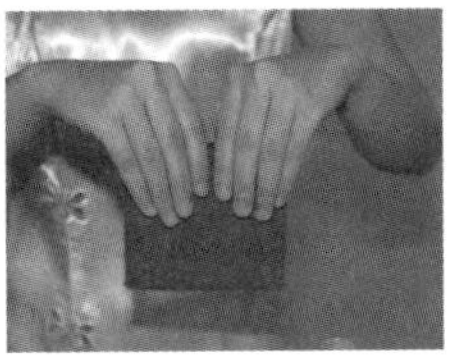</td></tr>
<tr><td colspan="2">茶巾取用</td><td>夹拿、转腕、承托</td><td>双手平伸，掌心向下，张开虎口，手指斜搭在茶巾两侧，拇指与另四指夹拿茶巾；两手夹拿茶巾后同时向外侧转腕，使原来手背向上转腕为手心向上，顺势将茶巾斜放在左手掌呈托拿状，右手握住随手泡壶把并将壶底托在左手的茶巾上，以防冲泡过程中出现滴洒</td><td></td></tr>
<tr><td rowspan="4">持壶手法</td><td>侧提壶</td><td rowspan="4">侧提、握提、托提</td><td>（1）大型侧提壶法。右手拇指压壶把，方向与壶嘴同向，其余四指握壶把，左手食指、中指按住盖纽或盖，双手同时用力提壶。
（2）中型侧提壶法。右手食指、中指握住壶把，大拇指按住壶盖一侧提壶。
（3）小型侧提壶法。右手拇指与中指握住壶把，无名指与小拇指并列抵住中指，食指前伸呈弓形，压住壶盖的盖纽或盖提壶</td><td></td></tr>
<tr><td>飞天壶</td><td>四指并拢握住提壶把，拇指向下压壶盖顶，以防壶盖脱落</td><td rowspan="3"></td></tr>
<tr><td>提梁壶</td><td>握壶右上角，拇指在上，四指并拢握下</td></tr>
<tr><td>无把壶</td><td>右手虎口分开，平稳握住壶口两侧外壁（食指亦可抵住盖纽）提壶</td></tr>
</table>

续表

<table>
<tr><th colspan="2">任务</th><th>技法</th><th>操作标准</th><th>图示</th></tr>
<tr><td rowspan="2">持盅手法</td><td>无盖侧把盅</td><td rowspan="8">亮相、拿、移动、使用、归位</td><td>茶盅又称茶海、公道杯。一般有两种形式用来拿取茶盅。
拿取时，右手拇指、食指抓住壶提的上方，中指顶住壶提的中侧，其余二指并拢</td><td></td></tr>
<tr><td>有盖无把盅</td><td>右手食指轻按盖纽，拇指在流（壶嘴）的左侧，剩下三指在流的右侧，呈三角鼎立之势</td><td></td></tr>
<tr><td colspan="2">茶则操作手法</td><td>用右手拿取茶则柄部中央位置，盛取茶叶；拿取茶则时，手不能触及茶则上端盛取茶叶的部位；用后放回时动作要轻</td><td></td></tr>
<tr><td colspan="2">茶匙操作手法</td><td>用右手拿取茶匙柄部中央位置，协助茶则将茶拨至壶中；拿取茶匙时，手不能触及茶匙上端；用后用茶巾擦拭干净放回原处</td><td></td></tr>
<tr><td colspan="2">茶夹操作手法</td><td>用右手拿取茶夹的中央位置，夹取茶杯后在茶巾上擦拭水痕；拿取茶夹时手不能触及茶夹的上部；夹取茶具时，用力适中，既要防止茶具滑落、摔碎，又要防止用力过大毁坏茶具；收茶夹时，应用茶巾擦去茶夹上的手迹</td><td>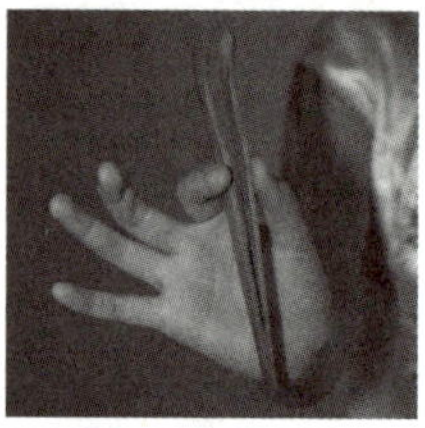</td></tr>
<tr><td colspan="2">茶漏操作手法</td><td>用右手拿取茶漏的外壁放于茶壶壶口；手不能接触茶漏内壁；用后放回固定位置（茶漏在静止状态时放于茶夹上备用）</td><td>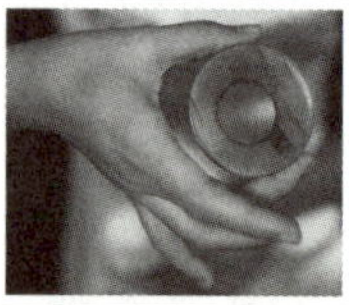</td></tr>
<tr><td colspan="2">茶针操作手法</td><td>右手拿取针柄部，用针部疏通被堵塞的茶叶，刮去茶汤浮沫；拿取时手不能触及茶针的针部位置；放回时用茶巾擦拭干净后用右手放回</td><td>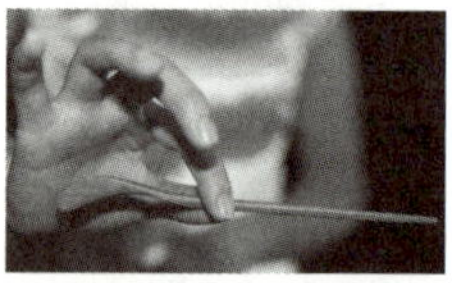</td></tr>
<tr><td colspan="2">茶荷操作手法</td><td>端、转腕、承托</td><td>用左手拿取茶荷；拿取时，拇指与食指拿取两侧，其余手指托起</td><td>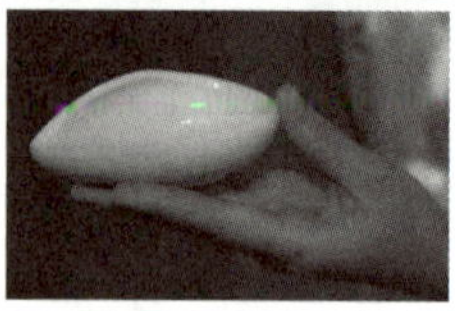</td></tr>
</table>

续表

任务	技法	操作标准	图示
茶叶罐操作手法	捧、推、翻腕	用左手拿取茶叶罐，双手拿住茶叶罐下部，左手中指和食指将罐盖上推；打开后，将罐盖交于右手放于桌上，左手拿罐用茶则盛取茶叶；将茶叶罐上印有图案及文字的一面朝向客人；拿取时手勿触及茶叶罐内侧	

能力检测

序号	测试内容	得分标准	应得分	扣分	实得分
1	茶巾折叠、取用	手法正确，姿势优雅	10分		
2	持壶手法	侧提、握提、托提手法正确，姿势优雅	10分		
3	持盅手法	手法正确，姿势优雅，夹拿、转腕、承托手法稳准	10分		
4	茶则操作手法	亮相、拿、移动、使用、归位手法正确，圆融大方	10分		
5	茶匙操作手法	亮相、拿、移动、使用、归位技法正确，姿态优美	10分		
6	茶夹操作手法	亮相、拿、移动、使用、归位手法正确，姿势优雅	10分		
7	茶漏操作手法	亮相、拿、移动、使用、归位手法正确，圆融大方	10分		
8	茶针操作手法	亮相、拿、移动、使用、归位手法正确，圆融大方	10分		
9	茶荷操作手法	端、转腕、承托手法正确，姿态优雅	10分		
10	茶叶罐操作手法	捧、推、翻腕手法正确，姿态优雅	10分		
总分			100分		

能力提升　实训任务单3-2：泡茶基本手法（二）

实训目的：掌握泡茶的基本手法；学会欣赏茶艺技法的内涵美。

实训要求：掌握规范得体、圆融大方的动作要领，熟练操作。

实训时间：2学时，教师示范30分钟，学生练习50分钟，教师点评、考核10分钟。

实训器具：紫砂壶、盖碗、品茗杯、闻香杯、玻璃杯、茶叶罐、茶道组、茶巾。

预习思考：如何欣赏茶艺技法的内涵美？

实训任务与操作标准：

<table>
<tr><th colspan="2">任务</th><th>操作标准</th><th>图示</th></tr>
<tr><td colspan="2">温（洁）
壶法</td><td>①开盖。单手大拇指、食指与中指拈壶盖的壶纽而提壶盖，提腕依半圆形轨迹将其放入茶壶左侧的盖置（或茶盘）中；
②注水。单手或双手提水壶，按逆时针方向回转一圈低斟，使水流沿壶口冲入，然后提腕将水高冲入茶壶，待注水量为茶壶总容量的 1/2 时复压腕低斟，回转手腕一圈后断水，然后轻轻将水壶放回原处；
③加盖。单手完成，将开盖顺序颠倒即可；
④荡壶。取茶巾置左手上，右手提壶放在左手茶巾上，双手协调按逆时针方向转动手腕，令壶身内部充分接触开水；
⑤弃水。根据茶壶的样式以正确手法提壶将水倒入水盂</td><td></td></tr>
<tr><td colspan="2">温（洁）
盖碗法</td><td>①开盖。单手用食指按住盖纽中心下凹处，大拇指和中指扣住盖纽两侧提盖，同时向内转动手腕（左手顺时针，右手逆时针）回转一圈，并依抛物线轨迹将盖碗斜搭在碗托一侧；
②注水。单手或双手提水壶，按逆时针方向回转手腕一圈低斟，使水流沿碗口注入；然后提腕高冲；待注水量为碗总容量的 1/3 时复压腕低斟，回转手腕一圈及时断水，然后轻轻将水壶放回原处；
③复盖。单手依开盖动作逆向复盖；
④荡碗。右手虎口分开，大拇指与中指搭在碗身上部位置，食指点按碗盖盖纽处；左手托住碗底，端起盖碗右手按逆时针方向转动手腕，双手协调令盖碗内各部位充分接触热水后，放回茶盘；
⑤弃水。右手提盖纽将碗盖靠右侧斜盖，即在盖碗左侧留一小隙；依前法端起盖碗平移于水盂上方，向左侧翻手腕，水即从盖碗左侧小隙中流进水盂</td><td></td></tr>
<tr><td rowspan="2">温（洁）
杯法</td><td>品
茗
杯</td><td>①翻杯时即将杯相连排成一字或圆圈，右手提壶，用往返斟水法或循环斟水法向各杯内注入开水至满，壶复位；
②右手持茶夹，按从左向右的次序，夹持品茗杯，侧放入紧邻的右侧品茗杯中，用茶夹转动品茗杯一圈，倒水归位；
③最后一杯直接回转手腕将水倒入茶盘即可</td><td></td></tr>
<tr><td>闻
香
杯</td><td>①翻杯时即将杯相连排成一字或圆圈，右手提壶，用往返斟水法或循环斟水法向各杯内注入开水至满，壶复位；
②用“三龙护鼎”手法拿起闻香杯，中指拨杯底，将水倒入品茗杯，斜架在品茗杯上，以大指、食指、中指拿起并向内转动清洗闻香杯，复位</td><td></td></tr>
</table>

任务		操作标准	图示
	玻璃杯	①单提开水壶，顺时针或逆时针转动手腕，令水流沿茶杯内壁冲入，约总量的 1/3 后右手提腕断水，逐个注水完毕后水壶复位； ②右手拿杯身，左手托杯底，杯口朝左，旋转杯身，使开水与茶杯各部分充分接触，在旋转中将杯中水倒入茶船或者茶盘，放下茶杯	
温（洁）盅及滤网法		用开壶盖法揭开盅盖（无盖者省略），将滤网置放在盅内，注开水，其余动作同温壶法	
翻杯法	无柄杯	①右手虎口向下、反手握茶杯的左侧基部或杯身，同时左手大拇指和虎口部位轻托在茶杯的右侧基部或杯身，双手同时翻杯，成双手相对捧住茶杯，轻轻放下； ②品茗杯、闻香杯，可单手也可双手同时翻杯。即手心向下，用拇指与食指扣住茶杯外壁，中指拨杯底，同时向内转动手腕使杯口朝上，轻轻置于茶盘上	
	有柄杯	右手虎口向下，反手将食指插入杯柄环中，用大拇指与食指、中指三指捏住杯柄，左手手背朝上用大拇指、食指与中指轻扶茶杯右侧基部，双手同时向内转动手腕，轻轻置于杯托或茶盘上	
取茶置茶法	茶荷、茶匙法	左手横握已开盖的茶样罐，开口向右移至茶荷上方；右手以大拇指、食指及中指三指手背向下捏茶匙，伸进茶样罐中将茶叶轻轻扒出拨进茶荷内，称为“拨茶入荷”；目测估计茶样量，足够后右手将茶匙放回茶艺组合中；依前法取盖压紧盖好，放下茶样罐。待赏茶完毕后，右手重取茶匙，从左手托起的茶荷中将茶叶分别拨进冲泡具中。此法适用于弯曲、粗松茶叶的使用，它们容易纠结在一起，不容易用倒的方式将它们倒出来。如冲泡名优绿茶时常用此法取茶样	
	茶则法	左手横握已开盖的茶样罐，右手大拇指、食指、中指和无名指四指捏住茶则柄从茶艺组合中取出茶则；将茶则插入茶样罐，手腕向内旋转舀取茶样；左手配合向外旋转手腕令茶叶疏松易取；茶则舀出的茶叶待赏茶完毕后直接投入冲泡器；然后将茶则复位；再将茶样罐盖好复位。此法适合各种类型茶叶的使用	

能力检测

序号	测试内容	得分标准	应得分	扣分	实得分
1	温（洁）壶	开盖、注水、加盖、荡壶、弃水手法正确，姿势优雅	10分		
2	温（洁）盖碗	开盖、注水、加盖、荡碗、弃水手法正确，姿势优雅	20分		
3	温（洁）杯	翻杯、夹杯、提壶等手法正确，姿势优雅	20分		
4	温（洁）盅及滤网	开盖、注水、加盖、荡盅、弃水手法正确，圆融大方	10分		
5	翻杯	翻杯手法正确，姿势优美	20分		
6	取茶置茶	茶荷、茶匙、茶则使用手法正确，姿势优雅	20分		
总分			100分		

任务三　泡茶的基本程式

知识准备

泡茶的程式是茶艺形式的具体表现之一，这部分也称为“行茶法”。行茶法分为三个阶段，第一个阶段是准备，第二个阶段是操作，第三个阶段是结束。

准备阶段是指在客人来临前的所有准备工作，准备工作的多少视情况决定，但必须保障操作工作能顺利进行为止。操作阶段是指整个泡茶过程。结束阶段是操作完成后的收具整理工作。

不同的茶类有不同的冲泡方法，但冲泡任何一类茶，以下泡茶程式是需要共同遵守的。

1. 选具

根据将要冲泡的茶叶以及品饮人数选择并且布置好相应的茶具。

2. 赏茶

在泡饮之前，通常要进行赏茶。赏茶时，先取一杯干茶，置于白纸（或盛茶专用器具，如茶荷）上，让品饮者先欣赏干茶的色、形，再闻一下香，充分领略茶的天然风韵；或者倾斜旋转茶叶罐，将茶叶倒入茶则。用茶匙把茶则中的茶叶拨入赏茶盘，欣赏干茶的成色、嫩匀度，嗅闻干茶香气。

3. 温杯洁具

将选好的茶具用开水一一加以冲泡，以提高杯温。在冬天，温杯尤显重要，它有利于茶叶的冲泡。温杯的同时也起到清洁用具的目的，平添饮茶情趣。

4. 置茶

置茶是将茶叶从茶盘或茶则中均匀拨入各个茶壶（杯、盏）内。

5. 冲泡

将温度适宜的开水注入茶壶。如果冲泡重发酵茶或茶形紧结的茶叶时，要先洗茶，即让茶叶有一个舒展的过程，然后将开水再次注入壶中，一段时间后，即可将茶汤倒出。

6. 奉茶

冲泡后尽快将茶用双手递给客人，以便让客人不失时机地闻香品尝。为避免茶叶长时间浸泡在水中，失去应有风味，在第二、第三泡时，可将茶汤倒入公道杯中，再将茶汤低斟入品茶杯中。

7. 品饮

饮茶前，一般多以闻香为先导，再品茶啜味。饮一小口，让茶汤在嘴内回荡，与味蕾充分接触，然后徐徐咽下，并用舌尖抵住齿根并吸气，回味茶的甘甜。

8. 收具

品茶结束后，应将茶杯收回，壶（杯、盏）中的茶渣倒出，将所有茶具清洁后归位。

泡茶基本程式主要包含投茶、冲泡、斟茶、奉茶、品茗、续茶等技法。

能力提升　实训任务单3-3：泡茶基本程式

实训目的：掌握泡茶的基本程式；学会欣赏茶艺程式的韵律之美。

实训要求：掌握规范得体、圆融大方的动作要领，熟练操作。

实训时间：2 学时，教师示范 30 分钟，学生练习 50 分钟，教师点评、考核 10 分钟。

实训器具：随手泡、茶盘、茶道组、玻璃杯、品茗杯、闻香杯、盖碗、茶巾。

预习思考：怎样欣赏茶艺程式的韵律之美?

实训任务与操作标准：

<table>
<tr><th colspan="2">任务</th><th>操作标准</th></tr>
<tr><td rowspan="3">投茶</td><td>上投法</td><td>先斟水，后投茶。适用于卷曲、重实、细嫩的茶叶</td></tr>
<tr><td>中投法</td><td>先斟 1/3 杯水，再投茶，然后再冲水。适用于较易下沉的茶叶</td></tr>
<tr><td>下投法</td><td>先投茶，后斟水。适用于扁平易浮的茶叶</td></tr>
<tr><td>冲泡</td><td>单手回旋注水法</td><td>单手提水壶，用手腕逆时针或顺时针回旋，令水流沿茶壶口（茶杯口）内壁冲入茶壶（杯）内</td></tr>
</table>

续表

任务		操作标准
	双手回旋注水法	如果开水壶比较沉，可用此法冲泡。右手提壶，左手垫茶巾托在壶底部；右手手腕逆时针回旋，令水流沿茶壶口（茶杯口）内壁冲入茶壶（杯）内
	回旋高冲低斟法	单手提开水壶注水，让水流先从茶壶壶肩开始，逆时针绕圈至壶口、壶心，提高水壶令水流在茶壶中心处持续注入，直至七分满时压腕低斟（同单手回旋注水法）；注满后提腕断水
	“凤凰三点头”注水法	右手提壶靠近壶口或杯口注水，再提腕使开水壶提升，此时水流如高山流水，接着仍压腕将开水壶靠近壶口或杯口继续注水，如此反复 3 次，至所需水量即提腕断水。 水壶高冲低斟反复 3 次，寓意为向来宾鞠躬 3 次以示欢迎
斟茶	茶盅斟茶	①将泡好的茶汤一次全部斟入茶盅内，使茶汤浓度一致； ②持茶盅分茶入杯，每杯七分满
	茶壶斟茶	提茶壶，将泡好的茶汤从左至右依次斟茶，第一杯倒二分满，第二杯倒四分满，第三杯倒六分满，第四杯倒至七分满。再回转分茶，将每杯都斟至七分满
奉茶		①双手端起茶托，收至自己胸前； ②从胸前将茶杯端至客人面前，轻轻放下，伸出右掌，手指自然合拢，行伸掌礼，示意“请喝茶”。 奉茶时要注意先长后幼、先客后主。在奉有柄茶杯时，注意茶杯柄的方向是客人的顺手面。杯面画有图案的杯子，使用时要正面朝向客人
品茗	盖碗品茗	①右手端住茶托右侧，左手托住底部端起茶碗； ②右手用拇指、食指、中指捏住盖纽掀开盖，持盖至鼻前闻香； ③左手端碗，右手持盖向外撇茶 3 次，以观汤色； ④右手将盖倾斜盖放碗口，双手将碗端至嘴前啜饮
	闻香杯与品茗杯品茗	①右手端品茗杯反扣在盛有茶水的闻香杯上； ②右手用食指、中指反夹闻香杯，拇指抵在品茗杯上（手心向上），内旋右手手腕，使手心向下，拇指托住品茗杯，左手端品茗杯，然后双手将品茗杯连同闻香杯一起放在茶托右侧； ③左手扶住品茗杯，右手旋转闻香杯后提起，使闻香杯中的茶进入品茗杯； ④右手提起闻香杯后握于手心，左手斜搭于右手外侧上方闻香； ⑤用“三龙护鼎”的手法，男性单手端杯，女性左手手指托住杯底，小口啜饮

能力检测

序号	测试内容	得分标准	应得分	扣分	实得分
1	投茶	上、中、下投茶法手法正确，姿势优雅	10 分		
2	单手回旋注水法	单手回旋注水手法正确，姿势优雅	10 分		
3	双手回旋注水法	双手回旋注水手法正确，姿势优雅	10 分		
4	回旋高冲低斟法	回旋高冲低斟手法正确，圆融大方	10 分		
5	“凤凰三点头”注水法	“凤凰三点头”注水手法正确，姿势优美	10 分		
6	斟茶	茶荷、茶匙、茶则使用手法正确，姿势优雅	10 分		
7	奉茶	茶盅斟茶和茶壶直接斟茶手法正确，姿势优雅	10 分		
8	盖碗品茗	盖碗品茗手法正确，姿势优雅	10 分		
9	闻香杯与品茗杯品茗	闻香杯与品茗杯品茗手法正确，姿势优雅	20 分		
总分			100 分		

项目小结

本项目主要涉及茶具知识、泡茶用水、名泉佳水、泡茶基本手法、泡茶基本程式等内容，具体介绍了各类茶器及其功能、不同类型不同材质的茶具；茶具的选配；水的分类及其标准；泡茶用水的选择；中国的名泉佳水；泡茶和品饮的要素；泡茶的基本手法；泡茶的基本程式等。为了提升学生能力，还专门设计了泡茶基本手法和泡茶基本程式的实训任务。

项目练习

一、判断题

1. （　　）最常使用和出现最多的茶具主要有紫砂茶具、瓷器茶具、漆器茶具、金属茶具、玻璃茶具和竹木茶具六大类。

2. （　　）瓷器茶具按色泽不同分为白瓷、青瓷和黑瓷茶具等。

3. （　　） 自来水因为经过消毒，可以直接泡茶。

4. （　　）每公升水中钙、镁离子含量大于 8 毫克的称为软水。

5. （　　）冲泡乌龙茶、普洱茶等特种茶，由于原料并不细嫩，加之用茶量较大，所以须用刚沸腾的 100℃开水冲泡。

二、选择题

1. 冲泡花茶时，为了不使茶香散失，不但需要加盖，而且冲泡时间通常（　　）

分钟即可。

A. 1 ~ 2　　B. 2 ~ 3　　C. 3 ~ 4　　D. 4 ~ 5

2. 乌龙茶的叶底一般是（　　）。

A. 蜻蜓头青蛙腿　　B. 嫩绿到墨绿

C. 褐色　　D. 绿叶红镶边

3. 品茶的基本程序是：赏干茶外形——开汤——将茶汤倒入闻香杯——倒品茗杯——（　　）——取茶壶中茶叶辨认。

A. 取闻香杯嗅香——观汤色——取品茗杯品味

B. 观汤色——取闻香杯嗅香——取品茗杯品味

C. 观汤色——取品茗杯品味——取闻香杯嗅香

D. 取闻香杯嗅香——取品茗杯品味——观汤色

4. 盖碗蕴涵“天盖之，地载之，人育之”的道理，所以又称（　）。

A. 兔毫盏　　B. 玉书煨　　C. 三才杯　　D. 茶荷

三、简答题

1. 按材质分，茶具有哪几大类？各有什么优缺点？

2. 如何选购紫砂壶？

3. 好水的主要指标有什么？

4. 简述茶具选用的要求。

项目实践

实践内容：以学习团队为单位进行泡好一杯茶的实践。

能力要求：能够根据不同茶叶，选择不同茶具；能够按照用水方法，泡出一杯好茶；熟练掌握泡茶的基本手法和基本程式；谈谈泡茶过程，分享泡茶体验（如茶具选择、茶叶用量、水温对茶汤的影响等）。

项目评价

学习自评表

评价内容		自评得分				
学前	富有浓厚的学习兴趣，能主动运用网络检索课前问题并成功解决（10 分）	10	8	6	4	2
	积极参加小组学习活动，分工明确，主动与同学合作交流（20 分）	20	16	12	8	4
	能够主动发现和提出问题，有条理地表达思考过程；能提出解决问题的策略，表达自己独特的见解（10 分）	10	8	6	4	2
学中	学习态度端庄，无无故缺勤、迟到、早退现象；遵守课堂纪律，主动参与课堂，并积极发言（20 分）	20	16	12	8	4

续表

评价内容		自评得分				
学后	掌握项目教学中的理论知识（10分）	10	8	6	4	2
	能够利用本项目知识解决茶艺服务中的实际问题（20分）	20	16	12	8	4
	提高对茶艺的认识与热爱（10分）	10	8	6	4	2
总分						

本评分表总分100分，在自评得分栏中分为五级打分，分数从高到低分别表示非常符合——比较符合——一般——比较不符合——非常不符合。学生根据自身学习情况，勾选每一项评价内容的自评得分，最后加总即为本人学习评价总分。

项目四

茶艺技能

为了充分展示茶的色、香、味、形，茶艺首先应具备科学性，即技法与冲泡程序要科学，顺茶性；其次要求展示过程美，使得欣赏者得到物质和精神层面上的享受。以上目标的达成，离不开茶艺技能的修习，本项目分为基础茶艺、茶艺表演、生活茶艺三部分，通过学习实现茶艺冲泡科学性、优雅性、灵活性。

模块一　基础茶艺

茶艺是研究如何泡好一壶茶的技术和如何享受一杯茶的艺术，要想掌握好“如何泡好一壶茶”的技术，离不开反复修习基础茶艺，以达到掌握基本泡茶技法和泡茶程式的目的，基础茶艺是实现“如何泡好一壶茶”的基础，尤为重要。

总的来说，按主泡器具分，各类茶冲泡最基础的茶艺技能有：玻璃杯泡法、盖碗泡法、大壶泡法、壶杯泡法、壶盅（双杯）泡法、碗杯泡法以及碗盅泡法。其他林林总总的茶艺就是在此基础上发展起来的。结合中级茶艺师、高级茶艺师技能实操考核内容以及茶行业服务实际，下文介绍玻璃杯泡法、盖碗泡法、碗杯泡法以及壶盅（双杯）泡法。

学习目标

能在学习活动中熟练掌握绿茶的玻璃杯泡法和黄茶盖碗泡法茶艺的冲泡程式和基本手法，并应用于白茶、花茶等茶类的冲泡；

熟练掌握红茶的碗杯泡法茶艺的冲泡程式和基本手法，能应用于乌龙茶、普洱茶等茶类的冲泡；

熟练掌握壶盅（双杯）泡法茶艺的冲泡程式和基本手法。

课前任务

利用网络，查询下列问题的相关知识。

（1）冲泡绿茶的水温一般是多少？

（2）什么是上投法、中投法、下投法？

（3）冲泡黄茶的水温一般是多少？

（4）黄芽茶的品质特点是什么？

（5）用盖碗冲泡条形红茶有什么好处？

（6）红茶分为几个种类？各自的工艺特点是什么？红茶的品质特点是什么？

（7）乌龙茶的双杯壶泡法源于哪里？

（8）台式乌龙茶主要代表品种有哪些？各自的主要品质特征是什么？

任务分工与实施

（1）各小组成员在组长的带领下，查阅玻璃杯泡法、盖碗冲泡法、碗杯冲泡法、壶盅（双杯）冲泡法相关知识（可以是新闻、短视频、文章等），尝试解决课前任务。

（2）各组长组织成员讨论玻璃杯泡法、盖碗冲泡法、碗杯冲泡法、壶盅（双杯）冲泡法的一般流程，并记录汇总。

学习模块相关知识点

任务一　玻璃杯冲泡法

玻璃杯具有传热、散热比较快、质地透明、晶莹剔透、形态各异的特点，尤其适合冲泡原料细嫩、外形优美的茶叶，例如名优绿茶、白毫银针、黄芽茶、花茶等茶类。下面以绿茶为例，介绍玻璃杯冲泡法的基本程式和实操要求。

知识准备

绿茶属不发酵茶类，基本特征是叶绿汤清。冲泡绿茶时，以保持茶叶自身的嫩绿为贵。

冲泡绿茶一般用敞口厚底玻璃杯，玻璃杯不易吸香，能更好地保持绿茶的清香；玻璃杯传热、散热比较快，不易闷黄茶叶；玻璃杯质地透明，晶莹剔透，形态各异，用玻璃杯泡茶，明亮翠绿的茶汤、芽叶的细嫩柔软、茶芽在沏泡过程中的上下起伏、芽叶在浸泡过程中的逐渐舒展等情形，可以一览无余，是一种动态的艺术欣赏。特别是冲泡各类名优绿茶，玻璃杯中轻雾缥缈，清澈碧绿，芽叶朵朵，亭亭玉立，赏心悦目，别有风味。

能力提升　实训任务单4-1：绿茶玻璃杯冲泡法

实训目的：掌握玻璃杯冲泡法的基本手法及基本程序；学会正确地选择泡茶水温。

实训要求：掌握翻杯、润杯、摇香等手法，熟练运用玻璃杯泡茶的上、中、下投茶法，熟练掌握回旋斟水、凤凰三点头等技法；掌握规范、得体的操作流程及典雅大方的动作要领。

实训时间：2 学时，教师示范 30 分钟，学生练习 50 分钟，教师点评、考核 10 分钟。

实训器具：主泡器——无刻花透明玻璃杯 3 只；

备水器——随手泡 1 把、凉汤壶 1 把；

辅助器——茶盘 1 个、玻璃茶叶罐 1 个、茶道组（只用茶匙）1 套、茶巾 1 条、玻璃水盂 1 个、茶荷 1 个。

实训步骤与操作标准：

步骤	操作标准
布席	①茶艺师上场，行鞠躬礼，落座。 ②将茶叶罐、茶道组、茶巾、水盂、茶荷按照左干右湿且呈倒“八”字形分置于茶盘两侧。 ③将玻璃杯按对角线、“一”字形或“品”字形摆放在茶盘的中心位置。 ④将烧开的水倒入凉汤壶中凉汤备用。 ⑤将茶巾折叠整齐备用
赏茶	①用茶匙将茶叶从茶叶罐中轻轻拨入茶荷。 ②将茶荷双手捧起，按照从右到左的顺序请宾客欣赏。 ③如有必要时，用简短的语言介绍即将冲泡的茶叶的品质特征和文化背景
洁杯	将水注入杯中 1/3，三杯水量要均匀，注水时采用逆时针悬壶手法。 ②左手伸平，掌心微凹，右手端杯底，将水杯平放在左手上，双手向前搓动，用滚杯的手法将水倒入水方
置茶	绿茶投茶方式有三种：上投法、中投法、下投法；每 50 毫升水用茶 1 g。 ①上投法：将水注入杯中七分满，将干茶轻轻拨入已经冲水的玻璃杯中。 ②中投法：将水注入杯中 1/3，将干茶拨入已冲水的玻璃杯。 ③下投法：将干茶轻轻拨入杯中，加水至七分满。 ④动作要领：左手拿茶荷，右手拿茶匙，两手放松，缓缓投茶
温润泡	将降了温的开水沿杯壁注入杯中约 1/4，注意避免直接浇在茶叶上，以免烫坏茶叶
摇香	①左手托杯底，右手扶杯身，以逆时针的方向旋转三圈，使茶叶充分浸润，茶叶开始散发香气。 ②冲泡时间掌握在 15～50 秒，视茶叶的紧结程度而定
冲泡	①用“凤凰三点头”的手法注水至七分满，水壶有节奏地三起三落水流不间断，使水充分激荡茶叶，加速茶叶中有益物质的溶出。 ②按从前到后、从左到右、先左后右最后中间的顺序
奉茶	①右手轻握杯身中下部，左手托杯底，双手将茶端放到奉茶盘上，用奉茶盘送到客人面前，按主次、长幼顺序奉茶。 ②使用礼貌用语“请喝茶”或“请品饮”，并行伸掌礼。 ③当客人杯中茶水余 1/3 时，及时续水
品茶	①端杯。女性一般以左手手指轻托茶杯底，右手持杯；男性可单手持杯。 ②品茶。先闻香，次观色，再品味，而后赏形。 闻香：将玻璃杯移至鼻前，细闻幽香，观色：移开玻璃杯，观看清澈明亮的汤色；品味：趁热品啜，深吸一口气，使茶汤由舌尖滚至舌根，细品慢咽，体会茶汤甘醇的滋味；赏形：欣赏茶叶慢慢舒展，芽笋林立，婷婷可人的茶舞
收具	①将杯具清洗干净，整齐摆放在茶盘上，用茶巾将茶盘擦拭干净。 ②行鞠躬礼，退场

能力检测

序号	测试内容	得分标准	应得分	扣分	实得分
1	布席	物品准备齐全，摆放整齐，有美感，便于操作	10 分		
2	赏茶	取茶动作轻缓，不掉渣，语言介绍生动、简洁	10 分		
3	洗杯	水量均匀，逆时针回旋	10 分		
4	置茶	选择合适的投茶方式，投茶量把握正确	10 分		
5	温润泡	注水量均匀，水流沿杯壁下落，润茶的动作美观	10 分		
6	摇香	手法正确，动作娴熟、优雅	10 分		
7	冲水	熟练运用“凤凰三点头”	20 分		
8	奉茶	按顺序奉茶，使用礼貌用语，行伸掌礼	10 分		
9	收具	杯子干净，摆放整齐，茶盘干净	10 分		
总分			100 分		

任务二　盖碗冲泡法

盖碗又称“三才碗”“三才杯”，盖为天、托为地、碗为人，暗含天地人和之意，自清代雍正年间，盛行使用盖碗。盖碗具有使用方便、节省时间、易控制茶汤浓度、便于闻香和观赏叶底等优点。鲁迅先生在《喝茶》一文中曾这样写道：“喝好茶，是要用盖碗的。于是用盖碗。果然，泡了之后，色清而味甘，微香而小苦，确是好茶叶。”可见其对盖碗泡茶的推崇；现代生活中，盖碗已成为茶人、茶客最主要的泡茶器具，掌握盖碗冲泡法十分必要。下面以君山银针为例，介绍盖碗冲泡法的基本程式和实操要求。

知识准备

黄茶属于轻发酵茶类，基本特征是黄叶黄汤。冲泡黄茶以保持茶叶自身的鲜嫩为贵。盖碗保温性能较玻璃杯好，茶的内质更易析出，加上盖碗中每次茶叶浸泡的时间很短，因此，用盖碗冲泡黄茶不易被闷黄，还能使得茶汤滋味更甘醇；其次使用盖碗泡茶时，可以用杯盖在水面刮动，这叫作翻江倒海，使整碗茶水上下翻转，轻刮则淡，重刮则浓，起到很好的匀汤作用；最后便于闻香与观赏叶底。盖碗碗盖便于闻香，同时在倒茶时，盖碗可以控制盖口的大小，能在最短的时间内把茶汤沥尽，叶底一目了然。

能力提升　实训任务单4-2：黄茶盖碗冲泡法

实训目的：掌握盖碗冲泡技法及基本程序；学会正确地选择泡茶用水。

实训要求：掌握盖碗的润杯、摇香等手法，熟练掌握回旋斟水、凤凰三点头等技法；掌握规范、得体的操作流程及典雅大方的动作要领。

实训时间：2 学时，教师示范 30 分钟，学生练习 50 分钟，教师点评、考核 10 分钟。

实训器具：主泡器——玻璃盖碗（含碗托）3 只；

备水器——随手泡 1 套、凉汤壶 1 把；

辅助器——茶盘 1 个、玻璃茶叶罐 1 套、茶道组（只用茶匙）1 套、茶巾 1 条、玻璃水盂 1 个、茶荷 1 个。

实训步骤与操作标准：

步骤	操作标准
布席	①茶艺师上场，行鞠躬礼，落座。 ②将茶叶罐、茶道组、茶巾、水盂、茶荷按照左干右湿且呈倒“八”字形分置于茶盘两侧。 ③将盖碗按对角线、“一”字形或“品”字形摆放在茶盘的中心位置。 ④将烧开的水倒入凉汤壶中凉汤备用。 ⑤将茶巾折叠整齐备用
赏茶	①用茶匙将茶叶从茶叶罐中轻轻拨入茶荷。 ②将茶荷双手捧起，按照从右到左的顺序请宾客欣赏。 ③如有必要时，用简短的语言介绍即将冲泡的茶叶的品质特征和文化背景
洁碗	以开盖、注水、复盖、荡碗、弃水的步骤温洁盖碗，按从前到后（对角线）、从左到右（“一”字形）、先左后右最后中间（“品”字形）的顺序洁碗
置茶	①开盖。按从前到后、从左到右、先左后右最后中间的顺序。 ②投茶。左手拿茶荷，右手拿茶匙，两手放松，缓缓将茶叶拨入盖碗中，投茶量为每 50 毫升水用茶约 1 g
温润泡	以回旋手法向盖碗中注入少量开水，水量至盖碗 1/4 左右，浸没茶叶为宜
摇香	①左手托碗底，右手按住碗盖并扶碗身，以逆时针的方向回旋三圈，使茶叶充分浸润，开始散发香气。 ②时间掌握在 15～50 秒，视茶叶的紧结程度而定
冲泡	①用“凤凰三点头”的手法注水至七分满，水壶有节奏地三起三落水流不间断，使水充分激荡茶叶，加速茶叶中有益物质的溶出。 ②按从前到后、从左到右、先左后右最后中间的顺序。 ③注水时左手持盖，注水结束后盖上碗盖
奉茶	①如果茶客围坐较近，直接用双手端取盖碗，先在茶巾上轻按一下，吸净杯底残水后双手端杯奉茶。 ②如果茶客坐得比较远，则需双手将盖碗端放到奉茶盘上，用奉茶盘送到客人面前，按主次、长幼顺序奉茶。 ③使用礼貌用语“请喝茶”或“请品饮”，并行伸掌礼

续表

步骤	操作标准
品茶	闻香：端起盖碗置于左手，左手托碗托，右手三指捏盖钮，逆时针转动手腕让碗盖边沿浸入茶汤，右手顺势揭开碗盖，将碗盖内侧朝向自己，凑近鼻端左右平移细闻茶香。 观色：嗅闻茶香后，用碗盖撇去茶汤表面的浮叶，边撇边观赏汤色，然后将碗盖左低右高斜盖在碗上（盖碗左侧留一小缝）。 品味：左手托碗托，右手大拇指、中指捏住碗沿下方，食指轻搭盖纽，提起盖碗，手腕向内旋转 90° 使虎口朝向自己，从小缝处小口啜饮。男士可免去左手托碗托
收具	按照“后出先收”的原则将茶具有序收置于茶盘中

能力检测

序号	测试内容	得分标准	应得分	扣分	实得分
1	布席	物品准备齐全，摆放整齐，有美感，便于操作	10 分		
2	赏茶	取茶动作轻缓，不掉渣，语言介绍生动、简洁	10 分		
3	洗杯	水量均匀，逆时针回旋	10 分		
4	置茶	选择合适的投茶方式，投茶量把握正确	10 分		
5	温润泡	注水量均匀，水流沿杯壁下落	10 分		
6	摇香	手法正确，动作娴熟、优雅	10 分		
7	冲水	熟练运用“凤凰三点头”	20 分		
8	奉茶	按顺序奉茶，使用礼貌用语，行伸掌礼	10 分		
9	收具	杯子干净，摆放整齐，茶盘干净	10 分		
总分			100 分		

任务三　碗杯冲泡法

“碗杯”是指盖碗与品茗杯，同时搭配茶盅共同完成茶叶冲泡，适合多人品茗场合。茶盅又称茶海、公道杯，起均匀茶汤的作用。碗杯冲泡法中盖碗作为泡茶器具，充分发挥盖碗泡茶的作用，同时茶汤及时沥出，防止茶叶久泡变苦，保持茶味鲜爽；茶盅分汤均匀，添茶方便；品茗杯虽小，但能够有效降低茶汤温度，保证茶汤能够尽快饮用。下面以祁门红茶为例，介绍碗杯冲泡法的基本程式和实操要求。

知识准备

红茶属全发酵茶类。红茶品饮有清饮和调饮两种。清饮，即在茶汤中不加任何调料，使茶发挥本性固有的香气和滋味；调饮，则在茶汤中加入调料，以佐汤味。中国大多数地方都采用清饮冲泡。条形红茶的基本特征是红汤红叶，条形细紧纤长，色泽乌润，香气持久，滋味浓醇鲜爽，汤色红艳明亮。冲泡红茶的器具应尽量使用的材质为瓷壶，以白瓷最佳。

能力提升　实训任务单4-3：红茶碗杯冲泡法

实训目的：掌握盖碗冲泡红茶的基本手法及基本程序；掌握合适的投茶量、泡茶水温、浸泡时间及冲泡次数。

实训要求：掌握盖碗的润杯、摇香等手法；掌握规范得体的操作流程及典雅大方的动作要领。

实训时间：2 学时，教师示范 30 分钟，学生练习 50 分钟，教师点评、考核 10 分钟。

实训器具：主泡器——白瓷盖碗 1 个、茶盅 1 个、白瓷品茗杯 4 个；

备水器——随手泡 1 把；

辅助器——茶盘 1 个、白瓷茶叶罐 1 个、茶道组 1 套、茶巾 1 条、白瓷水盂 1 个、茶荷 1 个。

实训步骤与操作标准：

步骤	操作标准
布席	①茶艺师上场，行鞠躬礼，落座。 ②将茶叶罐、茶道组、茶巾、水盂、茶荷按照左干右湿且呈倒“八”字形分置于茶盘两侧。 ③将盖碗摆放在茶盘的中心位置，茶杯以一定的构图（集中或并列）置于盖碗前方，茶席的构图应体现实用性与艺术性相结合的原则。 ④随手泡煮水至二至三沸备用。 ⑤将茶巾折叠整齐备用
赏茶	①用茶匙将茶叶从茶叶罐中轻轻拨入茶荷。 ②将茶荷双手捧起，按照从右到左的顺序请宾客欣赏。 ③如有必要时，用简短的语言介绍即将冲泡的茶叶的品质特征和文化背景
温碗	①揭开碗盖，以回旋注水法温碗，盖上碗盖。 ②将碗内的水分到茶盅中。 ③用茶盅将水从左至右、或从上至下依次注入品茗杯。 ④左手托茶盅底部，右手持茶盅把手，逆时针转洗一圈，弃水至水盂
置茶	①单手（左右手均可）开盖，逆时针转动手腕将碗盖置于碗托或茶盘上。 ②左手拿茶荷，右手拿茶匙，两手放松，缓缓将茶叶拨入瓷壶中，投茶量为每 50 毫升水用茶约 1 g
温润泡	注水入杯中约 1/4 处，并盖上碗盖
摇香	①左手托碗底，右手按住碗盖并扶碗身，以逆时针的方向回旋三圈，使茶叶充分浸润，开始散发香气。 ②时间掌握在 15～50 秒，视茶叶的紧结程度而定

续表

步骤	操作标准
冲泡	①用逆时针悬壶高冲的手法注水至盖碗，使水充分激荡茶叶，加速茶叶中有益物质的溶出。 ②左手拿起碗盖盖好
洗杯	①采用转杯法从左至右或从上至下依次洗杯。 ②将杯内废水倒于水盂
分茶	将壶中的茶汤注入茶盅，再按照从左至右或从上至下的顺序均匀斟入品茗杯中，每杯斟至七分满
奉茶	①如果茶客围坐较近，可直接用双手端取品茗杯，先在茶巾上轻按一下，吸净杯底残水后放在杯垫上（可不用），双手端杯垫奉茶。 ②如果茶客坐得比较远，则需双手将茶端放到奉茶盘上，用奉茶盘送到客人面前，按主次、长幼顺序奉茶。 ③使用礼貌用语“请喝茶”或“请品饮”，并行伸掌礼
收具	①将杯具清洗干净，整齐摆放在茶盘上，用茶巾将茶盘擦拭干净。 ②行鞠躬礼，退场

能力检测

序号	测试内容	得分标准	应得分	扣分	实得分
1	布席	物品准备齐全，摆放整齐，有美感，便于操作	10分		
2	赏茶	取茶动作轻缓，不掉渣，语言介绍生动、简洁	10分		
3	温碗	水量均匀，逆时针回旋	10分		
4	置茶	选择合适的投茶方式，投茶量把握正确	10分		
5	温润泡	注水量均匀，水流沿杯壁下落	5分		
6	摇香	手法正确，动作娴熟、优雅	5分		
7	冲泡	注水量适合，逆时针悬壶高冲的手法准确、动作美观	10分		
8	洗杯	熟练运用转杯法，动作优美	10分		
9	分茶	依次分茶手法正确，茶量准确	10分		
10	奉茶	按顺序奉茶，使用礼貌用语，行伸掌礼	10分		
11	收具	杯子干净，摆放整齐，茶盘干净	10分		
总分			100分		

任务四　壶盅（双杯）冲泡法

壶具有密闭性高、保温性好的特点，尤其适合冲泡原料较粗大、重滋味和香气的茶类；同时因其使用方便简单，成为生活中最常见的泡茶器具之一。下面以铁观音为例，介绍壶盅（双杯）冲泡法的基本程式和实操要求。

知识准备

乌龙茶是介于不发酵茶（绿茶）与全发酵茶（红茶）之间的一种茶类。乌龙茶既具有绿茶的清香和花香，又具有红茶醇厚的滋味。叶片边缘因发酵呈红褐色，中间部分仍保持天然绿色，形成“绿叶红镶边”的特色。

冲泡乌龙茶一般不使用玻璃茶具。原因有二：一是玻璃杯通透易见。乌龙茶叶子粗大，经过揉捻做青，叶子有破损，沏泡后叶子完全舒展，形状不雅观，叶子的色泽呈黄绿色，并无特别的美感；二是玻璃杯易于散热。乌龙茶要求较高的水温沏泡，玻璃杯容易散热，不能有效浸出茶叶内含物，影响茶汤的滋味，所以，用玻璃杯沏泡乌龙茶是不适宜的。冲泡乌龙茶可使用紫砂壶或瓷质盖碗等茶具，特别是用紫砂茶壶、闻香杯、品茗杯的组合来沏泡乌龙茶则效果更佳。先用紫砂茶壶沏泡乌龙茶，发挥出乌龙茶的茶汤品质特征，再将茶汤注入闻香杯，利用闻香杯的留香特性，可以欣赏嗅闻茶汤的热香、温香、冷香；而后将闻香杯中的茶汤注入小品茗杯，在品茗前还可欣赏茶汤的汤色，然后品尝茶汤的滋味。类似这种紫砂茶具的，还有白瓷系列等组合，它们较好地展现了乌龙茶的香气、滋味、汤色等品质特征，掩饰了乌龙茶叶形、叶色的不足。

能力提升　实训任务单4-4：乌龙茶壶盅（双杯）泡法

实训目的：掌握双杯壶泡法冲泡乌龙茶的基本手法及基本程序。

实训要求：掌握小紫砂壶使用方法；掌握翻杯、温壶、温杯、低斟高冲、斟茶、双杯翻转等技巧；掌握规范得体的操作流程及圆融大方的动作要领。

实训时间：2 学时，教师示范 30 分钟，学生练习 50 分钟，教师点评、考核 10 分钟。

实训器具：主泡器——紫砂壶 1 个、茶盅 1 个、闻香杯（含品茗杯和杯垫）4 套、滤网（含滤网架）1 个；

备水器——随手泡 1 套；

辅助器——茶盘 1 个、茶叶罐（乌龙茶适量）1 个、茶道组 1 套、茶巾 1 条、水盂 1 个、茶荷 1 个。

实训步骤与操作标准：

步骤	操作标准	图示
布席	①茶艺师上场，行鞠躬礼，落座。 ②将茶叶罐、茶道组、茶巾、水盂、茶荷按照左干右湿且呈倒“八”字形分置于茶盘两侧。 ③将小紫砂壶摆放在茶盘的中心位置，茶杯以一定的构图（集中或并列）置于紫砂壶前方，茶盅摆放在壶的一侧，如果使用滤网，可将茶盅和滤网、滤网架分列于壶的两侧，茶席的构图应体现实用性与艺术性相结合的原则。 ④随手泡煮水至二至三沸后备用。 ⑤将茶巾折叠整齐备用	
赏茶	①用茶匙将茶叶从茶叶罐中轻轻拨入茶荷，圆形紧结的茶可用茶则取茶。 ②将茶荷双手捧起，按照从右到左的顺序请宾客欣赏。 ③如有必要时，用简短的语言介绍即将冲泡的茶叶的品质特征和文化背景	
温壶	①揭开壶盖，以回旋注水法温壶，盖上壶盖，浇淋壶身。 ②将壶内的水注入架上滤网的茶盅，再将茶盅中的水从左至右依次注入闻香杯和品茗杯。 ③可将闻香杯中的水倒入品茗杯后斜架于品茗杯上	
置茶	①单手（左右手均可）开盖，逆时针转动手腕将壶盖置于茶盘上。 ②左手拿茶荷，右手拿茶匙，两手放松，缓缓将茶叶拨入瓷壶中，注意投茶时不要将茶叶洒落到茶盘上。 ③投茶量为疏松条形茶用量为茶壶容积的 2/3 左右，球形及紧结的半球形茶的用量为茶壶容积的 1/3 左右	
摇香（闻香）	摇茶的目的是使茶香借着热度散发出来，并使开泡后茶质易于释出。 ①茶叶入壶后，迅速盖上壶盖，双手捧壶轻轻前后晃动几下。 ②将壶盖打开一条缝，嗅闻摇香后的茶味，有助于进一步了解茶性。在摇香的过程中应动作优美、轻盈，闻香时，壶盖开口不要太大	
洗茶	①将 100℃的沸水高冲入壶，待水沫溢出壶口时，用壶盖轻轻抹去，淋去浮沫，盖上壶盖。 ②立即将茶汤注入茶盅，分于各闻香杯中。洗茶之水可以用于闻香	
冲泡	①用逆时针悬壶高冲的手法注水至紫砂壶，使水充分激荡茶叶，加速茶叶中有益物质的溶出。注意不要向壶中心冲水，以免冲破壶胆。 ②左手拿起壶盖逆时针推掉碗口的浮沫，右手提壶将盖上的浮沫冲净后盖好，以使茶汤清新纯净	

续表

步骤	操作标准	图示
烫杯	①先用手洗法转洗闻香杯，再用茶夹法从左至右依次转洗品茗杯，将品茗杯内废水倒于水盂。 ②温洗后的每个闻香杯和品茗杯都分别在茶巾上沾干外壁和杯底的残水	
投汤	①待冲泡 1 分钟后，将茶汤注入茶盅。 ②茶盅置于茶巾上拭干外壁及底部的残水，从左至右依次将茶水分到各闻香杯中至八分满。 台湾茶人把斟茶称为投汤，投汤有两种方式： ①将茶汤倒入公道杯，用公道杯向各个茶杯斟茶（优点：各杯的茶汤浓度均匀，没有茶渣）。 ②用泡茶壶直接向杯中斟茶（优点：茶香散失少，茶汤热；缺点：茶汤浓淡不易均匀）	
奉茶	①扣杯、翻杯。奉茶前，先将品茗杯逐个扣于相对应的闻香杯上，再翻转，使品茗杯在下，闻香杯在上。 ②如果茶客围坐较近，可直接用双手端取品茗杯，先在茶巾上轻按一下，吸净杯底残水后放在双杯垫上（可不用），双手端杯垫奉茶。 ③如果茶客坐得比较远，则需双手将茶端放到奉茶盘上，用奉茶盘送到客人面前，按主次、长幼顺序奉茶。 ④使用礼貌用语“请喝茶”或“请品饮”，并行伸掌礼	 
品茶	①闻香：端起品茗杯用“三龙护鼎”的手法，虎口朝向茶艺师自己，凑近鼻端细闻茶香。 ②观色：观赏茶汤颜色。 ③品味：小口啜饮，让茶汤在口腔中停留一会儿，徐徐咽下，充分领略茶汤的滋味	 
收具	①将杯具清洗干净，整齐摆放在茶盘上，用茶巾将茶盘擦拭干净。 ②行鞠躬礼，退场	

能力检测

序号	测试内容	得分标准	应得分	扣分	实得分
1	布席	物品准备齐全，摆放整齐，有美感，便于操作	10 分		
2	赏茶	取茶动作轻缓，不掉渣，语言介绍生动、简洁	10 分		
3	温杯	水量均匀，逆时针回旋	10 分		
4	置茶	选择合适的投茶方式，投茶量把握正确	10 分		
5	摇香、闻香	手法正确，动作优美	10 分		
6	洗茶、冲泡	注水量均匀，逆时针悬壶高冲的手法准确、动作美观	10 分		
7	烫杯	熟练运用茶夹法滚杯，动作优美	10 分		
8	投汤	依次分茶和回转分茶手法正确，茶量准确	10 分		
9	翻杯奉茶	翻杯手法正确，优雅；按顺序奉茶，使用礼貌用语，行伸掌礼	10 分		
10	收具	杯子干净，摆放整齐，茶盘干净	10 分		
总分			100 分		

模块二 茶艺表演

学习目标

在学习活动中认识茶艺表演的含义、基本要素以及茶艺表演的类型；

能运用西湖龙井、茉莉花茶、祁门红茶、泡沫红茶、铁观音等五大流行茶艺表演的步骤、程式以及解说词进行茶艺表演。

熟悉文士茶、禅茶、宫廷茶、信阳毛尖等四大特色茶艺表演，并能灵活运用于编创茶艺。

课前任务

利用网络，查询下列问题的相关知识。

（1）茶艺表演是什么？有哪些类型？

（2）观看名茶茶艺表演视频，总结其茶艺表演的步骤、程式以及解说词有何特点？

任务分工与实施

（1）各小组成员在组长的带领下，查阅茶艺表演相关知识（可以是新闻、短视频、文章等），尝试解决课前任务。

（2）各组长组织成员讨论茶艺表演的一般流程，并记录汇总。

（3）交流观看茶艺表演的观后感。

学习模块相关知识点

任务一 茶艺表演概述

一、茶艺表演的含义

茶艺表演是在茶艺的基础上产生的，它是通过各种茶叶冲泡技艺的形象演示，科学地、生活化地、艺术化地展示泡饮过程，使人们在精心营造的幽雅环境氛围中，得到美的享受和情操的熏陶。茶艺表演是茶文化的动态展示形式，它源于生活而高于生活。茶艺既为“艺”，就需提供一个欣赏的过程，或者说，茶艺必须有一个展示茶之美并让人感悟茶之美的过程，茶艺表演则是这一欣赏过程的艺术化。

二、茶艺表演的基本要素

茶艺表演是一门生活艺术，构成这门艺术的是人、茶、水、器、技、境六要素。要使茶艺之美得到很好的表现，在表演的过程中就必须追求人之美、茶之美、水之美、器之美、技之美以及境之美，让这六美贯穿茶艺表演的整个过程，展现茶艺表演的艺术魅力，使茶艺表演成为我国茶艺事业发展的加速器。

1．人之美

六要素中首要的是人。人是万物之灵，人是社会的核心，人之美是自然美的最高形态，人的美是社会美的核心。在茶艺诸要素中茶由人制、境由人创、水由人鉴、茶具器皿由人选择组合、茶艺程序由人编排演示，人是茶艺最根本的要素，同时也是景美的要素。从大的方面讲，人的美有两个含义。一是作为自然人所表现的外在的形体美；另一方面是作为社会人所表现出的内在的心灵美。从茶艺美学的角度出发，茶人之美应从仪表美、语言美、心灵美等方面进行塑造。

2．茶之美

对于同一事物，不同的人有不同的态度。面对茶，茶艺师应该用艺术的眼光，带着感情色彩和想象力去全面鉴赏茶的名之美、形之美、色之美、香之美、味之美。

3．水之美

“从来名士能评水，自古高僧爱斗茶。”郑板桥的这副茶联极生动地说明了“评水”是茶艺的一项基本功。早在唐代，陆羽在《茶经》中对宜茶用水就有明确的规定。他说：“其水用山水上、江水中、井水下。”明代的茶人张源在《茶录》中写道：“茶者，水之神也；水者，茶之体也。非真水莫显其神，非精茶曷窥其体。”最早提出评水标准的是宋徽宗赵佶，他在《大观茶论》中写道：“水以清轻甘洁为美。轻甘乃水之自然，独为难得”。这位精通百艺的皇帝最先把“美”与“自然”的理念引入鉴水之中，升华了茶文化的内涵。现代茶人认为“清、轻、甘、洌、活”五项指标俱佳的水，才称得上宜茶美水。

4．器之美

《周易·系辞》中载：“形而上者谓之道，形而下者谓之器。”形而上是指无形的道理、法则、精神，形而下是指有形的物质。在茶艺中，我们要重视形而上，即在茶艺中要以道驭艺，用无形的茶道来指导茶艺。受“美食不如美器”思想的影响，我国自古以来无论是饮还是食，都极看重器之美。到了近代，茶的品种已发展到六大类上千种，而茶具更是琳琅满目，美不胜数。按质地来分类，茶具可分为陶土茶具、瓷器茶具、玻璃茶具、金属茶具、漆器茶具、竹木茶具、其他茶具七大类。按照茶具的功能可分为烧火器具、煮水器具等十类。

5．技之美

茶艺的技之美，主要包括茶艺程序编排的内涵美和茶艺表演的技艺之美。每一门表演艺术都有其自身的特点和个性，在茶艺表演时要准确把握个性，掌握尺度，表现出茶艺独特的美学风格，所以，在茶艺表演的动作编排上，应该符合轻盈、连绵、圆融三个特点。

6．境之美

“境”作为中国古典美学范畴，历来受到文学家和艺术家的高度重视。人们普遍认为品茶是诗意的生活方式，所以极重意境。王国维在《人间词话》中提出境界说，他认为境界包括自然景物与人的思想感情以及二者的高度融合。茶艺特别强调造境，要求做到环境美、艺境美、人境美和心境美。四境俱美，才能达到中国茶艺至美天乐的境界。

三、茶艺表演的类型

纵观各种茶艺表演，大体可分为以下类型。

1．根据编创茶艺表演取材

（1）民俗茶艺表演。

取材于特定的民风、民俗、饮茶习惯，以反映民俗文化等方面为主的，经过艺术的提炼与加工的，以茶为主体的，如“西湖茶礼”“台湾乌龙茶茶艺表演”“赣南擂茶”“白族三道茶”“青豆茶”等。

（2）仿古茶艺表演。

取材于历史资料，经过艺术的提炼与加工，大致反映历史原貌为主体的，如“公刘子朱权茶道表演”“唐代宫廷茶礼”“韩国仿古茶艺表演”。

（3）其他茶艺表演。

取材于特定的文化内容，经过艺术的提炼与加工，以反映该特定文化内涵为主体，以茶为载体的，如“禅茶表演”“火塘茶情”“新娘茶”。

2．根据茶艺表演流行的程度

（1）流行茶艺表演。

这类茶艺表演推出后，深受广大观众、茶客的喜爱，已成为经典流行的茶艺表演，如“西湖龙井茶茶艺表演”“碧螺春茶艺表演”“茉莉花茶茶艺表演”“铁观音茶艺表演”“大红袍茶艺表演”以及“普洱茶茶艺表演”等。

（2）特色茶艺表演。

这类茶艺表演推出后，以其独特的历史、文化、地域、民俗等领域的特色深受广大观众、茶客的喜爱，已成为经典特色的茶艺表演，如“文士茶茶艺表演”“禅茶茶艺表演”“宫廷茶茶艺表演”以及“信阳毛尖茶道表演”等。

任务二　流行茶艺表演

知识准备

在我国，茶艺表演成为一种需求是近30年的事情。人们在改革开放和物质生活日益得到满足的条件下，开始重视中国传统文化的继承与生活质量的提高，欲从满足生理需要的大众饮品中，重新品出古人早已传承但在近百年的生活中渐以消失的中国茶文化的内涵。而林林总总的茶艺馆中推出的茶艺表演，无疑成了普及茶文化精神、引导人们如何领悟中国茶道的最佳载体。因而，茶艺表演的出现由中国古代的雏形渐趋成为普及茶文化必不可缺的茶艺样式，从可能性的存在变为一种实际需要。

目前，在茶艺表演市场比较流行的如西湖龙井茶茶艺表演、茉莉花茶茶艺表演、祁门红茶茶艺表演、泡沫红茶茶艺表演、铁观音茶艺表演等，深受广大观众、茶客的喜爱和欢迎，已成为经典流行的茶艺表演。

能力提升　实训任务单4-5：西湖龙井茶艺表演

绿茶——西湖龙井茶茶艺

实训目的：掌握龙井茶的冲泡表演技艺；学会欣赏茶艺表演的人之美。

实训要求：掌握规范、得体的操作流程及典雅、大方的动作要领，熟练操作。

实训时间：2学时，教师示范30分钟，学生练习50分钟，教师点评、考核10分钟。

实训器具：主泡器——无刻花透明玻璃杯3只；

备水器——随手泡、凉汤壶；

辅助器——茶盘1个、茶叶罐（特级龙井茶适量）1个、茶道组1套、茶巾1条、水盂1个、茶荷1个、香炉1个、香3炷。

预习思考：①如何鉴赏龙井茶？

②茶艺表演的基本要素有哪些？

实训步骤与操作标准：

步骤	茶艺程序	解说
备具	布席—凉汤	（介绍茶具） “上有天堂，下有苏杭。”西湖龙井是素有“人间天堂”之称的杭州市的名贵特产。清代嗜茶皇帝乾隆品饮了龙井茶之后，曾写诗赞道：“龙井新茶龙井泉，一家风味称烹煎。寸芽生自烂石上，时节焙成谷雨前。何必凤团夸御茗，聊因雀舌润心莲。呼之欲出辨才在，笑我依然文字禅”。今天就请各位当回皇帝过把瘾，品一品润如莲心的龙井茶，并欣赏龙井茶茶艺

续表

步骤	茶艺程序	解说
焚香	焚香除妄念	俗话说："泡茶可修身养性，品茶如品人生"，古今品茶都讲究要平心静气。"焚香除妄念"就是通过点燃这炷香，来营造一个祥和肃穆的气氛
洗杯	冰心去凡尘	茶，致清致洁，是天涵地育的灵物，泡茶要求所用的器皿也必须至清至洁。"冰心去凡尘"就是用开水再烫一遍本来就干净的玻璃杯，做到茶杯冰清玉洁，一尘不染，以示对嘉宾的尊敬
凉汤	玉壶养太和	龙井茶属于芽茶类，因为茶叶细嫩，若用滚烫的开水直接冲泡，会破坏茶芽中的维生素并造成熟汤失味。"玉壶养太和"是把开水壶中的水预先倒入瓷壶中养一会儿，使水温降至80℃左右
投茶	清宫迎佳人	苏东坡有诗云："戏作小诗君一笑，从来佳茗似佳人。""清宫迎佳人"就是用茶匙把茶叶投放到冰清玉洁的玻璃杯中。动作不急不缓，避免将茶叶洒在外面，每杯取茶3～5克
润茶	甘露润莲心	以逆时针方向回旋的手法，向杯中注入约1/3的热水，起到润茶的作用
冲水	凤凰三点头	冲泡龙井也讲究高冲水。在冲水时使水壶有节奏地三起三落而水流不间断，这种冲水的技法称为"凤凰三点头"，意为凤凰再三向嘉宾们点头致意
泡茶	碧玉沉清江	冲入热水后，龙井茶吸收了水分，逐渐舒展开来并慢慢沉入杯底，我们称之为"碧玉沉清江"
奉茶	观音捧玉瓶	佛教传说中观音菩萨常捧着一个白玉净瓶，净瓶中的甘露可消灾祛病，救苦救难。这道程序是茶艺师向客人奉茶，意在祝福好人们一生平安
赏茶	春波展旗枪	杯中的热水如春波荡漾，在热水的浸泡下，茶芽慢慢地舒展开来，尖尖的叶芽如枪，展开的叶片如旗。一芽一叶的称为旗枪，一芽两叶的称为雀舌。在清碧澄净的茶水中，千姿百态的茶芽在玻璃杯中或上下浮沉，或左右晃动，好像生命的绿精灵在舞蹈，茶人们称之为"杯中看茶舞"，十分生动有趣。这是冲泡绿茶的特色程序
闻香	慧心悟茶香	龙井茶有四绝："色绿、形美、香郁、味甘"。所以我们品饮龙井要一看、二闻、三品味。现在来闻一闻茶香，龙井茶香郁如兰。乾隆皇帝在闻茶香时曾形容说好比是"古梅对我吹幽芬"。让我们细细地再闻一闻，寻找这种清醇悠远、难以言传的生命之香
品茶	淡中品至味	品饮龙井也极有讲究，清代茶人陆次之说："龙井茶，真者甘香而不洌，啜之淡然，似乎无味，饮过之后，觉有一种太和之气，弥漫于齿颊之间，此无味之味，乃至味也"。请各位慢慢啜，细细品，让龙井茶的太和之气沁入我们的肺腑，使我们益寿延年。让龙井茶的"无味"启迪我们的灵性，使我们对生活有更深刻的感悟

续表

步骤	茶艺程序	解说
谢茶	自斟乐无穷	品茶之乐，乐在闲适，乐在怡然自得。在品了头道茶之后，我们的茶艺表演就告一段落了，接下来请各位自斟自酌，通过亲自动手，从茶事活动中去感受修身养性，品味人生的无穷乐趣

能力检测

序号	测试内容	得分标准	应得分	扣分	实得分
1	布席、焚香	物品准备齐全，摆放整齐，有美感，便于操作；焚香手法正确	10 分		
2	洗杯、凉汤	水量均匀，逆时针回旋；手法正确，水不外溅	10 分		
3	投茶	选择合适的投茶方式，投茶量把握正确	10 分		
4	润茶	注水量均匀，水流沿杯壁下落，润茶的动作美观	10 分		
5	冲水、泡茶	熟练运用“凤凰三点头”	10 分		
6	奉茶	按顺序奉茶，使用礼貌用语，行伸掌礼	10 分		
7	赏茶、闻香	方法正确，姿势优雅	10 分		
8	品茶	手法正确，姿态优美	10 分		
9	谢茶	杯子干净，摆放整齐，茶盘干净	10 分		
10	解说	语言准确、语音柔和、语速恰当	10 分		
总分			100 分		

茉莉花茶茶艺

能力提升　实训任务单4-6：茉莉花茶茶艺表演

实训目的：掌握茉莉花茶的冲泡表演技艺；学会欣赏茶艺表演的茶之美。

实训要求：掌握规范、得体的操作流程及典雅、大方的动作要领，熟练操作。

实训时间：2 学时，教师示范 30 分钟，学生练习 50 分钟，教师点评、考核 10 分钟。

实训器具：主泡器——盖碗 3 只；

备水器——随手泡 1 套、凉汤壶 1 把；

辅助器——茶盘 1 个、茶叶罐（特级茉莉花茶适量）1 个、茶道组 1 套、茶巾 1 条、水盂 1 个、茶荷 1 个。

预习思考：①如何选购茉莉花茶？

②茉莉花茶的冲泡要素是什么？

实训步骤与操作标准：

步骤	茶艺程序	解说
备具	布席—凉汤	（介绍茶具） 花茶是诗一般的茶，她融茶之韵与花之香于一体，通过“引花香，增茶味”，使花香茶味珠联璧合，相得益彰。从花茶中，我们可以品出春天的气息。花茶是诗一般的茶，所以在冲泡和品饮花茶时也要求有诗一样美的程序。今天为大家表演的花茶茶艺共有十道程序
烫杯	春江水暖鸭先知	我们称之为“春江水暖鸭先知”。“竹外桃花三两枝，春江水暖鸭先知”是苏东坡的一句名诗。苏东坡不仅是一个多才多艺的大文豪，而且是一个至情至性的茶人。借助苏东坡的这句诗描述烫杯，请各位嘉宾充分发挥自己的想象力，看一看在茶盘中经过开水烫洗之后，冒着热气的、洁白如玉的茶杯，像不像一只只在春江中游弋的小鸭子?
赏茶	香花绿叶相扶持	赏茶也称为“目品”。“目品”是花茶三品（目品、鼻品、口品）中的头一品，目的即观察鉴赏花茶茶坯的质量，主要是观察茶坯的品种、工艺、细嫩程度及保管质量。今天请大家品的是特级茉莉花茶，这种花茶的茶坯多为优质绿茶，茶坯色绿质嫩，在茶中还混合有少量的茉莉花干，花干的色泽应白净明亮，这称之为“锦上添花”。在用肉眼观察了茶坯之后，还要干闻花茶的香气。通过上述鉴赏，我们一定会感到好的花茶确实是“香花绿叶相扶持”，极富诗意，令人心醉
投茶	落英缤纷玉杯里	我们称之为“落英缤纷玉杯里”。“落英缤纷”是晋代文学家陶渊明先生在《桃花源记》一文中描述的美景。当我们用茶导把花茶从茶荷中拨进洁白如玉的茶杯时，花干和茶叶飘然而下，恰似“落英缤纷”
冲水	春潮带雨晚来急	冲泡花茶也讲究“高冲水”。冲泡特级茉莉花茶时，要用90℃左右的开水。热水从壶中直泄而下，注入杯中，杯中的花茶随水浪上下翻滚，恰似“春潮带雨晚来急”
闷茶	三才化育甘露美	冲泡花茶一般要用“三才杯”，茶杯的盖代表“天”，杯托代表“地”，中间的茶杯代表“人”。茶人们认为茶是“天涵之，地载之，人育之”的灵物。闷茶的过程象征着天、地、人三才合一，共同化育出茶的精华
敬茶	一盏香茗奉知己	敬茶时应双手捧杯，举杯齐眉，注目嘉宾并行点头礼，然后从右到左，依次一杯一杯地把沏好的茶敬奉给客人，最后一杯留给自己
闻香	杯里清香浮清趣	闻香也称为“鼻品”，这是三品花茶的第二品，品花茶讲究“未尝甘露味，先闻圣妙香”。闻香时“三才杯”的天、地、人不可分离，应用左手端起杯托，右手轻轻地将杯盖掀开一条缝，从缝隙中去闻香。 闻香时主要看三项指标：一闻香气的鲜灵度，二闻香气的浓郁度，三闻香气的纯度。细心地闻优质花茶的茶香是一种精神享受。您一定会感悟到在“天、地、人”之间，有一股新鲜、浓郁、纯正、清和的花香伴随着清幽高雅的茶香，氤氲上升，沁人心脾，使人陶醉
品茶	舌端甘苦人心底	品茶是指三品花茶的最后一品——口品。在品茶时依然是天、地、人三才杯不分离。品茶时应小口喝入茶汤，使茶汤在口腔中稍事停留，这时轻轻用口吸气，使茶汤在舌面流动，以便茶汤充分与味蕾接触，有利于更精细地品悟出茶韵。然后闭紧嘴巴，用鼻腔呼气，使茶香直贯脑门，只有这样才能充分领略花茶所独有的“味轻醍醐，香薄兰芷”的花香与茶韵

续表

步骤	茶艺程序	解说
回味	茶味人生细品悟	我们称之为“茶味人生细品悟”。茶人们认为一杯茶中有人生百味，有的人“啜苦可励志”，有的人“咽甘思报国”。 无论茶是苦涩、甘鲜，还是平和、醇厚，从一杯茶中茶人们都会有良多的感悟和联想，所以品茶重在回味
谢茶	饮罢两袖清风起	唐代诗人卢仝在他传颂千古的《走笔谢孟柬议寄新茶》一诗中写出了品茶的绝妙感受。他写道：“一碗喉吻润，二碗破孤闷。三碗搜枯肠，惟有文字五千卷。四碗发轻汗，平生不平事，尽向毛孔散。五碗肌骨轻，六碗通仙灵，七碗吃不得也，唯觉两腋习习清风生。”茶是祛襟涤滞，致清导和，使人神清气爽，延年益寿的灵物，让我们共同干了这头道茶后，再请各位嘉宾慢慢自斟自品，去寻找卢仝七碗茶后“两腋习习清风生”的绝妙感受。 好，请让我以茶代酒，祝大家多福多寿，长健长乐

能力检测

序号	测试内容	得分标准	应得分	扣分	实得分
1	备具	物品准备齐全，摆放整齐，有美感，便于操作	10 分		
2	烫杯	水量均匀，逆时针回旋；手法正确，水不外溅	10 分		
3	赏茶	方法正确，姿势优雅			
4	投茶	选择合适的投茶方式，投茶量把握正确	10 分		
5	冲水、闷茶	熟练运用高冲低斟技法	10 分		
6	敬茶	按顺序奉茶，使用礼貌用语，行伸掌礼	10 分		
7	闻香	方法正确，姿势优雅	10 分		
8	品茶、回味	手法正确，姿态优美	10 分		
9	谢茶	杯子干净，摆放整齐，茶盘干净	10 分		
10	解说	语言准确、语音柔和、语速恰当	10 分		
总分			100 分		

能力提升　实训任务单4-7：祁门红茶茶艺表演

红茶——祁门红茶茶艺

实训目的：掌握盖碗冲泡红茶的基本手法及基本程序；掌握合适的投茶量、泡茶水温、浸泡时间及冲泡次数。

实训要求：掌握盖碗的润杯、摇香等手法；掌握规范得体的操作流程及典雅大方的动作要领。

实训时间：2 学时，教师示范 30 分钟，学生练习 50 分钟，教师点评、考核 10 分钟。

实训器具：主泡器——白瓷盖碗 1 个、茶盅 1 个、白瓷品茗杯 4 个；

备水器——随手泡1把；

辅助器——茶盘1个、白瓷茶叶罐1个、茶道组1套、茶巾1条、白瓷水盂1个、茶荷1个。

预习思考：①如何选购祁门红茶？

②祁门红茶的冲泡要素是什么？

实训步骤与操作标准：

步骤	茶艺程序	解说
备具	布席	祁门工夫红茶产于安徽省祁门县，清光绪年间开始仿照闽红试制生产。最终因其内质优异，与闽红、宁红齐名，国外也有将祁门红茶与印度大吉岭茶、斯里兰卡乌伐的乌巴茶并称为世界三大高香茶。很高兴今天为您表演祁门红茶茶艺
赏茶	“宝光”初现	祁门工夫红茶外形条索紧秀，锋苗好，色泽乌黑润泽，国际通用红茶的名称为“black tea”，即因红茶干茶的乌黑色泽而来。请来宾欣赏其色被称为“宝光”的祁门工夫红茶
煮水	清泉初沸	热水壶中用来冲泡的泉水经加热，微沸，碗中上浮的水泡，仿佛“蟹眼”已生
洁具	温热壶盏	用初沸之水，注入盖碗及杯中，为碗、杯升温，便于更好激发茶香
置茶	“王子”入宫	用茶匙将茶荷或赏茶盘中的红茶轻轻拨入碗中。祁门工夫红茶也被誉为“王子茶”
冲泡	悬壶高冲	这是冲泡红茶的关键。冲泡红茶的水温要在100℃，刚才初沸的水，此时已是“蟹眼已过鱼眼生”，正好用于冲泡。而高冲可以让茶叶在水的激荡下，充分浸润，以利于色、香、味的充分发挥
分茶	分杯敬客	用茶盅法，将茶均匀地分入每一杯中，使杯中之茶的色、味一致
闻香	喜闻幽香	一杯茶到手，先要闻香。祁门工夫红茶是世界公认的三大高香茶之一，其香浓郁高长，又有“茶中英豪”“群芳之最”之誉。香气甜润中蕴藏着一股兰花之香
观色	观赏汤色	红茶的红色，表现在冲泡好的茶汤中。祁门工夫红茶的汤色红艳，杯沿有一道明显的“金圈”。茶汤的明亮度和颜色，表明红茶的发酵程度和茶汤的鲜爽度。再观叶底，嫩软红亮
品饮	品味鲜爽	闻香观色后即可缓啜品饮。祁门工夫红茶以鲜爽、浓醇为主，与红碎茶浓强的刺激性口感有所不同。滋味醇厚，回味绵长
收具	收杯谢客	红茶性情温和，收敛性差，易于交融，因此通常用之调饮。祁门工夫红茶同样适于调饮。然清饮更易领略祁门工夫红茶的“祁门香”香气，领略其独特的内质、隽永的回味、明艳的汤色。感谢来宾的光临，愿所有的爱茶人都像这红茶一样，相互交融，相得益彰

能力检测

序号	测试内容	得分标准	应得分	扣分	实得分
1	备具	物品准备齐全，摆放整齐，有美感，便于操作	10 分		
2	煮水、赏茶	水量均匀，水不外溅；手法正确，姿势优雅	10 分		
3	洁具	手法正确，姿势优雅	20 分		
4	置茶	投茶方式合适，投茶量把握正确	10 分		
5	冲泡	熟练运用回转高冲低斟手法；手法正确，姿态优美	15 分		
6	分茶	方法正确，姿势优雅	10 分		
7	闻香、观色、品味	手法正确，姿态优美	15 分		
8	解说	语言准确、语音柔和、语速恰当	10 分		
总分			100 分		

能力提升　实训任务单4-8：泡沫红茶茶艺表演

调饮——泡沫红茶茶艺

实训目的：掌握红茶调饮的冲泡表演技艺；学会欣赏茶艺表演的融合之美。

实训要求：掌握规范、得体的操作流程及典雅、大方的动作要领，熟练操作。

实训时间：2 学时，教师示范 30 分钟，学生练习 50 分钟，教师点评、考核 10 分钟。

实训器具：主泡器——玻璃扎壶 1 个、长直身玻璃杯 3 个、摇酒壶 1 个；

备水器——随手泡 1 套；

辅助器——冰桶 1 个、茶道组 1 套、茶巾 1 条、水盂 1 个、瓷碟 3 个、吸管 3 根、搅拌棒 3 根。

预习思考：①摇酒壶使用方法是什么？

②调饮红茶冲泡要素是什么？

实训步骤与操作标准：

步骤	茶艺程序	解说
布席	器皿英姿	玻璃壶用于冲茶包，玻璃杯用于品饮及观赏茶汤，摇壶用于调制茶味，冰夹用于夹取冰粒，随手泡烹煮山泉，茶巾可沾擦水迹，水洗承装废水
备水	甘泉鼎沸	水为茶之母，选用山泉水泡茶与茶相得益彰，能够让泡出来的茶汤更加醇厚鲜爽

续表

步骤	茶艺程序	解说
泡茶	佳茗显韵	欲把西湖比西子，从来佳茗似佳人，今天所用的是袋泡红茶，配料是鲜柠檬片、白砂糖、冰粒。茶水比对于冲泡一壶好茶至关重要，茶多水少则茶汤苦涩，颜色偏暗。茶少水多则滋味淡薄，一般冲泡红茶时茶水比为 1:50 为宜。将冲泡好的茶静置 3 分钟，待用
洁杯	冰清玉洁	茶是至清至洁天涵地育的灵物。泡茶要求所用器皿必须是至清至洁的，再一次清洗已经干净的杯子，表示茶艺师对来宾的尊敬之意
入壶	冷暖交融	依次将冰块、糖和柠檬片（汁）、泡好的茶汤加入摇酒壶中
摇和	地动山摇	摇动摇酒壶，使茶和糖、柠檬片（汁）充分交融，达到合一
出汤	冰海雪山	将摇和好的茶汤倒入玻璃杯中，再将绵密的泡沫倒出，冰爽的茶汤配上雪白泡沫，就像冰海雪山一样
装饰	锦上添花	将一片柠檬片插在杯沿上装饰
奉茶	敬奉嘉宾	敬茶时应双手捧杯，举杯齐眉，注目嘉宾并行点头礼，然后从右到左，依次一杯一杯地把沏好的茶敬奉给客人，最后一杯留给自己
收具	施礼谢幕	红茶的甜香与柠檬搭配在一起，酸中带甜，非常可口，消暑解渴，别是一番风味。今天的泡沫红茶茶艺表演完毕，祝各位嘉宾生活和和美美、甜甜蜜蜜！

能力检测

序号	测试内容	得分标准	应得分	扣分	实得分
1	布席	物品准备齐全，摆放整齐，有美感，便于操作	10 分		
2	煮水、泡茶	水量均匀，水不外溅；手法正确，姿势优雅	15 分		
3	洁具	手法正确，姿势优雅	15 分		
4	入壶	材料齐全，手法卫生，姿势优雅	10 分		
5	摇和	熟练摇酒壶；手法正确，姿态优美	20 分		
6	出汤、装饰	方法正确，姿势优雅；装饰美观，手法卫生	10 分		
7	奉茶、收具	手法正确，姿态优美	10 分		
8	解说	语言准确、语音柔和、语速恰当	10 分		
总分			100 分		

能力提升 实训任务单4-9：铁观音茶艺表演

乌龙茶——铁观音茶艺

实训目的：掌握铁观音的冲泡表演技艺；学会欣赏茶艺表演的水之美。

实训要求：掌握规范、得体的操作流程及典雅、大方的动作要领，熟练操作。

实训时间：2 学时，教师示范 30 分钟，学生练习 50 分钟，教师点评、考核 10 分钟。

实训器具：主泡器——紫砂壶 1 个、茶盅 1 个、闻香杯（含品茗杯和杯垫）4 套、滤网（含滤网架）1 个；

备水器——随手泡 1 套；

辅助器——茶盘 1 个、茶叶罐（铁观音茶适量）1 个、茶道组 1 套、茶巾 1 条、水盂 1 个、茶荷 1 个。

预习思考：①如何选购铁观音茶？

②铁观音茶的冲泡要素是什么？

实训步骤与操作标准：

步骤	茶艺程序	解说
备具	孔雀开屏	（介绍茶具） 这是孔雀向它的同伴展示它美丽的羽毛，在泡茶之前，让我借“孔雀开屏”这道程序向大家展示我们这些典雅精美、工艺独特的功夫茶具。茶盘：用来陈设茶具及盛装不喝的余水。宜兴紫砂壶：也称孟臣壶。茶海：也称茶盅，与茶滤合用起到过滤茶渣的作用，使茶汤更加清澈亮丽。闻香杯：因其杯身高，口径小，用于闻香，有留香持久的作用。品茗杯：用来品茗和观赏茶汤。茶道一组，内有五件：茶漏放置壶口，扩大壶口，防止茶叶外漏；茶则量取茶叶；茶夹夹取品茗杯和闻香杯；茶匙拨取茶叶；茶针疏通壶口。茶托：托取闻香杯和品茗杯。茶巾：拈拭壶底及杯底的余水。随手泡：保证泡茶过程的水温
煮水	火煮山泉	泡茶用水极为讲究，宋代大文豪苏东坡是一个精通茶道的人，他总结泡茶的经验时说：“活水还须活火烹”。火煮甘泉，即用旺火来煮沸壶中的山泉水，今天我们选用的是纯净水
赏茶	叶嘉酬宾	叶嘉是宋代诗人苏东坡对茶叶的美称，叶嘉酬宾是请大家鉴赏茶叶，可看其外形、色泽，以及嗅闻香气。这是铁观音，其颜色青中藏翠，外形为包揉形，以匀称、紧结、完整为上品
温壶	孟臣沐淋	孟臣是明代的制壶名家（惠孟臣），后人将孟臣代指各种名贵的紫砂壶，因为紫砂壶有保温、保味、聚香的特点，泡茶前我们用沸水淋浇壶身可起到保持壶温的作用。亦可借此为各位嘉宾接风洗尘，洗去一路风尘
投茶	乌龙入宫	茶似乌龙，壶似宫殿，取茶量通常为壶量的二分之一，这主要取决于大家的浓淡口味。苏轼把乌龙入宫比成佳人入室，他言：“戏作小诗君一笑，从来佳茗似佳人”。诗句中把上好的乌龙茶比作让人一见倾心的绝代佳人，轻移莲步，使得满室生香，形容乌龙茶的美好

续表

步骤	茶艺程序	解说
冲泡	高山流水	铁观音茶的冲泡讲究高冲水，低斟茶
刮沫	春风拂面	用壶盖轻轻推掉壶口的水沫。乌龙茶讲究“头泡汤，二泡茶，三泡四泡是精华”。功夫茶的第一遍茶汤，我们一般只用来洗茶，俗称温润泡，也可用于养壶
二次冲泡	重洗仙颜	意喻着第二次冲水，浇淋壶身，保持壶温，让茶叶在壶中充分地释放香气
刮去残水	游山玩水	功夫茶的浸泡时间非常讲究，过长苦涩，过短则无味，因此要在最佳时间将茶汤倒出
洗杯	若琛出浴	茶是至清至洁，天涵地育的灵物，用开水烫洗一下本来就已经干净的品茗杯和闻香杯，使杯身杯底做到至清至洁，一尘不染，也是对各位嘉宾的尊敬
出汤	祥龙行雨	取其“甘霖普降”的吉祥之意。“凤凰点头”象征着向各位嘉宾行礼致敬（出汤后提起滤网点三下，以滴尽滤网底部残留的茶汤）
扣杯	珠联璧合	我们将品茗杯扣于闻香杯上，将香气保留在闻香杯内，称为“珠联璧合”。在此祝各位嘉宾家庭幸福美满
翻杯	鲤鱼翻身	在中国古代的神话传说中，鲤鱼翻身跃过龙门可化龙升天而去，我们借这道程序，祝福在座的各位嘉宾跳越一切阻碍，事业发达
奉茶	敬奉香茗	“坐酌泠泠水，看煎瑟瑟尘，无由持一盌，寄与爱茶人”
闻香	喜闻幽香	请各位轻轻提取闻香杯向内倾斜45°，把闻香杯放在鼻前轻轻转动，你便可细细嗅闻，闻香杯里如同开满百花的幽谷，随着温度的逐渐降低，你可闻到不同的芬芳
持杯	三龙护鼎	即用大拇指和食指轻扶杯沿，中指紧托杯底，三指则为三龙，品茗杯为鼎，称“三龙护鼎”，这样举杯既稳重又雅观
观色	鉴赏汤色	品饮铁观音，首先要观赏茶汤的颜色。名优铁观音的汤色清澈、金黄、明亮，让人赏心悦目
品茗	细品佳茗	第一口玉露初品，茶汤入口后先吸气，使茶汤与舌尖、舌面的味蕾充分接触，满口生津；第二口好事成双，感受茶汤过喉鲜爽、甘醇的滋味；第三口一饮而下，顿觉齿颊流香，六根开窍清风生，飘飘欲仙最怡人。希望各位在快节奏的现代生活中，充分享受那份幽情雅趣，让忙碌的身心有个宁静的回归

能力检测

序号	测试内容	得分标准	应得分	扣分	实得分
1	备具、布席	物品准备齐全，摆放整齐，有美感，便于操作	10 分		
2	煮水、赏茶	手法正确，姿势优雅	10 分		
3	温壶、洗杯	手法正确，姿势优雅	10 分		
4	投茶	投茶方式合适，投茶量把握正确	10 分		
5	冲泡、刮沫	熟练运用回转高冲低斟手法；手法正确，姿态优美	10 分		
6	刮水	方法正确，姿势优雅	10 分		
7	出汤	方法正确，姿势优雅	10 分		
8	扣杯、翻杯、奉茶	手法正确，姿态优美	10 分		
9	闻香、观色、品味	手法正确，姿态优雅	10 分		
10	解说	语言准确、语音柔和、语速恰当	10 分		
总分			100 分		

任务三　特色茶艺表演

知识准备

所谓特色茶艺表演，即指茶艺表演推出后，以其独特的历史、文化、地域、民俗等领域的特色深受广大观众、茶客的喜爱，已成为茶艺界经典的且特色的茶艺表演。这类茶艺表演除了坚持以茶道精神为指导，遵循合理性、科学性的原则，符合美学原理，符合中国传统文化的要求以外，特别注重挖掘优秀文化传统中的独特之处，形成自己独特的风格。茶艺表演作为中华茶文化的载体，特色茶艺表演起到了比较突显的作用。

目前，经典的特色茶艺表演有“文士茶茶艺表演”“禅茶茶艺表演”“宫廷茶茶艺表演”以及“信阳毛尖茶道表演”等。

能力提升　实训任务单4-10：文士茶茶艺表演

实训目的：掌握文士茶的冲泡表演技艺；学会欣赏文士茶茶艺表演的意境美。

实训要求：掌握规范、得体的操作流程及圆融、大方的动作要领，熟练操作。

实训器具：主泡器——白瓷盖碗若干只；

备水器——煮水壶（含酒精炉）1 套或随手泡 1 套；

辅助器——木质托盘 1 个、茶叶罐（特级绿茶适量）1 个、茶道组 1 套、茶巾 1 条、水盂 1 个、青瓷茶荷 1 个、香炉 1 个。

参考课时：2 学时，教师示范 30 分钟，学生练习 50 分钟，教师点评、考核 10 分钟。

预习思考：如何欣赏文士茶茶艺表演的意境美？

实训步骤与操作标准：

步骤（程式）	解说
布席（开场白）	文士茶是对古时文人雅士的饮茶习惯加以整理而得来的，属汉族的盖碗泡法，所用茶具为盖碗，茶叶为高档绿茶。茶艺表演的服饰为江南妇女的传统服装——罗裙。这种服装古朴大方，展示出汉族年轻妇女的成熟美。 文士茶的艺术特色是意境高雅，凡而不俗。它给人以高山流水、巧遇知音的艺术享受。在表演上追求的是汤清、气清、心清、境雅、器雅、人雅的儒士境界。 下面请欣赏文士茶茶艺表演
备器	白瓷盖碗若干只、木制托盘一个、开水壶和酒精炉一套（或随手泡一套）、青瓷茶荷一个、茶道组合一套、茶巾一条、茶叶罐一个（内装高级绿茶）
焚香	一位少妇手拈三炷细香默默祷告，这是在供奉茶神陆羽
涤器	品茶的过程是茶人洗涤自己心灵的过程，熬茶涤器，不仅是洗净茶具上的尘埃，更重要的是在净化提升茶人的灵魂
赏茶	由主泡人打开茶叶罐，用茶匙拨茶入茶荷，由两位副泡入托盘端于客人面前，用双手奉上，稍欠身，供客人鉴赏茶叶，并由解说人介绍茶叶名称、特征、产地
投茶	主泡人用茶匙将茶叶拨入盖碗中，每杯 3～5 克茶叶。投茶时，可遵照五行学说按金、木、水、火，土五个方位一一投入，不违背茶的圣洁特性，以祈求茶带给人们更多的幸福
洗茶	这道程序是洗茶、润茶，向杯中倾入温度适当的开水，用水量为茶杯容量的 1/4 或 1/5。迅速放下水壶，提杯按逆时针方向转动数圈，并尽快将水倒出，以免泡久了造成茶中的养分流失
冲泡	提壶冲水入杯，通常用“凤凰三点头”法冲泡，即主泡人将茶壶连续三下高提低放，此动作完毕，一盏茶即注满七成，表达对来客的极大敬意
献茶	由两位助泡托放置茶杯盘向几位主要来宾（专家、领导、长辈等）敬献香茗，面带微笑，双手欠身奉茶，并说：“请品茶！”
收具	敬茶后，根据情况可由助泡人再给贵宾加水 1～2 次，主泡人将其他茶具收起，然后三位表演者退台谢幕

能力检测

序号	测试内容	得分标准	应得分	扣分	实得分
1	备器、焚香	物品齐全、整齐、有美感；手法正确、优雅	20分		
2	涤器、赏茶	手法正确，水流均匀，姿势优雅	20分		
3	投茶、洗茶	投茶方式和投茶量正确；手法正确，姿态优美	20分		
4	冲泡、献茶	手法正确，姿势圆融大方	20分		
5	收具、解说	手法正确，姿态优雅；语言准确、语音优美	20分		
总分			100分		

能力提升　实训任务单4-11：禅茶茶艺表演

实训目的：掌握禅茶的冲泡表演技艺；学会欣赏禅茶茶艺表演的禅茶一味之内涵美。

实训要求：掌握规范、得体的操作流程及圆融、大方的动作要领，熟练操作。

实训时间：2学时，教师示范30分钟，学生练习50分钟，教师点评、考核10分钟。

实训器具：主泡器——紫砂壶1把、茶盅1个、闻香杯（含品茗杯和杯垫）若干套、滤网（含滤网架）1个；

备水器——煮水壶1把、炭炉1个；

辅助器——竹茶盘1个、茶叶罐（铁观音茶适量）1个、茶道组1套、茶巾1条、水盂1个、茶荷1个、香炉1个、木鱼1个、佛珠1串、插花1组。

预习思考：①什么是禅茶？

②你如何理解“禅茶一味”？

实训步骤与操作标准：

步骤	茶艺程序	解说
备具	布席	“佛缘本是前生定，一笑相逢对故人。”我们每个人此时此刻的相见，都是生命中的预约，很高兴能在此为您表演《禅茶一味》。此表演共分十八道程序，大家可以用平和虚静的心态来领略《禅茶一味》的真谛
点香	祥云遥至	人生百年，宛如浮云，若非宿缘，岂能相见。炉香乍热，法界蒙熏，海会菩萨，悉来云集。让这袅袅的香雾，蕴雅的梵呗，平和我们的心境，一扫胸中的愁云
介绍茶具	众缘和合	佛对众生是无缘大慈的，也正如我们对各种茶具的喜爱一样不分彼此。佛教的基本观点认为，世间的一切都是由于各种条件的组合而成就，失去其中一个环节，就有可能无法完成。所以，我们要尊重世间的每个人与每件事。一如我们眼前的茶具，样样平等，没有差别

续表

步骤	茶艺程序	解说
温壶	不染尘埃	佛教的僧侣及信徒们在四月初八“佛诞日”时要举行浴佛法会，即用香汤沐浴释迦太子像。我们烫洗茶具时也可使茶具洁净无尘，也昭示出礼佛修身可使心中洁净无尘，心无挂碍
赏茶	菩提一叶	佛法是无处不在的，古德曰：“青青翠竹，悉是法身。郁郁黄花，无非般若”。用什么样的心来感受，就会有什么样的世界。诸位，从这片叶子中你们看到了什么？思悟佛道，观茗亦是如此
投茶	入世济生	地藏王菩萨为救度众生曾表示：“我不入地狱，谁入地狱。”无量劫来，于地狱烦恼火宅，化现清凉莲池。茶亦似人，长于山林，耐寒忍暑，刚经火烹，又临水煮。投茶入壶，如菩萨入世，泡出的茶汤令人振奋精神，在此茶性和佛理是相通的
洗茶	万缘放下	用壶盖轻轻推掉壶口的水沫。乌龙茶讲究“头泡汤，二泡茶，三泡四泡是精华”。功夫茶的第一遍茶汤，我们一般只用来洗茶，俗称温润泡，也可用于养壶
冲泡	漫天法雨	佛法无边润泽众生，泡茶冲水如漫天法雨普降，使人如醍醐灌顶，豁达开悟（高壶冲泡，用“凤凰三点头”的手法）
洗杯	法轮初转	法轮喻指佛法，而佛法就存在于日常平凡的生活琐事之中。洗杯时眼前转的是杯子，心中动的则是佛法。洗杯的目的是使茶杯洁净无尘；礼佛修身的目的是使心中洁净无尘。在转动杯子洗杯时，祈愿大家可以因看到杯转而心动悟道。 世间的一切都在转变之中，我们无法寻找到一个永恒不变的事物，这就是宇宙的真相。人生亦复如此，借此可以完善提升自我
出汤	偃溪水声	师备禅师曾指引初入禅林者以倾听偃溪流水声为门径，参禅悟道，杯中之水如偃溪水声，可启人心智，助人觉悟（壶中茶水注入公道杯中）
观色	观色悟空	菩萨无所住而生其心，观世间一切如梦幻泡影，了不可得。度一切众生，却丝毫不执著功德。但行好事，不问前程。壶中升起的热气如慈云袅袅，使人如沐春风，心生善念（观赏公道杯中茶汤的品相）
分茶	甘露遍洒	普施甘露是使众生转迷成悟，离苦得乐的法门，而茶古称甘露，先苦后甘，可见佛茶一理，禅茶一味（用“关公巡城”的手法分别注入各杯）
翻杯	反归自性	佛性处处存在，包容一切，天地万物，无不受到佛的慈悲爱护。转五浊恶世为清净佛土，转迷惑颠倒为皈依正觉，转三途苦难为人天善果
奉茶	祥开泓境	佛发大慈悲心，大愿力，在此祝愿各位永在吉祥泓境之境
闻香	香雾空濛（香光庄严）	经云：“如染香人身有香气。”道德生活产生的清香持久不失，不受顺风、逆风的影响，且是最好的庄严。将闻香杯轻轻提起，双手拢杯闻香，这沁人心脾的馨香可颐养身心
持杯	三业清净	我们把持杯的姿势，即用拇指、食指扶住杯身，中指托杯底，寓意为三业清净。指我们能够控制自己身、口、意三类行为，不受染污，起心动念、举口动舌、举手投足能为自己和别人带来欢喜

续表

步骤	茶艺程序	解说
品茗	随波逐浪	云门宗接引学人的一个原则便是随波逐浪，随缘接物。品茶也应如此，将茶汤由舌尖滑至两侧再缓缓咽下，自由地体悟茶中百味，还可能从茶汤中悟出禅机佛理。品茶分为三口，其中一口为喝、二口为饮，三口为品
饮水	上善若水	既是圆满之灵觉，品过茶后再饮一小杯白水，细细回味，便会有苦尽甘来的圆满之感。古人赞叹水有多种美好品质，随圆就方，不失本色（上白开水）
谢茶	乘愿再来	从捻禅师曾云：自古禅茶一味，茶要常饮，佛要勤修，品过茶后要谢茶，谢茶则是为了各位以后相约再品茶。 有缘即至无缘去，一任清风送明月。 让我们常怀感恩的心，慈爱世人，恩惠万物。 愿大家六时吉祥。南无阿弥陀佛！

能力检测

序号	测试内容	得分标准	应得分	扣分	实得分
1	备具、布席、点香、介绍	物品准备齐全，摆放整齐，有美感，便于操作；手法正确，姿势优雅	10 分		
2	温壶、洗杯	水流均匀，水不外溅；手法正确，姿势优雅	10 分		
3	赏茶、投茶	手法正确，姿势优雅；投茶方式合适，投茶量把握准确	10 分		
4	洗茶、冲泡	熟练运用回转高冲低斟手法；手法正确，圆融大方	10 分		
5	出汤、观色	技法正确，姿态优美	10 分		
6	分茶	水流均匀，水不外溅；手法正确，姿势优雅	10 分		
7	扣杯、翻杯奉茶	手法正确，圆融大方；姿态优美，顺序准确	10 分		
8	闻香、持杯、品茗	手法正确，圆融大方；姿态优美，神闲气定	10 分		
9	谢茶	手法正确，姿态优雅	10 分		
10	解说	语言准确、语音柔和、语速恰当	10 分		
总分			100 分		

能力提升　实训任务单4-12：清代宫廷茶艺表演

实训目的：掌握清代宫廷“三清茶”的冲泡表演技艺；学会欣赏清代宫廷茶艺表演的境之美。

实训要求：掌握规范、得体的操作流程及圆融、大方的动作要领，熟练操作。

实训时间：2学时，教师示范30分钟，学生练习50分钟，教师点评、考核10分钟。

实训器具：主泡器——细瓷壶1把、九龙盖碗1套（皇帝专用）、景德镇粉彩描金盖碗6套（群臣用）；

备水器——煮水壶1把、陶水罐1把；

辅助器——镀金小匙1把、小银匙6把、锡茶罐1个（内装贡茶龙井）、小银罐（或精细小瓷碗）3个、脱胎漆托盘2个（其中1个向皇帝献茶用）、炭火炉（筠炉）1个、茶巾1条。

原　料——龙井茶、梅花干、松子仁、佛手柑各适量。

预习思考：①如何欣赏清代宫廷茶艺表演的境之美？

②什么是“三清茶”？

实训步骤与操作标准：

步骤	茶艺程序	解说
备具	布席	南方有嘉木，谁与共天堂。陆羽在《茶经》中写道：“茶者，南方之嘉木也。”茶可以益智明思，促使人们修身养性，冷静从事，休歇尘缘，静静地品一杯茶，在享受这难得的“浮生半日闲”之际，心灵也必将得到澡雪与升华，从而心物一如，归家稳坐，方能蓦然发现本来面目，水穷云起，春生夏长，柳绿花红。剥掉人类为使自己所谓的神圣而制造的一切伪装，按照人生的本来面目去真实地享受生活。接下来由我们为大家献上宫廷“三清茶”茶艺
调茶	武文火候斟酌间	调茶由专职宫女进行，三清茶是以乾隆皇帝最爱喝的狮峰龙井茶为主料，佐以梅花、松子仁和佛手柑冲泡而成。梅花香清形美，它的五个花瓣象征五福，也预示着当年五谷丰登；松子仁洁白如玉，形象爽口，松树长寿，不怕严寒，象征着事业永远兴旺；佛手与“福寿”谐音，象征着福寿双全。现在由一位宫女将佛手柑切成丝投入细瓷壶中，冲入沸水至1/3壶时，浸泡5分钟，再投入龙井茶，然后冲水至壶满。与此同时，另一位宫女用银匙将松子仁、梅花分到各个盖碗中。最后把泡好的佛手柑、龙井茶冲入各杯中
奉茶	三清香茗奉君前	宫女调好茶后，由主管太监把皇帝专用的九龙杯放入托盘，双手托过头顶，以跪姿敬奉“皇帝”（主宾）
赐茶	赐茶愿臣心似水	“皇帝”接过新奉的香茗后，自己首先掀盖小啜一口，然后宣谕宫女赐茶。乾隆皇帝在《三清茶联句》的序言中对赐茶的目的讲得很明白，他是希望大臣饮茶后能“心清似水”，做一个清正廉明的好官

续表

步骤	茶艺程序	解说
品茶	清茶味中悟清廉	品饮三清茶主要目的不仅是祈求“五福齐享”“福寿双全”，更重要的是从龙井茶的清醇、梅花的清韵、松子和佛手的清香中去细细品悟一个“清”字。在日常生活中时时注意澡雪自己清纯的心性，培养自己清高的人格，努力做一个勤政爱民、清廉自律的“清官”，精行俭德、处世清白之人
收具、谢客		宫廷“三清茶”茶艺表演完毕，祝各位嘉宾“五福齐享”“福寿双全”、万事如意！

能力检测

序号	测试内容	得分标准	应得分	扣分	实得分
1	备具	物品准备齐全，摆放整齐，有美感，便于操作，姿势圆融	10 分		
2	调茶	投茶量把握准确，水流均匀；手法正确，姿势优雅	30 分		
3	奉茶	手法正确，姿势优雅	15 分		
4	赐茶	手法正确，圆融大方	15 分		
5	品茶	技法准确，姿势优雅	10 分		
6	收具	物品摆放整齐，有美感，姿势圆融	10 分		
7	解说	语言准确、语音柔和、语速恰当	10 分		
总分			100 分		

能力提升　实训任务单4-13：信阳毛尖茶艺表演

实训目的：掌握信阳毛尖茶的冲泡表演技艺；学会欣赏信阳毛尖茶艺表演的内涵美。

实训要求：掌握规范、得体的操作流程及圆融、大方的动作要领，熟练操作。

实训时间：2 学时，教师示范 30 分钟，学生练习 50 分钟，教师点评、考核 10 分钟。

实训器具：主泡器——玻璃杯 3 只、玻璃壶 1 把；

备水器——随手泡 1 把（煮水用）；

辅助器——茶盘 1 个、茶叶罐（特级信阳毛尖茶适量）1 个、茶道组 1 套、茶巾 1 条、水盂 1 个、茶荷 1 个。

预习思考：①如何欣赏信阳毛尖茶艺表演的内涵美？

②了解信阳毛尖茶的品质特征。

实训步骤与操作标准：

步骤	茶艺程序	解说
布席	（开场白）	各位来宾聚一堂，赏茗鉴艺共相商。茶呈雅韵点点翠，品茶悟道倾心尝。 今日敬君茗一盏，愿君普善盏盏汤。茶汤明绿人心醉，共度明静好时光
赏茶	初识仙姿	茶叶渊源发中国，天女散花织绮罗。撒下九九香茶籽，九九茶苗势而播。 凡此九九吉祥意，信阳名茶久久系。据史记载商代始，天赐贡品唐传奇。 三千种饮史无涯，茶道辉煌堪明霞。东坡居士曾赞誉，淮南第一信阳茶。 诸君品鉴干茶禅，条索紧实芽叶展。传统手工工艺制，品高净绿遂天然
辨水	鉴茶赏霖	真水甘为茶之体，清茶当为水之神。真茶方窥水明澈，真水乃显茶韵深。 品茶之水贵在质，清爽甘洌谁人识？龙潭泉水毛尖饮，名茶名水伴佳日
煮水	清泉出沸	佳茗冲泡需择水，八成水温更滋味。高温叶底无颜色，低温茶汁无浸兑
赏器	静心备具	名优清茶兹于水，澄明泉水集于器。何物冲泡绿茗好？玻璃器皿晶莹具。 剔透之杯集色感，澈净之器具味香。茶芽上下翩飞舞，仙姿袅袅意悠长
烫杯	流云浮月	佳茗灵水备宜具，冲泡堪讲精技艺。温杯冰心去凡埃，减小温差茶香溢。 杯器冰清明亦纯，流云浮月涤飞尘。净水划杯转乾坤，温杯技艺明若琛
投茶	茗入晶宫	信阳毛尖香醇酽，粗细匀品意理玄。从左到右一一入，圣洁物性传福缘
润茶	芙蓉出水	茶乃冰清圣洁物，其性明翠不可污。好茶独得精华处，信阳毛尖名非沽。 相传茶仙瑶池赴，敬奉香茗至王母。手捧金壶并玉杯，悬壶高冲点玉露。 入水三成转杯体，浸润茶芽残汁拟。涤尽凡间尘埃土，王母心阅玉液匹。 芙蓉出水清清水，头茶茗沉点点尘。洗尽古今人不倦，碗转曲尘茶异神
闻香	鉴香别韵	茶芽湿润心莲郎，花果香芬散清芳。板栗香并鸦雀嘴，明明翠翠绿豆汤

续表

步骤	茶艺程序	解说
高冲	有凤来仪	中华泱泱礼仪邦，传统点茶注满汤。凤凰回眸三点头，寓意礼敬情昭朗。 提壶高冲清泉出，凤舞九天鸾交互。芽叶水中高低舞，曼妙仙姿冰清处
敬茶	敬奉香茗	坐酌泠泠清净水，相煎瑟瑟禅悦尘。谨敬清寂柔和德，至交相接泰平纯。 无由将持茗一盏，敬奉至君情谊深。戏作小诗君一笑，从来佳茗似佳人

能力检测

序号	测试内容	得分标准	应得分	扣分	实得分
1	备具	物品准备齐全，摆放整齐，有美感，便于操作；手法正确，姿势圆融	10分		
2	赏茶	手法正确，姿势圆融	10分		
3	辨水煮水	手法正确，姿势优雅	10分		
4	赏器烫杯	手法正确，圆融大方	10分		
5	投茶	投茶方式合适，投茶量把握准确	10分		
6	润茶	悬壶高冲，水流均匀； 手法正确，姿势优雅	10分		
7	闻香	手法正确，圆融大方	10分		
8	冲泡	手法正确，圆融大方； 熟练运用回转高冲低斟手法	10分		
9	敬茶	手法正确，姿态优雅	10分		
10	解说	语言准确、语音柔和、语速恰当	10分		
总分			100分		

模块三 生活茶艺

茶艺表演虽优雅、可观赏性强，但是在日常生活中，人们泡茶更加追求茶的香气与滋味，通过合理选择茶具、调节茶叶用量、泡茶水温、浸泡时间和冲泡次数等要素，科学地、快速便捷地冲泡出一杯香与味兼具的茶，由此形成了不同类型的生活茶艺。

学习目标

熟练掌握六大茶类的生活冲泡程式，能够独立进行不同茶类的生活茶艺演示；能够在生活茶艺中自如说茶。

课前任务

利用网络，查询下列问题的相关知识。

（1）茶类冲泡五要素是什么？

（2）生活茶艺和茶艺表演有什么区别？

（3）生活茶艺中的说茶是说什么？

任务分工与实施

（1）各小组成员在组长的带领下，查阅生活茶艺相关知识（可以是新闻、短视频、文章等），尝试解决课前任务。

（2）各组长组织成员讨论生活茶艺中说茶的技巧和方法，并记录汇总。

学习模块相关知识点

任务一 绿茶生活茶艺

绿茶属不发酵茶类，基本特征是叶绿汤清。大部分绿茶选料细嫩，外形优美，故多选用透气性高、透明玻璃材质茶具，尤以敞口玻璃杯、玻璃盖碗为佳；茶叶用量一般是 1 克茶叶用 50 毫升水，冲泡出来的茶汤浓度符合大部分人口感；绿茶细嫩，滋味浸出快，因此不耐泡，一般冲泡 3 次后，茶味淡寡，可不再续水；冲泡水温和冲泡时间也需根据绿茶特点进行调节。在冲泡手法上，宜采用高冲注水手法，利于激发茶香。

一、绿茶冲泡五要素

绿茶冲泡五要素见表 4-1。

表 4-1　绿茶冲泡五要素

分类	茶具选配	茶叶用量	泡茶水温	冲泡时间	冲泡次数
高档绿茶	玻璃杯、盖碗	1 克：50~60 毫升	80℃左右	杯泡 3 分钟左右，盖碗、壶第一泡 30 秒左右	3 次为宜
中档绿茶	瓷杯、盖碗		85℃左右		
低档绿茶	玻璃壶、瓷壶		90℃左右		

二、冲泡步骤

绿茶玻璃杯冲泡在本项目模块一中已有详细步骤与操作标准，故在此不再赘述。以绿茶盖碗泡法和大壶泡法为例，进行绿茶生活茶艺的说明与补充。

能力提升　实训任务单4-14：绿茶盖碗泡法

实训目的：掌握绿茶盖碗泡法的基本程序；掌握绿茶合适的投茶量、泡茶水温、浸泡时间及冲泡次数。

实训要求：掌握绿茶盖碗泡法的其余四基本要素；掌握说茶的要领。

实训时间：2 学时，教师示范 30 分钟，学生练习 50 分钟，教师点评、考核 10 分钟。

实训器具：主泡器——盖碗（含碗托）3 套；

备水器——随手泡 1 套、凉汤壶 1 把；

辅助器——茶盘 1 个、茶叶罐 1 个、茶荷 1 个、茶匙 1 个、茶巾 1 条、水盂 1 个。

预习思考：①为什么盖碗又称“三才碗”？

②泡茶用水的基本标准是什么？

实训步骤与操作标准：

步骤	操作标准
赏茶	正确介绍茶叶的外形特点
温具	用热水温烫盖碗
投茶	①将茶叶投入盖碗中，投茶量为每 50 毫升水用茶约 1 克。 ②嗅闻干茶香
温润泡摇香	①将降了温的开水注入杯中约 1/4 处。 ②盖上碗盖，左手托碗底，右手扶碗身，以逆时针的方向回旋三圈，使茶叶充分浸润。 ③温润时间掌握在 15～50 秒，视茶叶的紧结程度而定
冲泡	用“凤凰三点头”的手法注水至七分满，水壶有节奏地三起三落水流不间断，使水充分激荡茶叶，加速茶叶中有益物质的溶出

续表

步骤	操作标准
奉茶	①如果茶客围坐较近，可双手托碗底，先在茶巾上轻按一下，吸净碗底残水后双手端杯奉茶。 ②如果茶客坐得比较远，则需双手将盖碗端放到奉茶盘上，用奉茶盘送到客人面前，按主次、长幼顺序奉茶。 ③使用礼貌用语“请喝茶”或“请品饮”，并行伸掌礼。 ④向客人奉茶，留一杯给自己
品茶	①端起盖碗闻香、观色、品饮。 ②一同品饮，与客人交流茶品，包括茶的色、香、味，以及历史、制作工艺等延伸知识
续水	冲泡 2~3 道，重复上述 5-7 冲泡步骤
收具	及时清理器具，保持席面清洁

能力检测

序号	测试内容	得分标准	应得分	扣分	实得分
1	赏茶	茶叶外形特征介绍准确	10 分		
2	温具	手法正确，姿态优雅	10 分		
3	投茶	选择合适的投茶方式，投茶量把握正确	10 分		
4	温润泡、摇香	注水量均匀，水流沿碗壁下落，润茶、摇香的动作美观	5 分		
5	冲水	熟练运用“凤凰三点头”	10 分		
6	奉茶	按顺序奉茶，使用礼貌用语，行伸掌礼	5 分		
7	茶汤	茶汤适量、浓度适宜，茶的色、香、味表达充分	20 分		
8	品茶、说茶	品茶方法正确，姿势优雅；正确说茶，语言表达清晰	20 分		
9	续水、收具	续水步骤正确；杯子干净，摆放整齐，茶盘干净	10 分		
总分			100 分		

能力提升　实训任务单4-15：绿茶大壶泡法

实训目的：掌握绿茶大壶冲泡的基本程序；掌握大壶冲泡绿茶合适的投茶量、泡茶水温、浸泡时间及冲泡次数。

实训要求：掌握绿茶大壶泡法的其余四基本要素；掌握说茶的要领。

实训时间：2 学时，教师示范 30 分钟，学生练习 50 分钟，教师点评、考核 10 分钟。

实训器具：主泡器——250 毫升瓷壶 1 把、有把或无把瓷杯 4 只；

备水器——随手泡 1 把；

辅助器——茶盘 1 个、茶荷 1 个、茶叶罐 1 个、茶匙 1 个、茶巾 1 条、水盂 1 个、杯垫 4 个。

预习思考：①选用大壶冲泡大宗绿茶的好处是什么？

②冲泡大宗绿茶的最佳水温是多少？

实训步骤与操作标准：

步骤	操作标准
赏茶	正确介绍茶叶的外形特点
温壶	用热水温烫大壶
置茶	①将茶叶投入壶中，投茶量为每 50 毫升水用茶约 1 克。 ②嗅闻干茶香
温润泡、摇香	①采用回旋注水法向壶内注入少量（约茶壶容量的 1/4）开水，使茶叶充分浸润吸水膨胀，此时杯中茶叶充分吸水舒展，开始散发香气。 ②逆时针转动茶壶三圈
冲泡	采用“悬壶高冲”的手法注水至壶肩，促使茶叶上下翻动、飞舞。这一手法能使开水充分激荡茶叶，加速茶叶中各种有益物质的溶出
洁杯	在静蕴等待之时，按先左后右的顺序洁杯
分茶	①双手或单手持壶，按先左后右的顺序斟茶入杯。为避免叶底闷黄，斟茶完毕后茶壶复位并揭开壶盖放置在茶盘上。 ②斟倒茶水应按比例回斟，以求茶汤均匀
奉茶	①如果茶客围坐较近，可右手轻握杯身中下部，左手托杯底，直接用双手端取茶杯，先在茶巾上轻按一下，吸净杯底残水后双手端杯奉茶。 ②如果茶客坐得比较远，则需双手将茶杯端放到奉茶盘上，用奉茶盘送到客人面前，按主次、长幼顺序奉茶。 ③使用礼貌用语“请喝茶”或“请品饮”，并行伸掌礼。 ④向客人奉茶，留一杯给自己
品茶	①端起品茗杯闻香、观色、品饮。 ②一同品饮，与客人交流茶品，包括茶的色、香、味，以及历史、制作工艺等延伸知识
续水	冲泡 2~3 道，重复上述 5，7-9 冲泡步骤
收具	及时清理器具，保持席面清洁

能力检测

序号	测试内容	得分标准	应得分	扣分	实得分
1	赏茶	茶叶外形特征介绍准确	10 分		
2	温壶	手法正确，姿态优雅	10 分		
3	投茶	选择合适的投茶方式，投茶量把握正确	10 分		
4	温润泡、摇香	注水量均匀，润茶、摇香的动作美观	5 分		
5	冲水	熟练运用“悬壶高冲”	5 分		
6	洁杯	姿势优雅娴熟	5 分		
7	分茶、奉茶	分茶适量、均等； 按顺序奉茶，使用礼貌用语，行伸掌礼	5 分		
8	茶汤	茶汤适量、浓度适宜，茶的色、香、味表达充分	20 分		
9	品茶、说茶	品茶方法正确，姿势优雅； 正确说茶，语言表达清晰	20 分		
10	续水收具	续水步骤正确； 茶具干净，摆放整齐，茶盘干净	10 分		
总分			100 分		

任务二　黄茶生活茶艺

黄茶属轻微发酵茶，具有黄叶黄汤的特征，加工工艺包括杀青—揉捻—闷黄—干燥等环节，加工工艺与绿茶相似，故黄茶冲泡方法和要素与绿茶相似。在茶具选配上，玻璃杯、白瓷杯、盖碗、白瓷壶均可，茶水比例为 1 克茶叶用 50 毫升水，可冲泡 3 次左右，冲泡水温和冲泡时间也需根据黄茶特点进行调节。在冲泡手法上，多采用高冲注水手法。

一、黄茶冲泡五要素

黄茶冲泡五要素见表 4-2。

表 4-2　黄茶冲泡五要素

分类	茶具选配	茶叶用量	泡茶水温	冲泡时间	冲泡次数
黄芽茶	玻璃杯、白瓷杯、盖碗	1 克：50 毫升	80℃左右	杯泡 3 分钟，碗、壶泡第一泡 30 秒出汤	3 次为宜
黄小茶					
黄大茶	盖碗、白瓷壶		90℃左右		

二、冲泡步骤

黄茶适合采用玻璃杯和盖碗冲泡，玻璃杯冲泡法和盖碗冲泡法在本项目模块一中已有详细步骤与操作标准，故在此不再赘述。以黄茶碗杯泡法为例，进行黄茶生活茶艺的说明与补充。

能力提升　实训任务单4-16：黄茶碗杯泡法

实训目的：掌握黄茶碗杯泡法的基本程序；掌握合适的投茶量、泡茶水温、浸泡时间及冲泡次数。

实训要求：掌握黄茶碗杯泡法的基本程序；掌握说茶的要领。

实训时间：2 学时，教师示范 30 分钟，学生练习 50 分钟，教师点评、考核 10 分钟。

实训器具：主泡器——白瓷盖碗 1 个、茶盅 1 个、品茗杯 4 个；

备水器——随手泡 1 把；

辅助器——茶盘 1 个、茶叶罐 1 个、茶荷 1 个、茶匙 1 个、茶巾 1 条、水盂 1 个、杯垫 4 个。

预习思考：①用盖碗冲泡黄茶有什么好处？

②黄茶冲泡五要素是什么？

实训步骤与操作标准：

步骤	操作标准
赏茶	正确介绍茶叶的外形特点
温具	用热水温润盖碗、茶盅、品茗杯
投茶	①将茶叶投入壶中，投茶量为每 50 毫升水用茶约 1 克。 ②嗅闻干茶香
温润泡、摇香	①将降了温的开水注入杯中约 1/4 处。 ②盖上碗盖，左手托碗底，右手扶碗身，以逆时针的方向回旋三圈，使茶叶充分浸润。 ③温润时间掌握在 15～50 秒，视茶叶的紧结程度而定
冲泡	用逆时针悬壶高冲的手法注水至盖碗，使水充分激荡茶叶，加速茶叶中有益物质的溶出
分茶	将盖碗中的茶汤沥出至茶盅，再分斟至品茗杯
奉茶	①如果茶客围坐较近，可直接用双手端取品茗杯，先在茶巾上轻按一下，吸净杯底残水后放在杯垫上（可不用），双手端杯垫奉茶。 ②如果茶客坐得比较远，则需双手将茶端放到奉茶盘上，用奉茶盘送到客人面前，按主次、长幼顺序奉茶。 ③使用礼貌用语“请喝茶”或“请品饮”，并行伸掌礼。 ④向客人奉茶，留一杯给自己

续表

步骤	操作标准
品茶	①端起品茗杯闻香、观色、品饮。 ②一同品饮，与客人交流茶品，包括茶的色、香、味，以及历史、制作工艺等延伸知识
续茶	冲泡 2~3 道，重复上述 5-8 冲泡步骤
收具	及时清理器具，保持席面清洁

能力检测

序号	测试内容	得分标准	应得分	扣分	实得分
1	赏茶	茶叶外形特征介绍准确	10 分		
2	温具	手法正确，姿态优雅	10 分		
3	投茶	选择合适的投茶方式，投茶量把握正确	10 分		
4	温润泡、摇香	注水量均匀，水流沿碗壁下落，润茶、摇香的动作美观	5 分		
5	冲水	熟练运用“悬壶高冲”	5 分		
6	分茶	分茶适量、均等	5 分		
7	奉茶	按顺序奉茶，使用礼貌用语，行伸掌礼	5 分		
8	茶汤	茶汤适量、浓度适宜，茶的色、香、味表达充分	20 分		
9	品茶、说茶	品茶方法正确，姿势优雅；正确说茶，语言表达清晰	20 分		
10	续水、收具	续水步骤正确；茶具干净，摆放整齐，茶盘干净	10 分		
总分			100 分		

任务三　红茶生活茶艺

红茶属全发酵茶，具有红叶红汤的特点，因此器具选择内壁为白色最佳，可衬托汤色。冲泡红茶的五要素需根据茶叶原料特点而定，如大叶种红茶，条索粗壮，内含物质丰富浸出快，故投茶量应减少，茶叶用量为 1:60~1:80，冲泡时间 1 分钟左右，水温 95℃左右，在泡茶流程上，温品茗杯可以在冲泡前完成，以缩短茶叶冲泡时间。如为小叶种红茶，茶叶细嫩，投茶量应多一些，为 1 克:40~60 毫升，冲泡时间 2~3 分钟，水温以 85℃左右为宜。在泡茶流程上，温品茗杯可以在冲泡后完成，以延迟茶叶冲泡时间。由于红碎茶细碎，因此多用带有滤网孔的瓷壶冲泡，同时浸出速度很快且并不太在意它的耐泡度，所以投茶量要减少近一半。

一、红茶冲泡五要素

红茶冲泡五要素见表 4-3。

表 4-3　红茶冲泡五要素

分类	茶具选配	茶叶用量	泡茶水温	冲泡时间	冲泡次数
小种红茶	瓷盖碗、瓷壶	中小叶种 1 克：40~60 毫升；大叶种 1 克:60~80 毫升	中小叶种 85℃左右，大叶种 95℃左右	第一泡 10 秒左右出汤	5 次左右
工夫红茶					
红碎茶	瓷壶	1 克：90~100 毫升	100℃	第一泡 4~5 秒	2 次

二、冲泡步骤

红茶适合采用盖碗和瓷壶冲泡，盖碗冲泡法在本项目模块一中已有详细步骤与操作标准，故在此不再赘述。以小叶种红茶瓷壶泡法为例，进行红茶生活茶艺的说明与补充。

能力提升　实训任务单4-17：红茶瓷壶（壶杯）泡法

实训目的：掌握瓷壶冲泡红茶的基本程序；掌握合适的投茶量、泡茶水温、浸泡时间及冲泡次数。

实训要求：掌握红茶壶杯泡法的基本程序；掌握说茶的要领。

实训时间：2 学时，教师示范 30 分钟，学生练习 50 分钟，教师点评、考核 10 分钟。

实训器具：主泡器——瓷壶 1 把，茶盅 1 个，茶杯 4 只；

备水器——随手泡 1 把；

辅助器——茶盘 1 个、茶叶罐 1 个、茶荷 1 个、茶匙 1 个、茶巾 1 条、水盂 1 个、杯垫 4 个。

预习思考：①为什么说冲泡红茶的最佳器具是瓷壶？

②冲泡红茶的最佳水温是多少？

实训步骤与操作标准：

步骤	操作标准
赏茶	正确介绍茶叶的外形特点
温具	用热水温润瓷壶、茶盅
投茶	①将茶叶投入壶中，投茶量为每 40~60 毫升水用茶约 1 克。 ②嗅闻干茶香

步骤	操作标准
温润泡摇香	①将降了温的开水注入壶中约 1/4 处。 ②盖上壶盖，左手托壶底，右手握壶把，以逆时针的方向回旋三圈，使茶叶充分浸润。 ③温润时间掌握在 15～50 秒，视茶叶的紧结程度而定
冲泡	用逆时针悬壶高冲的手法注水至瓷壶，使水充分激荡茶叶，加速茶叶中有益物质的溶出，注意不要向壶中心冲水，以免冲破壶胆
温杯	依次温烫品茗杯，弃水
分茶	将壶中的茶汤沥出至茶盅，再分斟至品茗杯
奉茶	①如果茶客围坐较近，可直接用双手端取品茗杯，先在茶巾上轻按一下，吸净杯底残水后放在杯垫上（可不用），双手端杯垫奉茶。 ②如果茶客坐得比较远，则需双手将茶端放到奉茶盘上，用奉茶盘送到客人面前，按主次、长幼顺序奉茶。 ③使用礼貌用语“请喝茶”或“请品饮”，并行伸掌礼。 ④向客人奉茶，留一杯给自己
品茶	①端起品茗杯闻香、观色、品饮。 ②一同品饮，与客人交流茶品，包括茶的色、香、味，以及历史、制作工艺等延伸知识
续水	冲泡 2~3 道，重复上述 5，7-9 冲泡步骤
收具	及时清理器具，保持席面清洁

能力检测

序号	测试内容	得分标准	应得分	扣分	实得分
1	赏茶	茶叶外形特征介绍准确	10 分		
2	温具	手法正确，姿态优雅	5 分		
3	投茶	选择合适的投茶方式，投茶量把握正确	10 分		
4	温润泡、摇香	注水量均匀，润茶、摇香的动作美观	5 分		
5	冲水	熟练运用“悬壶高冲”	5 分		
6	温杯	姿势优雅娴熟	5 分		
7	分茶	分茶适量、均等	5 分		
8	奉茶	按顺序奉茶，使用礼貌用语，行伸掌礼	5 分		
9	茶汤	茶汤适量、浓度适宜，茶的色、香、味表达充分	20 分		

续表

序号	测试内容	得分标准	应得分	扣分	实得分
10	品茶、说茶	品茶方法正确，姿势优雅；正确说茶，语言表达清晰	20分		
11	续水、收具	续水步骤正确；茶具干净，摆放整齐，茶盘干净	10分		
总分			100分		

任务四　乌龙茶生活茶艺

乌龙茶属半发酵茶类，香气浓醇而馥郁，滋味醇厚、鲜爽回甘，是一款重香气和滋味的茶，因此冲泡乌龙茶宜选择密闭性、保温性高的壶，尤其以紫砂壶最佳，也可选择盖碗冲泡。乌龙茶多采二、三叶，原料较粗老，故茶叶用量较多，茶叶用量为1克:20~30毫升，泡茶水温在95~100℃，冲泡时间随茶叶紧结度而有所差异，颗粒型乌龙茶的外形卷曲、紧实，吸水后才舒展开，茶叶内含物质浸出较慢，故冲泡时间稍久于条索型乌龙茶冲泡时间。

一、乌龙茶冲泡五要素

乌龙茶冲泡五要素见表4-4。

表4-4　乌龙茶冲泡五要素

分类	茶具选配	茶叶用量	泡茶水温	冲泡时间	冲泡次数
条索型乌龙茶	盖碗、宽口壶	1克：20~30毫升	95~100℃	第一泡15~30秒出汤	7次左右
颗粒型乌龙茶	盖碗、收口壶			第一泡30~45秒出汤	

二、冲泡步骤

乌龙茶多选用碗杯和壶冲泡，壶盅（双杯）冲泡法在本项目模块一中已有详细步骤与操作标准，碗杯冲泡法在本模块黄茶生活茶艺中已说明，故在此不再赘述。壶盅（双杯）冲泡法多用于颗粒型乌龙茶冲泡，本次以条索型乌龙茶为例，采用小壶单杯泡法，进行乌龙茶生活茶艺的说明与补充。

能力提升　实训任务单4-18：乌龙茶壶杯泡法

实训目的：掌握乌龙茶壶杯泡法的基本程序；掌握合适的投茶量、泡茶水温、浸泡时间及冲泡次数。

实训要求：掌握乌龙茶壶杯泡法的基本程序；掌握说茶的要领。

实训时间：2 学时，教师示范 30 分钟，学生练习 50 分钟，教师点评、考核 10 分钟。

实训器具：主泡器——宽口紫砂壶 1 把，茶盅 1 个，茶杯 4 只；

备水器——随手泡 1 把；

辅助器——茶盘 1 个、茶叶罐 1 个、茶荷 1 个、茶匙 1 个、茶巾 1 条、水盂 1 个、杯垫 4 个。

预习思考：①为什么说冲泡乌龙茶的最佳器具是紫砂壶？

②冲泡乌龙茶的最佳水温是多少？

实训步骤与操作标准：

步骤	操作标准
赏茶	正确介绍茶叶的外形特点
温具	用热水温润壶、茶盅、品茗杯
投茶	①将茶叶投入壶中，投茶量为每 20~30 毫升水用茶约 1 克。 ②嗅闻干茶香
润茶	①将开水注入壶中至满。 ②壶盖刮沫，并盖上。 ③弃水
冲泡	用逆时针悬壶高冲的手法注水至壶中，使水充分激荡茶叶，加速茶叶中有益物质的溶出，注意不要向壶中心冲水，以免冲破壶胆
分茶	将壶中的茶汤沥出至茶盅，再分斟至品茗杯
奉茶	①如果茶客围坐较近，可直接用双手端取品茗杯，先在茶巾上轻按一下，吸净杯底残水后放在杯垫上（可不用），双手端杯垫奉茶。 ②如果茶客坐得比较远，则需双手将茶端放到奉茶盘上，用奉茶盘送到客人面前，按主次、长幼顺序奉茶。 ③使用礼貌用语“请喝茶”或“请品饮”，并行伸掌礼。 ④向客人奉茶，留一杯给自己
品茶	①端起品茗杯闻香、观色、品饮。 ②一同品饮，与客人交流茶品，包括茶的色、香、味，以及历史、制作工艺等延伸知识
续水	冲泡 2~3 道，重复上述 5-8 冲泡步骤
收具	及时清理器具，保持席面清洁

能力检测

序号	测试内容	得分标准	应得分	扣分	实得分
1	赏茶	茶叶外形特征介绍准确	10 分		
2	温具	手法正确，姿态优雅	10 分		

续表

序号	测试内容	得分标准	应得分	扣分	实得分
3	投茶	选择合适的投茶方式，投茶量把握正确	10 分		
4	润茶	注水量均匀，润茶动作美观	5 分		
5	冲泡	熟练运用“悬壶高冲”	5 分		
6	分茶	分茶适量、均等	5 分		
7	奉茶	按顺序奉茶，使用礼貌用语，行伸掌礼	5 分		
8	茶汤	茶汤适量、浓度适宜，茶的色、香、味表达充分	20 分		
9	品茶、说茶	品茶方法正确，姿势优雅；正确说茶，语言表达清晰	20 分		
10	续水、收具	续水步骤正确；茶具干净，摆放整齐，茶盘干净	10 分		
总分			100 分		

任务五　白茶生活茶艺

白茶属轻发酵类茶，制作工艺仅包括萎凋和干燥两个环节，不炒不揉，形态自然，叶细胞破碎率低，茶汁浸出速度慢，因此投茶量较大，泡茶水温高，冲泡时间长。一般冲泡白茶时，茶叶用量为 1:20 为宜，泡茶水温 90℃以上，冲泡时间根据所选用茶具而不同，例如选用玻璃杯冲泡白毫银针，因其满披毫毛，浮于水面，不易吸水沉落，故需要浸泡 10 分钟左右。白牡丹、寿眉、贡眉等白叶茶外形松散，一般选用宽口瓷壶和盖碗冲泡。白茶有“一年茶，三年药，七年是宝”的说法，有年份的老白茶可选用大壶煮饮，风味更佳，保健功效更好发挥。

一、白茶冲泡五要素

白茶冲泡五要素见表 4-5。

表 4-5　白茶冲泡五要素

分类	茶具选配	茶叶用量	泡茶水温	冲泡时间	冲泡次数
白毫银针	玻璃杯	1 克：20 毫升	95℃左右	10 分钟	3~5 次为宜
白牡丹	瓷壶、盖碗		90℃左右	50 秒	5 泡左右
寿眉、贡眉	壶（煮）	1 克：50~100 毫升	100℃	3~4 分钟	2 次左右

二、冲泡步骤

白茶可选用玻璃杯、盖碗、瓷壶冲泡，具体冲泡流程可参考本项目模块一和本模块其他茶类的生活茶艺，故在此不再赘述。为适应当下煮茶风尚，介绍白茶煮茶法，进行白茶生活茶艺的说明与补充。

能力提升　实训任务单4-19：白茶煮茶法

实训目的：掌握白茶煮茶法的基本程序；掌握合适的投茶量、泡茶水温、浸泡时间及冲泡次数。

实训要求：掌握白茶煮茶法的基本程序；掌握说茶的要领。

实训时间：2 学时，教师示范 30 分钟，学生练习 50 分钟，教师点评、考核 10 分钟。

实训器具：主泡器——煮茶壶（陶壶、玻璃壶）1 把，茶盅 1 个，茶杯 4 只；

备水器——水壶 1 把；

辅助器——茶盘 1 个、茶叶罐 1 个、茶荷 1 个、茶匙 1 个、茶巾 1 条、水盂 1 个、杯垫 4 个、炭火炉（或酒精灯炉）1 个、打火机 1 个。

预习思考：①为什么说老白茶煮饮风味更佳？

②白茶煮茶的茶叶用量是多少？

实训步骤与操作标准：

步骤	操作标准
赏茶	正确介绍茶叶的外形特点
温壶	用热水温润壶，之后将水注入茶盅
投茶	①将茶叶投入壶中，投茶量为每 50~100 毫升水用茶约 1 克。 ②嗅闻干茶香
煮茶	①将沸水注入煮茶壶中至八分满。 ②点燃酒精灯炉。 ③将煮茶壶移到酒精灯炉上煮茶
温杯	将茶盅中的水逐一注入品茗杯，逐一温烫品茗杯，弃水
分茶	从煮茶壶中将茶汤沥出到茶盅，再逐一分到品茗杯
奉茶	①如果茶客围坐较近，可直接用双手端取品茗杯，先在茶巾上轻按一下，吸净杯底残水后放在杯垫上（可不用），双手端杯垫奉茶。 ②如果茶客坐得比较远，则需双手将茶端放到奉茶盘上，用奉茶盘送到客人面前，按主次、长幼顺序奉茶。 ③使用礼貌用语“请喝茶”或“请品饮”，并行伸掌礼。 ④向客人奉茶，留一杯给自己
品茶	①端起品茗杯闻香、观色、品饮。 ②一同品饮，与客人交流茶品，包括茶的色、香、味，以及历史、制作工艺等延伸知识
续水	煮茶 2~3 道，重复上述 4，6-8 冲泡步骤
收具	及时清理器具，保持席面清洁

能力检测

序号	测试内容	得分标准	应得分	扣分	实得分
1	赏茶	茶叶外形特征介绍准确	10 分		
2	温壶	手法正确，姿态优雅	10 分		
3	投茶	选择合适的投茶方式，投茶量把握正确	10 分		
4	煮茶	手法正确，姿态优雅	5 分		
5	温杯	手法正确，姿态优雅	5 分		
6	分茶	分茶适量、均等	5 分		
7	奉茶	按顺序奉茶，使用礼貌用语，行伸掌礼	5 分		
8	茶汤	茶汤适量、浓度适宜，茶的色、香、味表达充分	20 分		
9	品茶、说茶	品茶方法正确，姿势优雅；正确说茶，语言表达清晰	20 分		
10	续水、收具	续水步骤正确；茶具干净，摆放整齐，茶盘干净	10 分		
总分			100 分		

任务六　黑茶生活茶艺

黑茶属后发酵茶类，原料一般较粗老，制作过程中渥堆时间较长，陈香显。因此冲泡黑茶应选择保温性高的壶，以陶壶为好，茶叶用量多，常见比例为 1：22，冲泡水温 90℃以上。历史上黑茶以边销为主，为便于运输，常常压制成饼型、砖型等，在冲泡黑茶紧压茶时，首先需要撬茶解散再冲泡，第一遍润茶弃水后，茶汁浸出速度会很迅速，故黑茶冲泡第二道开始，冲泡时间应缩短，以防止“酱油汤”出现。

一、黑茶冲泡五要素

黑茶冲泡五要素见表 4-6。

表 4-6　黑茶冲泡五要素

分类	茶具选配	茶叶用量	泡茶水温	冲泡时间	冲泡次数
散茶	陶壶（泡）、瓷质盖碗	1 克：22 毫升	90~100℃	第一泡 40 秒左右	7 次以上
紧压茶	陶壶（煮）	1 克：100 毫升左右	100℃	沸腾熬煮 2 分钟，盖上壶盖焖泡 3～5 分钟	3 次左右

二、冲泡步骤

黑茶常用壶泡或壶煮饮用，壶泡法和壶煮法在本模块其他茶类的生活茶艺中已有解说，可参考实训任务单 4-18 和实训任务单 4-19，冲泡过程可根据黑茶冲泡五要素灵活调整。

任务七　生活茶艺中“说茶”

在茶艺服务中，茶艺服务人员不仅需要泡好一壶茶，还需要与顾客交流，通过交流了解顾客需求与喜好，介绍茶样相关知识，这就是说茶，这也是生活茶艺与茶艺表演不一样的地方，生活茶艺重茶味与文化内涵，茶艺表演重观赏性。

一、“说茶”的步骤

以一种茶冲泡三道为例，生活茶艺的流程以及说茶的设计如下，供参考。

问候—了解饮茶习惯—赏茶（介绍外形）—温具(介绍器具选择)—置茶（介绍茶叶用量）—冲泡(介绍水温、冲泡时间、汤色特征)—奉茶—品饮(介绍历史文化)—冲泡—(介绍香气特征)—奉茶—品饮—介绍滋味特征—冲泡(介绍加工工艺等)—奉茶—品饮—收具(表示感谢)

二、“说茶”的内容

生活茶艺“说茶”要说的内容大致可分为三个层面。

1. 茶品特征

茶品特征包括茶样的外形、汤色、香气、滋味、叶底等。泡茶者需具备茶叶审评的技能，用通俗的语言对茶样进行描述。

2. 正确阐述冲泡五要素

不仅包括茶具选配、茶叶用量、泡茶水温、冲泡时间、冲泡次数等参数，还需说明设计的原因，便于顾客理解。

3. 延伸相关知识

包括茶样的起源历史、饮茶习俗、产地区域、适制品种、加工工艺、健康功效等。这是基础说茶内容的拓展和延伸，反映了泡茶者学识的广度和深度。

三、注意事项

1. 注意卫生

泡茶的过程首先要做到卫生干净，泡茶者在做注水泡或者分斟茶汤等一些茶汤敞露的步骤时，不宜说话，以免飞沫溅入茶汤，给人以不洁的感觉。

2. 适时说茶

说茶要把握时机，说的要符合逻辑。这需要泡茶者通过合理设计冲泡过程，有意识地穿插说茶，说的内容与冲泡步骤紧密配合。比如在赏茶时，一般是介绍干茶外形、色泽等特征，在温具时介绍茶具选配原理。

3. 适量说茶

生活茶艺中，说茶是为了更好开展茶艺工作，服务顾客，增加茶艺工作的文化内涵，但是为了说而说，从开始泡茶到冲泡结束一直不停地说，这也不可取。生活茶艺的核心还是泡好茶汤，说茶是锦上添花。

能力提升　实训任务单4-20："我会泡家乡茶"主题生活茶艺

实训目的：掌握家乡茶所属茶类冲泡的基本程序；掌握茶具选配、合适的投茶量、泡茶水温、浸泡时间及冲泡次数。通过冲泡家乡茶，进一步认识家乡茶，增加家国情怀深度。

实训要求：掌握家乡茶所属茶类的基本程序；掌握说茶的要领。

实训时间：2 学时，学生展示 80 分钟，学生、教师点评各 5 分钟。

实训器具：学生根据所冲泡茶类自行选择器具。

预习思考："家乡茶" 冲泡五要素是什么？

评分细则：

序号	测评内容	分值	得分
1	茶具选配合理，符合茶性	5 分	
2	茶叶用量适当	10 分	
3	冲泡水温适宜	10 分	
4	冲泡时间合理	10 分	
5	冲泡程序设计合理	20 分	
6	茶汤色、香、味表达充分	20 分	
7	说茶适时、适量，表达清晰准确	20 分	
8	手法正确、姿态优雅	5 分	
合计		100 分	

项目小结

本项目主要涉及基础茶艺、茶艺表演以及生活茶艺三方面的内容。具体介绍了玻璃杯冲泡法、盖碗冲泡法、碗杯冲泡法以及壶盅（双杯）冲泡法的基本程式和基本手法；西湖龙井、茉莉花茶、祁门红茶、泡沫红茶、铁观音等五大流行茶艺、四大特色茶艺的表演以及六大茶类生活茶艺的冲泡要素与冲泡程序等。为了提升学生能力，还专门设计了四项基础茶艺实训任务、九项茶艺表演实训任务和七项生活茶艺的实训任务。

项目练习

1. 为什么高档绿茶一般使用玻璃杯冲泡，而低档绿茶一般用壶沏泡？
2. 如何欣赏茶艺表演的人之美、茶之美、水之美、器之美、技之美以及境之美？

项目实践

实践内容：选择一款你喜欢的名茶，分析这款名茶冲泡的五要素。

能力要求：能够根据茶叶特性，正确选择茶具、茶叶用量、水温，确定冲泡次数和浸泡时间，学会科学泡茶。

项目评价

学习自评表

评价内容		自评得分				
学前	富有浓厚的学习兴趣，能主动运用网络检索课前问题并成功解决（10分）	10	8	6	4	2
	积极参加小组学习活动，分工明确，主动与同学合作交流（20分）	20	16	12	8	4
	能够主动发现和提出问题，有条理地表达思考过程；能提出解决问题的策略，表达自己独特的见解（10分）	10	8	6	4	2
学中	学习态度端庄，无无故缺勤、迟到、早退现象；遵守课堂纪律，主动参与课堂，并积极发言（20分）	20	16	12	8	4
学后	掌握项目教学中的理论知识（10分）	10	8	6	4	2
	能够利用本项目知识解决茶艺服务中的实际问题（20分）	20	16	12	8	4
	提高对茶艺的认识与热爱（10分）	10	8	6	4	2
总分						

本评分表总分100分，在自评得分栏中分为五级打分，分数从高到低分别表示非常符合——比较符合——一般——比较不符合——非常不符合。学生根据自身学习情况，勾选每一项评价内容的自评得分，最后加总即为本人学习评价总分。

项目五

茶席设计与茶艺编创

茶艺是茶道以及茶文化的载体，具备艺术性和文化性的茶艺表演更能给人以文化和美的享受。茶席设计和茶艺编创将茶叶泡饮过程与服装、音乐、灯光等艺术形式结合，以达到展示茶艺魅力，传播茶文化的目的。

模块一　茶席设计

茶席设计是近年来在茶艺表演的基础上发展起来的茶文化的一种艺术表现形式，被视为文化创意产业。茶席设计就是将茶品、茶具组合、铺垫、插花、焚香、挂画、相关工艺品、茶点茶果、背景等物态形式艺术化地表现出来，让人们得到一种美的享受。

学习目标

能在茶席概念及相关知识的学习中，对茶席设计有深刻的认识。
熟悉茶席的基本构成要素，掌握茶席结构、背景及相关工艺品的设计与选配知识。
能比较熟练地选择茶具及其配件对茶席进行设计。
能够选择合适的服装和背景音乐配合表达茶席的含义及意境。
能运用所学知识，自行设计主题茶席，并编写完整的茶席文案。

课前任务

利用网络，查询下列问题的相关知识。

（1）茶席的基本要素是什么？

（2）茶席设计展演中如何选择背景音乐？

（3）你可以找到什么材料做茶席铺垫？

任务分工与实施

（1）各小组成员在组长的带领下，查阅茶席设计相关知识（可以是新闻、短视频、文章等），尝试解决课前任务。

（2）各组长组织成员围绕家乡茶，尝试进行静态茶席设计。

学习模块相关知识点

任务一 茶席设计概述

一、茶席的概念

1．茶席之源

茶席始于我国唐朝，但茶席名称最早出现在日本、韩国的茶事活动中。虽然唐代有茶会、茶宴，但在古藉中未见“茶席”一词。在我国，茶席是从酒席、筵席、宴席转化而来。席的本义是指用芦苇、竹篾、蒲草等编成的坐卧垫具，如竹席、草席、苇席、篾席、芦席等，可卷而收起。席，引申为坐位、席位、坐席，如《中国汉字大辞典》中席的定义是“席，指用芦苇、竹篾、蒲草等编成的坐卧垫具”。席，后又引申为酒席、宴席，特指请客或聚会酒水和桌上的菜。

在日本，“茶席”一词在茶事中出现较多，有时也兼指茶室、茶屋。“去年的平安宫献茶会，在这种暑天般的气候中举行了。京都六个煎茶流派纷纷设起茶席，欢迎客人。小川流在纪念殿设立了礼茶席迎接客人，……略盆玉露茶席有 400 多位客人光临。”（《小川流煎茶・平安宫献茶会》）

韩国也有“茶席”一词。韩国茶席有自己的特点，它是“茶席，为喝茶或喝饮料而摆的席”，一般除了摆放各种茶、糖水、蜜糯汤、柿饼汁以外，还放蜜麻花（油蜜饼、梅作果、饺子）、各种茶食、油果（江米条、米果）、各种煎饼、熟实果（枣、栗丸、枣丸、生姜丸、栗子）、生实果等。

2．茶席的定义

随着我国茶文化事业的迅速发展，近年来，“茶席”一词出现颇多。

“茶席，是泡茶、喝茶的地方，包括泡茶的操作场所、客人的坐席以及所需气氛的环境布置。”①

“茶席是沏茶、饮茶的场所，包括沏茶者的操作场所，茶道活动的必需空间、奉茶处所、宾客的座席、修饰与雅化环境氛围的设计与布置等，是茶道中文人雅艺的重要内容之一。”②

广义的茶席是指泡茶、喝茶的地方，包括泡茶的操作场所（茶室）、客人的坐席以及所需气氛的环境布置以及习茶、饮茶的桌席。

狭义的茶席是指习茶、饮茶的桌席。它是以茶器为素材，并与其他器物及艺术相结合，展现某种茶事功能或表达某个主题的艺术组合形式。

---

① 童启庆：《影像中国茶道》，浙江摄影出版社，2002 年。
② 周文棠：《茶道》，浙江大学出版社，2003 年。

3. 茶席的特征

茶席的特征主要有四个，即实用性、艺术性、独立性、综合性。

一个茶席的布置，首先要考虑的是可以用于泡茶使用，完成泡茶的各项程序，而布置于其中的茶具用品都是服务于泡茶沏茶的，这是茶席具有的使用功能，也是茶席最重要的特征——实用性。

茶席的艺术性，是在茶席的设计时，考虑更多符合人们审美需求，引发人们美好联想和感受的布置。可以通过一些装饰元素的使用，如插花、背景、工艺品等，结合茶席的主题思想，烘托茶席的魅力和茶的精神。

每一个茶席都可以表达一个独立的主题，一款茶席的设计可以只用于某一款茶饮的冲泡，可以说一个茶席设计的作品就是一个独立的艺术表现，这是茶席独立性的特征。

而茶席设计中的每一个元素，都为茶席的主题思想服务，它具有泡茶饮茶的使用功能，同时具有艺术的表现，茶席不止是有茶叶，还有茶具、茶点茶果、插花、背景、铺垫、工艺品等，它是一个综合性组合的整体。

4. 茶席的种类

茶席有普通茶席（生活茶席、实用茶席）和艺术茶席之分。

日常生活中使用的茶具比较简单，主要由茶具、茶叶和茶点茶果共同组成，用于满足人们品茶的生活需要。茶楼、茶庄中用于茶艺表演、茶叶介绍和推荐的茶席，有装饰布置，但也多为实用型的茶席。

在各项茶席设计比赛及茶艺展示的比赛中，茶席的设计和布置，以及茶艺的动态表演，都有比较高的艺术性要求，通常使用多种元素来丰富茶席的主题和思想内容，是一种艺术的表现形式，往往这样的茶席可以称为艺术茶席。

5. 茶席设计的概念

“茶席设计与布置包括茶室内的茶座，室外茶会的活动茶席、表演型的沏茶台（案）等。”①

“所谓茶席设计，就是指以茶为灵魂，以茶具为主体，在特定的空间形态中，与其他的艺术形式相结合，所共同完成的一个有独立主题的茶道艺术组合整体。”②。

茶席设计就是以茶具为主材，以铺垫等器物为辅材，并与插花等艺术相结合，从而布置出具有一定意义或功能的茶席。

所谓茶席设计，是指以茶为灵魂，以茶为主题，在特定的空间形态中，与其他艺术形式相结合，共同完成的一个有独立主题的茶道艺术的组合整体。

茶席设计静态展示时，其形象、准确的物态语言，将一个个独立的主题表达得异常生动而富有情感。当对茶席进行动态的演示时，茶席的主题又在动静相融中通过茶的泡、饮，使茶的魅力和茶的精神得到更加完美的体现。

---

① 周文棠：《茶道》，浙江大学出版社，2003 年。

② 乔木森：《茶席设计》，上海文化出版社，2005 年。

二、茶席设计的要素

要布置一个茶席，往往需要考虑其含义和功能。布置时须与周围的环境以及泡茶使用的茶叶相结合，以茶具为主材，以铺垫等器物为辅材，并配合插花艺术和音乐等因素共同组成展现茶艺之美的茶席。

那么，构成茶席的要素可以有多样的选择。由于人的生活和文化背景及思想、性格、情感等方面的差异，在进行茶席设计时会选择不同的构成要素。下文介绍一般茶席设计的构成要素。

1. 茶品

茶品是茶席设计的核心。茶席设计的目的是提高茶的魅力、展现茶的精神。只有选定了茶品，才能更好地围绕这种茶品来确定主题，构思茶席。

2. 茶具组合

茶具组合是茶席设计的基础，也是茶席构成因素的主体。茶具组合的基本特征是实用性和艺术性相融合。实用性决定艺术性，艺术性又服务实用性。因此，在茶席设计中，茶具的质地、造型、体积、色彩、内涵等方面应作重点考虑，而且，茶具组合在整个茶席布局中应处于最显著的位置。

中国的茶具组合可追溯到唐代陆羽。陆羽在《茶经·四之器》设计和归整了二十四件茶器具及附件的茶具组合。此后，历代茶人又对茶具在形式和功能上不断创新、发展，并融入人文艺术精神，使茶具组合这一艺术表现形式不断充实和完善。

茶具的质地主要有金属类、陶瓷类、紫砂类、竹木类、玻璃类等。

茶具组合，个件数量一般可按两种类型确定，一是必须使用而又不可替代的，如壶、杯、罐、则（匙）、煮水器等。二是齐全组合，包括不可替代和可替代的个件，如备水用具水方（清水罐）、煮水器（热水瓶）、水杓等；泡茶用具茶壶、茶杯（茶盏、盖碗）、茶则、茶叶罐、茶匙等；品茶用具茶海（公道杯、茶盅）、品茗杯、闻香杯、杯托等；辅助用具茶荷、茶针、茶夹、茶漏、茶盘、茶巾、茶池（茶船）、茶滤及托架、茶碟、茶桌（茶几）等。

茶具组合既可按规范样式配置，也可创意配置，而且以创意配置为主。既可齐全配置，也可基本配置。创意配置、基本配置、齐全配置在个件选择上随意性、变化性较大，而规范样式配置在个件选择上一般较为固定，主要有传统样式和少数民族样式。

3. 铺垫

铺垫，是指茶席整体或局部物件摆放下的各种铺垫、衬托、装饰物的统称。

铺垫的作用：一是使茶席中的器物不直接触及桌（地）面，以保持器物的清洁；二是以自身的特征辅助器物共同完成茶席设计的主题。铺垫虽是器外物，却对茶席器物的烘托和主题的表现起着不可低估的作用。

铺垫的质地、款式、大小、色彩、花纹等，应根据茶席设计的主题与立意，运用对称、不对称、烘托、反差、渲染等手段的不同要求加以选择。或铺桌上，或摊地下，或搭一角，或垂另隅，既可作流水蜿蜒之意象，又可如绿草茵茵之联想。

（1）铺垫的类型。

①织品类：棉布、麻布、化纤、蜡染、印花、毛织、织锦、绸缎、手工编织等。

棉布——棉布质地柔软，吸水性强，易裁易缝，不易毛边。新布较适合桌面铺，平整挺括，视觉效果柔和，不反光。缺点是清洗后易皱，易掉色，须及时烫平。棉布在茶席中多作为表现传统题材和乡土题材时使用。

麻布——麻布历史悠久，人类先织麻后织线，再织丝。现代出现机械织麻，因此，麻织品也日渐细密，品高质良。麻布有粗麻与细麻之分。粗麻和细麻均可在茶席设计中使用。粗麻硬度高，柔软度差，不宜大片铺设，可作小块局部铺垫，以衬托重要器物。细麻相对柔软，且常印有纹饰，可作大面积处理。麻布古朴大方，极富怀旧感，常在茶席设计中表现古代传统题材和乡土及少数民族题材时使用。

化纤及其他——化纤、蜡染、印花、毛织、织锦、绸缎等，都可以作为茶席的铺垫，由于各具特色，而且还带有地方色彩和民族特色，可以更好地衬托茶席的主题及内涵，为茶席的布置锦上添花。如化纤类在茶席设计中，常用来表现现代生活和抽象题材；蜡染的色彩鲜明，可以用于勾勒抽象图案；织锦常用来表现传统宫廷题材，也用于衬托富贵、大气的气氛；绸缎类光泽度较好，可以局部铺垫，或者使用绸缎的成品作为铺垫，使用绸缎手帕、绸缎旗袍承托具有中国传统文化题材的茶席，或者在地铺中用来作流水的意象表达；毛织用于表现具有一定厚重历史感的题材；印花用来表现自然、季节、农村类题材。

②非织品类：竹编、草杆编、树叶铺、纸铺、石铺、瓷砖铺、不铺。

竹编一般用于地铺，表现古代传统题材和日本茶道、韩国茶礼；草杆编通常使用小块来承垫器物；树叶铺是用真实树叶叠放地上，用于铺垫器物；纸铺通常使用绘画或书法作品作铺垫，使茶席拥有浓重的书卷气和艺术感，同时让构图更富有层次。

③不铺，即以桌、台、几本身为铺垫。不铺的前提，是桌、台、几本身的质地、色彩、形状具有某种质感和色感。如红木桌、台、几，古朴而有光感；原木桌、台、几，自然而现木纹；仿古茶几，喻示某个朝代；竹制几台，是山野乡村的象征。看似不铺，其实也是一种铺。善于不铺，也往往最能体现茶席设计者的文化与艺术功底。

（2）铺垫的形状。

铺垫的形状一般分为正方形、长方形、三角形、菱形、圆形、椭圆形、多边形和不确定形。

正方形和长方形，多在桌铺中使用。又分为两种，一种为遮沿型，即铺物比桌面大，四面垂下，遮住桌沿；一种为不遮沿型，即按桌面形状设计，又比桌面小。以正方形和长方形而设计的遮沿铺，是桌铺形式中属较大气的一种。许多叠铺、三角铺和纸铺、草杆铺、手工编织铺等都要依赖遮沿铺作为基础。因此，遮沿铺往往又称为基础铺。遮沿铺在正面垂沿下常缝上一排流苏或其他垂挂，更显其正式与庄重。

（3）铺垫的色彩。

把握铺垫色彩的基本原则：单色为上、碎花为次、繁华为下。

铺垫在茶席中是基础和烘托的代名词，它的作用是帮助设计者实现最终的目标追求。

单色最能适应器物的色彩变化，即便是最深的单色——黑色，也绝不夺器。茶席铺垫中选择单色，反而是最富色彩的一种选择。

碎花，包含纹饰，在茶席铺垫中，只要处理得当，一般也不会夺器，反而能恰到好处地点缀器物，烘托器物。碎花、纹饰会使铺垫的色彩显得更为和谐。

在铺垫中一般不使用繁花，但在某些特定的条件下选择繁花，往往会造成某种特别强烈的效果。

（4）铺垫的方法。

铺垫的材质、形式、色彩选定之后，铺垫的方法便是获得理想效果的关键所在。铺垫的基本方法有平铺、对角铺、三角铺、叠铺、立体铺、帘下铺等。

①平铺，又称基本铺，是茶席设计中最常见的铺垫。即用一块横直都比桌（台、几）大的铺品，将四边垂沿遮住的铺垫。垂沿，可触地遮，也可随意遮。平铺，也可不遮沿铺，即在桌（台、几）铺上比四边线稍短一些的铺垫。

平铺作为基本铺，还是叠铺形式的基础，如三角铺、手工编织铺、对角铺等都是以平铺为再铺垫的基础。

平铺适合所有题材的器物的摆置，被称为“懒人铺”，对于质地、色彩、纹饰、制作上有缺陷的桌（台、几），平铺还能起到某种程度的遮掩作用。

在正面垂沿下，若再缝以色彩鲜明的流苏、绳结及其他饰物，会使平铺更具艺术美感。

②叠铺，是指在不铺或平铺的基础上，叠铺成两层或多层的铺垫。

叠铺属于铺垫中最富层次感的一种方法。叠铺最常见的手段，是将纸类艺术品，如书法、国画等相叠铺在桌面上。

另外，也可由多种形状的小铺垫叠铺在一起，组成某种叠铺图案。

③立体铺，是指在织品下先固定一些支撑物，然后将织品铺在支撑物上，以构成某种物象的效果，如一群远山及山脚下连绵的草地，或绿水从某处弯弯流下等。然后再在面上摆置器件。

立体铺属于更加艺术化的一种铺垫方法。它从茶席的主题和审美的角度设定一种物象环境，使观赏者按照营造的想象去品味器物，这样会比较容易地传达出茶席设计的理念。同时，画面效果也比较富有动感。

立体铺一般都用在地铺中，表现面积可大可小。大者，具有一定气势，小者，精巧而富有生气。

立体铺，对铺垫的质地、色彩要求比较严格。否则，就很难达到理想的物象效果。

④帘下铺，是将窗帘或挂帘作为背景，在帘下进行桌铺或地铺。

帘下铺，常用两块不同质地、色彩的织品，形成巨大的反差，给人以强烈的层次感。若帘与铺的织品采用同一质地和色彩，又会造成一种从高处一泻而下的宏大气势，并使铺垫从形态上发生根本的变化。

由于帘具有较强的动感，在风的吹拂下，就会形成线、面的变化，这种变化过程还富有音乐的节奏美，使静态的茶席增添了韵律感。在一动一静中，在变与不变中，茶席中的器物仿佛也在频频与你亲切对话。这种艺术效果，往往是其他铺垫方法所不能比拟的。

4. 插花

插花，是指人们以自然界的鲜花、叶草为材料，通过艺术加工，在不同的线条和造型变化中，融入一定的思想和情感而完成的花卉的再造形象。

插花是一门古老的艺术，寄托人们美好的情感。插花的起源应归于人们对花卉的热爱,通过对花卉的定格,表达一种意境来体验生命的真实与灿烂。

中国插花历史悠久，素以风雅见称于世，形成了独特的民族风格，色彩鲜丽、形态丰富、结构严谨。

（1）根据所用花材的不同，分为鲜花插花、干花插花、人造花插花和混合式插花。

①鲜花插花。

全部或主要用鲜花进行插制。它的主要特点是最具自然花材之美，色彩绚丽、花香四溢，饱含真实的生命力，有强烈的艺术魅力，应用范围广泛。其缺点是水养不持久，费用较高，不宜在暗光下摆放。

②干花插花。

全部或主要用自然的干花或经过加工处理的干燥植物材料进行插制。它既不失原有植物的自然形态美，又可随意染色、组合，插制后可长久摆放，管理方便，不受采光的限制，尤其适合暗光摆放。在欧美一些国家和地区十分盛行干花作品。其缺点是怕强光长时间暴晒，也不耐潮湿的环境。

③人造花插花。

所用花材是人工仿制的各种植物材料，包括绢花、涤纶花等，有仿真性的，也有随意设计和着色的，种类繁多。人造花多色彩艳丽，变化丰富，易于造型，便于清洁，可较长时间摆放。

④混合式插花。

以鲜花、干花、人造花为素材混合使用创作的插花作品。

（2）按插花器皿和组合方式，可分瓶式插花、盆式插花、盆景式插花、盆艺插花。

①瓶式插花。

又叫瓶花，是比较古老而普通的一种插花方式，人们剪取适时的花枝配上红果绿叶，插于花瓶内。这种插花由于花瓶瓶身高，瓶口小，因此插时不需要剑山和花泥，只需将花枝投入即可，日常生活插花多属此种。

②盆式插花。

又称盆花，即利用水盆进行插花，或利用其他类似于水盆的浅口器皿进行插花，由于容器较浅，需要借助花砧、泡沫、卵石等固定物才能完成作品，与瓶花相比，盛花的难度较大，需先造型，然后再根据造型，安插花枝和配叶。

③盆景式插花。

是利用浅水盆创作的一种艺术插花形式，它利用盆景艺术的布局方法，使插花作品形似植物盆景。这种插花是利用插花树枝制作而成，制作时可在水盆中放置些山石等作为背景和点缀。

④盆艺插花。

是将盆栽植物和鲜花花枝艺术地组合在一起，进行室内布置的一种植物装饰艺术。所用盆栽一般是小型室内植物。以观叶植物为例，它本身虽适于室内观赏，但无色彩鲜艳的花果，鲜花鲜果枝配插于观叶植物盆栽中，可以使它的色彩艳丽起来。另外，一些姿态欠佳的室内盆栽用鲜艳的枝叶花果来配插，还可以使它们的姿态完美起来。

（3）插花器皿。

花型设计的必需品花器的种类很多。陶瓷、金属、玻璃、藤、竹、草编、化学树脂等在材质、形态上有很多种类。花器要根据设计的目的、用途、使用花材等进行合理选择。

①陶瓷花器。

花型设计中最常见的道具，突出民族风情和各自的文化艺术。

②素烧陶器。

在回归大自然的潮流中，素烧陶器有它独特的魅力。它以自身的自然风味，使整个作品显得朴素典雅。

③金属花器。

由铜、铁、银、锡等金属材质制成，给人以庄重肃穆、敦厚豪华的感觉，又能反映出不同历史时代的艺术发展。

④藤、竹、草编花器。

形式多种多样。因为采用自然的植物素材，可以体现出原野风情，比较适宜自然情趣的造型。

⑤玻璃花器。

玻璃花器的魅力在于它的透明感和闪耀的光泽。混有金属酸化物的彩色玻璃、表面绘有图案的器皿，能够很好地映衬出花的美丽。

⑥塑料花器。

价格便宜，轻便且色彩丰富，造型多样。

茶博士——插花小技巧

（1）虚实相宜。

花为实，叶为虚，有花无叶欠陪衬，有叶无花缺实体。做到实中有虚，虚中有实。

（2）高低错落。

花朵的位置切忌在同一横线或直线上。

（3）疏密有致。

每朵花、每张叶都具有观赏效果和构图效果，过密则复杂，过疏则空荡。

（4）顾盼呼应。

花朵、枝叶要围绕中心顾盼呼应，在反映作品整体性的同时，又保持作品均衡感。

（5）上轻下重。

花苞在上，盛花在下；浅色在上，深色在下，显得均衡自然。

（6）上散下聚。

花朵枝叶基部聚拢似同生一根，上部疏散多姿多态。

在茶艺插花中，应选择花小而不艳，香清淡雅的花材，最好是含苞待放或花蕾初绽。崇尚简素，忌繁复。插花只是衬托，为茶艺服务，切忌喧宾夺主。至于选择什么类型的插花，要视具体的茶艺而定。

5. 焚香

焚香，是指人们将从动物和植物中获取的天然香料进行加工，使其成为各种不同的香型，并在不同的场合焚熏，以获得嗅觉上的美好享受。

焚香一开始就从人们的生理需求迅速与精神需求结合在一起。在盛唐时期，达官贵人、文人雅士及富裕人家就经常在聚会时，争奇斗香，使熏香成为一种艺术，与茶文化一起发展起来。至宋，我国的焚香艺术，与点茶、插花、挂画一起，被称为文人“四艺”。

焚香，可用在茶席中。它不仅作为一种艺术形态融于整个茶席中，同时以它美妙的气味弥漫于茶席四周的空间，使人在嗅觉上获得非常舒适的感受。

（1）茶席中自然香料的种类。

檀香、沉香、龙脑香、紫藤香、甘松香、丁香、石蜜、茉莉等。

（2）茶席中香品的样式及使用。

茶席中的香品，总体上分为熟香与生香，又称干香与湿香。熟香指的是成品香料，一般可在香店购得。少量为香品制作爱好者自选香料自行制作而成。生香是指在做茶席动态演示之前，临场进行香的制作（又称香道表演）所用的各类香料。

常用的熟香样式有：柱香、线香、盘香、条香等。有时也使用片香、香末等作熏香之用。

生香临场制作表演，既是一种技术，又是一种艺术，具有可观赏性。对于香道文化的传播，起着非同寻常的作用。

（3）茶席中香炉的种类及摆置。

香炉造型多取自春秋之鼎。从汉墓中出土的博山炉，史学界基本上认为是中国香炉之祖。至宋，瓷香炉大量出现，样式有鼎、乳炉、鬲炉、敦炉、钵炉、洗炉、筒炉等，大多仿商周名器铸造。明代制炉风盛，宣德香炉是其代表。在色彩上，也缤纷夺目。

各类香炉，都有铜、铁、陶、瓷质等，宫廷和富贵人家还有用金、银铸之。现代香炉多为铜质、铁质和紫砂制品。

表现宗教题材及古代宫廷题材，一般选用铜质茶炉。铜质茶炉古风犹存，基本保留了古代香炉的造型特征。

表现现代和古代文人雅士雅集茶席，以选择白瓷直筒高腰山水图案的焚香炉为佳。直筒高腰焚香炉，形似笔筒，与文房四宝为伍，协调统一，符合文人雅士的审美习惯。

表现一般生活题材的茶席，泡青茶系列，可选紫砂类香炉或熏香炉；泡龙井、碧螺春、黄山毛峰等绿茶，可选用瓷质青花低腹阔口的焚香炉。瓷与紫砂，贴近生活，清新雅致，富有生活气息。

在茶席中，香炉应摆放在不挡眼的位置，多放于茶席的左侧或者下位，以及置于背景屏风边上，不宜放在茶席的中位和前位。目的就是使香炉及香品不夺香、不抢风、不遮挡茶席中的其他器物。

6. 挂画

挂画，又称挂轴。茶席中的挂画，是悬挂在茶席背景环境中的书画的统称。

挂轴由天杆、地杆、轴头、天头、地头、边、惊艳带、画心及背面的背纸组成。挂轴形式有单条、中堂、屏条、对联、横披、扇面等。茶席挂画的内容，可以是字，也可以是画，一般以字为多。也可字画结合。

书：篆、隶、草、楷、行各体。

画：以中国画为主，尤其是山水画、水墨画。

内容：主要以茶事为表现内容，也可表达某种人生境界、人生态度和人生情趣。

7. 背景

茶席的背景是指为获得某种视觉效果，设在茶席之后的艺术物态方式。

（1）室外背景形式。

一般考虑以树木、竹子、假山、盆栽植物、自然景物、建筑物等为背景。

（2）室内背景形式。

可考虑以屏风、装饰墙面、窗、博古架、书画、织品、席编、纸伞以及其他特别物件作背景。

8. 相关工艺品

（1）相关工艺品的种类。

自然物类：石类、植物类、花草类、干枝叶类；

生活用品类：穿戴类、首饰、厨用类、文具类、玩具类、体育用品类、生活日用品类；

艺术品类：乐器类、民间艺术类、演艺用品类；

宗教用品类：佛教法器、道教法器；

传统劳动用具类：农业用具、木工用具、纺织用具、铁匠用具、鞋匠用具、泥瓦工用具；

历史文物类：古代兵器类、文物古董类。

（2）相关工艺品选用的原则。

①准确衬托主题、深化主题。

不同的生活阶段，或是与某些物品相伴，对这些物品就产生感情。当看见某种物品，就会想起以往的那段生活。

②与茶席的主器物相协调。

茶席中的器具物件与相关工艺品在质地、造型、色彩等方面应属于同一个基本类系。在色彩上，同类色最能相融，并且在层次上也更加自然、柔和。

③数量适宜、大小适中。

在茶席布局中，数量不需多，而且要处于茶席的旁、边、侧、下及背景的位置，服务于主器物。

总而言之，相关工艺品不仅应有效地陪衬、烘托茶席的主题，还应在一定的条件下，对茶席的主题起到深化的作用。

（3）选择误区。

衬托不准确、与主器物相冲突、多而淹器、小而不见。

9. 茶点茶果

茶点茶果是对在饮茶过程中佐茶的茶点、茶果和茶食的统称。其主要特征是分量少、体积小、制作精细、样式清雅。品茶时佐以茶点茶果已成人们的习惯，品茶品的是情调，茶点不在多，真正懂品茶的人会根据不同的茶、不同的季节、不同的日子和不同的人选择不同的茶点茶果。

饮用不同的茶品，茶点茶果的配置也不相同。如绿茶，可选一些甜食，如干果类的桃脯、桂圆、蜜饯、金橘饼等；红茶，可选一些味甘酸的茶果，如杨梅干、葡萄干、话梅、橄榄等；乌龙茶，可选一些味偏重的咸茶食，如椒盐瓜子、怪味豆、笋干丝、鱿鱼丝、牛肉干、咸菜干、鱼片、酱油瓜子等。

不同的季节，茶点茶果的选择也有考究。如春季，可选择带有薄荷口味的糖果、桃酥、香糕、玫瑰瓜子等，使花香、果香一并进入口中；夏季，天气炎热，选择水分充足的鲜果，可佐以鲜果，如菠萝、西瓜、雪梨、樱桃、龙眼、荔枝、草莓等；秋季，可配以水晶饺、蒸饺、珍珠西米盏、锅贴、烧卖、小笼包、生煎馒头等；冬季，可配置开心果、香酥核桃仁、栗子、葵花子、蜜枣、姜片、桂花糖等。

在不同的节日、时令，可以选择与节庆传统相符合的茶点茶果。朋友过生日，迎合多数年轻人的选择，喝奶茶时自然是选择糕糖甜点类；重阳节，也称老人节，品绿茶，用绿豆糕、云片糕类佐茶；端午节这样的传统节日，品红茶，吃粽子是主打。

在中秋节，家人团聚，品单枞，可以配以鱼片、鸡丝、牛肉干等，而月饼是不可缺少的茶点；状元日，即将进入高校，是一大喜讯，捧一把开心果、花生仁、怪味豆，十年寒窗，香甜苦辣味先尝；年轻人的定情日，有情人终成眷属，千里姻缘一线牵，情人眼里都是甜，如此甜蜜的日子，就把蜜枣、蜜饯、蜜瓜都端上来；老友相聚，重相逢，笑谈当年都是英雄，说不完的话，道不完的情，说累了，说饿了，可以端些酒酿圆子，圆圆满满如当下的日子，甜甜蜜蜜如逝去的往事。

不同的年龄阶段、性别、身份，都有各自的喜好，那么茶点茶果也可以根据不同的人进行选择。宴请老人，考虑老年人重传统，讲究养生保健，宜选用汤圆、四喜饺子、绿茶粥之类；邀请上司，席间多沟通感情，宜选择香葵花子、奶油南瓜子、五香西瓜子之类，要慢慢嗑，慢慢聊；情人间的相聚，为表示甜蜜，可以选择奶冻、茶糖、杏仁糕等甜点；请同学同桌，则多选干果，如话梅、果丹皮、金橘饼、青梅干等；请亲戚喝茶，自然是叽叽喳喳话匣子关不住，挤不上说的就嗑瓜子，多选花生、青豆、百果、核桃、葵花子等。

三、茶席设计的结构

1．中心结构式

中心结构式是指在茶席有限的铺垫或表现空间内，以空间中心为结构核心点，其他各因素均围绕结构核心来表现相互关系的结构方式。中心结构属传统结构方式，结构的核心往往以主器物来体现，非常注重器物的大小、高低、多少、远近、前后、左右的关照。

2．多元结构式（非中心结构式）

（1）流线式。

以地面结构为主，一般常为地面铺垫的自由倾斜状态。在器物摆置上无结构中心，而是不分大小、不分高低、不分前后左右，仅是从头到尾，信手拈来，整体铺垫呈流线型。

（2）散落式。

一般表现为铺垫平整，器物规则，其他装饰品自由散落于铺垫之上。如将花瓣或富有个性的树叶、卵石等不经意地洒落在器物之间。散落式表面看似落叶缤纷，实则表现个人在草木中的闲适心情。

（3）桌、地面组合式。

属现代改良的传统结构式。其结构核心在地面，地面承以桌面，地面又以器物为结构核心点。一般置于地面的器物，其体积要求比桌面的器物稍大。如偏小，则成饰物，会表现出强烈的失重感。

（4）器物反传统式。

多用于表现性茶道的茶席。此类茶席在茶具的结构上、器物的摆置上一反传统的结构样式，具有一定的艺术独创性，又以深厚的茶文化传统作为基础，使结构全新化而又不离一般的结构规律，常给人耳目一新的感觉。

（5）主体淹没式。

常见于一些茶艺馆、茶道馆或日式茶室的茶室布置。为适合不同茶客的需求，在茶席主器物上，以不同的形状重复摆放，但摆放仍有规律。如在长短比例、高低位置、远近距离等方面仍十分讲究，使复杂美的结构方式得以充分体现。

四、茶席设计的题材

1．以茶品为题材

茶，因产地、形状、特性不同而有不同的品类和名称，并通过泡饮而最终实现其价值。因此，以茶品为题材，自然在以下三个方面表现出来。

（1）茶品的特征。

茶的名称本身就包含了许多题材内容。首先，它众多不同的产地，就给人以不同地域茶文化风情，如庐山云雾、洞庭碧螺春等。凡茶产地的自然景观、人文风情、风俗习惯、制茶手艺、饮茶方式等，都是茶席设计取之不尽的题材。

从茶的形状特征来看，更是多姿多彩，千姿百态，如墨江云针，细直如松针，让人想到在冬天也不凋零的青松，联想到“大雪压青松，青松挺且直”的顽强不屈的高尚人格；君山银针，在水中三上三下，最后颗颗直立于杯底，让人联想到人生沉浮和在逆流中努力向上的茶人品格。

（2）茶品的特性。

茶性甘，具有不同的滋味及人体所需的营养成分。茶的不同冲泡方式，带给人以不同的艺术感受，特别是将茶的泡饮过程上升到精神享受之后，品茶常用来满足人的精神需求。于是，借茶来表现不同的自然景观，以获得回归自然的感受；表现不同的时令季节，以获得某种生活的乐趣；表现不同的心境，以获得心灵的某种慰藉。这些无不借助茶的特性，来满足人的某种精神需求。

（3）茶品的特色。

茶有红、绿、青、黄、白、黑六色，还有茶之香、茶之味、茶之性、茶之情、茶之意、茶之境无不给人以美的享受，这些都能作为茶席设计的题材。例如红茶明艳热烈，给人温暖的感受，在寒冷的冬季，让人倍感温暖；绿茶清新雅致，带给人春天的清新和夏日的凉爽；乌龙茶集花香果香于一体，给人以一种秋收的喜庆感；七子饼让人联想到亲人的思念与对团圆的期待。

2. 以茶事为题材

（1）重大的茶文化历史事件。

一部中国茶文化史，就是由一个个茶文化历史事件构成的。茶席不可能在短时期内将这些事件一一表现周全，我们可以选一些重大的茶文化事件，选择某一个角度，在茶席中进行精心的刻画。

（2）特别有影响的茶文化事件。

特别有影响的茶文化事件，是指茶史中虽不属具有转折意义的重大事件，但也是某个时期特别有代表性的茶事而影响至今，如“陆羽制炉”“供春制壶”等。

（3）自己喜爱的事件。

茶席中不仅可表现有影响的历史茶事，也可反映生活中自己喜欢的现实茶事，如反映自创调和茶的“自调新茗”等。

3. 以茶人为题材

但凡爱茶之人、事茶之人、对茶有所贡献之人、以茶的品德作自己品德之人，均可称为茶人，无论是古代茶人，还是现代茶人，都可作为茶席设计的题材。

五、茶席设计的技巧

茶席设计既是物质创造，更是艺术创造，因此，技巧的掌握和运用，在茶席设计过程中就显得非常重要。获得灵感、巧妙构思和成功命题，是茶席艺术创作过程中三个十分重要的阶段，也是茶席设计的重要技巧。

1. 设计灵感

（1）从茶的色、香、味、形体验中获得灵感。

茶席是由茶人设计的，茶人的典型行为就是饮茶，那么就让我们从茶味的体验中去寻找灵感。

（2）从茶具选择与组合中发现灵感。

茶具是茶席的主体。茶具包括质地、造型、色彩等，决定了茶席的整体风格。因此，一旦从满意的茶具中发现了灵感，从某种角度来说，就等于茶席设计成功了一半。

（3）从日常生活中去捕捉灵感。

不管你是否会设计茶席，都得学会生活。生活的千姿百态，生活的千变万化，这是不受意志改变的。你今天的生活、过去的生活、他人的生活，这些都是艺术创造的源泉，它永远不会枯竭，永远鲜活如初。

（4）从知识积累中去寻找灵感。

很难想象，一个对茶叶、茶文化一无所知的人能设计出一个像样的茶席。茶叶种植、制作、历史、文化等知识，是几千年来无数茶人实践的总结，是一个完整的科学体系。一个茶席设计爱好者，只有努力学习茶科技、茶文化知识，然后才能对茶席所包含的内容有所了解。这方面的专业知识掌握得越多，对茶席的认识也就越深刻。

2. 设计构思

（1）善于创新。

创新，是茶席设计的生命。创新首先表现在内容上。题材是内容的基础，题材不新鲜，就不吸引人，题材的新颖是创作中的重要追求。茶席设计要做到题材新颖，不能闭门造车，要多看，多了解，表现新题材的关键还是要有新思想，但老题材、新思想，也同样具有新鲜感。除此之外，新颖的服装、动听的音乐及其他新颖的茶席构成要素，都是新颖内容的组成部分。

其次是茶席的表现形式。形式新颖，即使内容不新也能取得较好的艺术效果。另外，还可在文案描述、语言表述、茶席动态演示上加以变化创新。茶席设计正是在不同的角度和结构方式变化中，将万事万物融于其中，告诉人们新的世界和新的生活。

（2）注重内涵。

内涵，是茶席设计的灵魂。内涵首先表现于丰富的内容。内容的丰富性、广泛性，是作品存在意义的具体体现。另外，衡量一个茶席设计作品的内涵是否丰富，除了看它的内容外，还要看其艺术思想的表现深度。茶席设计的思想挖掘，要层层递进，如同剥笋，一层一个感受，这就要求我们在设计时，把层层的思想内容密铺其中，同时，又要把想象的空间留给观众。

（3）展现美感。

美感，是茶席设计的价值。美感的基本特征是形象的直接性和可感性，在茶席设计中，首先是茶席具有的形式美。器物美是茶席设计形式美的第一特征，器物美又是茶席的具体形象美。器物的主体是茶具，选择和配置茶具时，应特别注意茶具的质地、造型、色彩等方面所呈现的美感特征。从质地上来说，要选择那些表面细腻、光滑的产品。色彩美的最高境界是和谐，因此，对茶具及其他器物的色彩，都要在和谐上加以审视。茶具的造型美体现着线条美，线条的变化决定着茶具形状的变化，曲折、流畅的线条组合，使每一侧面及立体展示出造型美。

器物美还体现在茶席的每一基本构成要素中，如茶汤的色彩，铺垫的美感，插花的形态和色彩美，焚香的气味美，挂画的美感，相关艺术品的美感，背景的美及茶点茶果的色彩、造型、味感、情感、心理的综合美。

茶席的形式美，还体现在结构美上。因茶席设计需做动态演示，因此，茶席的形式美还包括动作美、音乐美、服饰美及语言美等诸多内容。

茶席除了基本的形式美外，还具有情感美的诸多特征，如真、善、美的美感体现。总之，茶席之美既要符合自然规律，又要适应人们的欣赏习惯，在有限的空间范围内，进行最大限度的美感创造。

（4）凸显个性。

个性，是茶席设计的精髓。茶席的个性特征首先要在它的外部形式上下功夫。比如茶的品质、形态、香气；茶具的质感、色彩、造型、结构、大小；茶具组合的单件数量、大小比例、摆置距离、摆置位置；铺垫的质地、大小、色彩、形状、花纹图案；插花的花叶形状、色彩，花器的质地、形状、色彩，插花的摆置；焚香的香料、香型、香味……我们可在各方面寻找、选择与其他设计的不同之处。

茶席艺术个性的创造，也不仅仅停留在外部形式上，还要精心选择其表现角度，还要在思想上、立意上有独特的个性。

3. 茶席命题

茶席命题，即给茶席作品起名称。命题在茶席设计中占有非常重要的位置，茶席设计中众多内容的组织和表现形式的选择都是围绕着命题进行的，一个好的命题，已经是成功的一半。

成功的命题，是对主题高度、鲜明的概括，要以精炼简洁的文字，做含蓄的表达或是诗意的传递，使人一看名称就能基本感知作品的基本内容，迅速感悟其中的深刻思想内涵，并获得由感知和感悟带来的愉悦。成功的茶席命题一般具有以下几个特点：

（1）主题概括鲜明。

主题是文化、艺术作品的核心，是立意的体现，是内容思想的概括。茶席的名称必须反映主题，有了主题，作者的作品创作围绕中心展开，内容才不会散落，形式才符合规律；创作完成后可以帮助观众迅速认识和理解作品的思想立意及艺术特色。成功的茶席命题，要能够将茶席作品的主题鲜明、准确、概括地体现出来，要让人一看一想即可明白作品的立意和主题思想。

（2）文字精练简洁。

精炼、简洁、意味深长，是给艺术作品命题的共同规律，茶席命题也不例外。茶席的命题，要从集中反映主题、思想、感觉的词语中反复进行提炼，剔除多余的文字，最终得到文字精练、简洁的命题。

（3）立意表达含蓄。

含蓄，是用委婉、隐约的语言把想说的意思表达出来。采用含蓄的手法表达艺术作品的立意，是艺术表现的基本要求。

（4）想象富有诗意。

诗歌，使用精炼、夸张、美妙的语言，将情感融入其中，以情动人，如同音乐一样，任何人都听得懂，使人在听的过程中受到无形的感动，并留给人最大的想象空间。诗意，就是诗歌的意味，诗歌的意境。茶席命题，用诗歌一般的语言，带给人们诗意的想象和美好的感受，引发观众的感动，可使人回味无穷。

任务二　茶席动态演示

一、茶席动态演示概述

1. 茶席动态演示含义

茶席设计是一种艺术创作，茶席既是一种物质形态，又是一种艺术形态。茶席设计作品在一定的场所布置出来，展示给广大的观众，并对茶席中的茶做泡、饮的演示，使观众能更好地体会茶席的意境，这一过程是茶席的动态演示。

茶席是静态的，静态展示茶席时，要以形象、准确的物态语言，将一个个独立的主题表达得生动而富有感情。而当对茶席中的茶当众进行泡、饮的演示时，可使茶的魅力、茶的精神和茶席的主题在动静相融中得到更加完美的体现，使观众获得更深层次的审美感受。

2. 茶席动态演示的特点

从艺术本质上看，作为茶席动态演示的核心与载体的茶，是有着独立主题的茶席中的茶。在演示过程中，调动肢体语言和外部表现形式进行塑造时，要受到具体茶席结构方式的限制。

从外部表现形式上看，茶席动态演示的整个冲泡过程，肢体语言的应用，以需要为主，不用过度夸张，冲泡动作以外的肢体语言较少，服饰与茶席的整体风格统一，要能体现茶席的主题，风格平实而不过度夸张；音乐要符合茶席特定的题材，表现一定的意境，节奏不太强烈。

在茶的冲泡上，茶席动态演示以体现茶席的主题与风格为目标，注重器具与茶的配合，在投茶量、水温高低、浸润时间等方面严格控制，更注重茶的色、香、味、形的美感和带给观众的生理感觉上的享受，冲泡动作的艺术感染力的表现则位居其次。

二、茶席动态演示中服饰与音乐的选择

1. 服饰的选择

茶席动态的演示，是体现茶席风格和内涵的重要形式，在动态演示中，服饰如果选择和搭配不当，将会使茶席的整体效果大打折扣，故演示者在这方面应特别注意，以符合大众审美的要求。茶席动态演示中服装的选择与搭配应从以下几个方面着手。

（1）茶席动态演示中的服装特性与作用。

茶席的动态演示含有一定的表演成分，服装是表演穿的，应该符合艺术表演服装的要求。同时，茶席设计艺术与其他表演艺术有所不同，作为茶席动态演示所穿的服装要求接近现实生活，即它可以作为平常生活穿着的服装。因此，它又必须体现生活穿着的服饰特性。

在茶席动态演示过程中，演示者穿着相应的服饰，能充分体现出与茶席主题、风格、意境相协调的美感；在配合茶的冲泡演示时，能有效地帮助审美主体对茶及茶文化的理解和感受；在体现茶席设计的内涵上，它可以作为一种补充手段，可以深化主题。

（2）茶席动态演示中的服装选择与搭配方法。

茶席动态演示中的服装选择与搭配有自己的一套方法，它指导着茶席动态演示者在千姿百态的服装和配饰中，选择到自己所需的理想服装和配饰。

①根据茶席的主题来选择与搭配。

茶席设计作品的主题广泛多样，其中，有许多是表达一种对平常生活的精神追求，如追求平淡、平静、平等和平和。例如，茶席作品《禅》，就是通过简朴的器具和古琴宁静、安详的旋律，力图表达一种平淡、致远的思想境界，所以服装并没有选择僧衣，而选择了白色中式长衫和同色缎裤。这种服饰的选择，不仅准确地反映了“平常就是禅”的主题，更有效地传递了一种宁静的意境，给人以平静而长久的感受。

服装也是语言，它是通过款式结构和色彩变化以及饰物搭配，来讲述对人生、世界的理解，传递艺术作品的不同主题思想。

②根据茶席的题材来选择与搭配。

题材反映的是一种来源，作为人来说，什么地方的人穿什么样的衣裳，什么时期的人穿什么样的衣裳，是一条穿衣的基本规律。这为茶席演示者视题材来选择和搭配服饰提供了准确有效的方法。如道家题材，服装以道袍为主。道袍的背面有太极图案，两袖有八卦符号，下身为白色的扎腿裤，脚穿布鞋等。

题材的多样性必然反映出服装在款式、质地、色彩方面的丰富性。只要我们准确地把握好题材的地域和时代背景，就能选择好充分表现茶席内容的典型服装和配饰。

③根据茶席的色彩来选择与搭配。

茶席的色彩比较直观，反映着茶席设计者的思想和感情。根据茶席的色彩来选择和搭配服饰，首先要对茶席的色彩层次有一个准确的把握，也就是分清主体器物的色彩和茶席总体色彩氛围。如主体器物的色彩较统一，那么就构成了茶席的主体色；若主器物色彩不统一，那就要确定茶席总体的色彩氛围，茶席总体的色彩氛围一般以铺垫和背景为标志。把握了茶席的色彩氛围就可以用以下三种方法来选择服装和搭配。

一是加强色，就是以茶席的主体色或总体色彩氛围进行同类色的加强。如茶席的主体色是红色，服装也选红色，会起到色彩层次加强与丰富的作用。二是衬托色，就是以间色或中性色对茶席的主体色或总体色彩氛围进行衬托，使整体色彩更显和谐。如茶席的主体色是白色，服装可选淡青色、淡绿色、淡蓝色等。三是反差色，就是服装的颜色相对茶席主体色或色彩氛围形成强烈的反差。反差色虽也同样起着衬托作用，但这种衬托感觉更为强烈。如茶席的主体色或色彩氛围为白色，服装可选黑色、红色等。

④根据茶席的风格来选择与搭配。

茶席的风格是茶席设计者的独特见解和独特手法表现出的茶席作品的面貌特征。其中服饰的选择也是体现茶席风格的一个重要因素，所以服饰必须依据茶席的风格来选择，如都市风格的茶席，可选流行款式的旗袍等。

2. 音乐的选择

茶席设计无论是静态展示，还是动态演示，其目的都是传递一种文化感受，因此，要有效发挥音乐的作用，这种综合的传递方式能更直接、更迅速地为观众所领悟。

静态展示茶席设计时，音乐可以调动观赏者对时间、环境及某一特殊经历的记忆，并从中寻找到与茶席主题的共鸣；动态演示茶席设计时，音乐还能有效地为演示者提供动作节奏的引导。

每一个茶席作品，都有其主题，表达着某种特定的时代内容和思想情感。茶席设计展演中，选择的背景音乐在音乐气氛上要与茶席的主题相吻合，才能准确烘托茶席的主题，帮助观赏者体会茶席的意境。因此，茶席设计展演中选择背景音乐的时候应遵循以下基本原则：

（1）根据不同的时代来选择。

（2）根据不同的地区和民族来选择。

（3）根据不同的宗教来选择。

（4）根据不同的风格来选择。

选择茶席设计的背景音乐，要注意与茶席的主题思想、物态语言、风格协调，从而实现茶席设计的整体美。

三、茶席设计文案

茶席设计的文案，是以图、文结合的手段，对茶席设计作品进行主观反映的一种表达方式。茶席设计的文案，作为一种记录形式，有一定的资料价值，可留档保存，以备后用。同时，作为一种设计理念、设计方法的说明、传递形式，又可在艺术创作展览、比赛、专业学校设计考核等活动中发挥参考、借鉴的作用。

1. 茶席设计的文案要求

茶席设计文案一般由标题、主题阐述、结构说明、结构图示、动态演示程序介绍、结束语、作者署名及统计文案字数构成。

（1）标题：在书写用纸的头条中间位置书写标题，字体可稍大，或用另一种字体书写，以便醒目。标题是茶席的命题，要求文字简练概括，富含茶席寓意。

（2）主题阐述：正文开始时，可以用简短的文字将茶席设计的主题思想表达清楚。主题阐述务必鲜明，具有概括性和准确性。

（3）结构说明：将所设计的茶席由哪些器物组成，选择用意，做怎样摆置，欲达到怎样的效果等说明清楚。对具有特别用意的物品可做突出说明。

（4）结构图示：以线条画勾勒出铺垫上器物的摆放位置。如果条件允许，可画透视图，也可以使用实景照片。

（5）动态演示程序介绍：将使用什么茶叶，为什么选择此种茶叶，冲泡程式、内容、用意说明清楚。还应包含开场白及奉茶礼貌用语。

（6）结束语：全文总结性文字，内容包含个人的愿望。

（7）作者署名：正文结束后的尾行右侧署上设计者的姓名及文案表述的日期。

（8）统计文案字数：即将全文的字数（图示以所占篇幅换算成文字字数）做统计，然后记录在尾页尾行左下方处。茶席设计文案表述（含图示所占篇幅），一般控制在1000～1200字。字数可显示，也可以不显示，根据要求决定。

2. 茶席设计文案参考范例

范例1：

两岸情

主题阐述：中国与西方国家的交流，在古代主要通过贸易的渠道“丝绸之路”进行。中国红茶是中华文明与国外交流的使者，她通过“海上丝绸之路”，将中国与世界连接。《两岸情》的茶席设计以红茶文化的发展历程为背景，设计了红茶冲泡和西式红茶调饮两部分，聚焦中西文化交融的历史。中国红茶，从神州大地扬帆起航，穿过“海上丝绸之路”，远渡重洋，翻山越岭，足迹遍及欧亚非美四大洲。她沿途播撒下的中华文明的种子，早已在异域生根发芽，开花结果。几百年后，成就斐然的红茶重归故里，这颗中西方文明共同浸泡的种子绽放出中西合璧、馨香无比的奇葩，香满中华，香满全球。茶席主要展现了红茶通过“海上丝绸之路”的方式沟通了中国与西方国家的文明。

结构说明：本组茶席结构属有反于传统的多元结构式，两张长方形茶桌分开摆放，高的一张是红茶主泡桌，采用白色缎面桌布上铺金黄色缎面作为茶席铺垫，在铺垫上，将一把红色大瓷壶和六个红色茶杯摆成龙形图案，表达了中国人是龙的传人的寓意；矮桌是薄荷红茶调饮桌，使用玻璃器具。两张茶桌由蓝色渐白的海浪绸布包围连结，在绸布上使用贝壳和两艘小帆船点缀，表明了红茶通过“海上丝绸之路”沟通了中国与西方国家的文化，也建立起传承几百年的两岸情缘。

结构图示：

动态演示程序介绍：

尊敬的评委老师、各位嘉宾，下午好！欢迎观看茶席设计《两岸情》。为让各位来宾体会本茶席设计的意境与内涵，下面，为大家献上主题《两岸情》的红茶茶艺表演。

中国的茶文化起源于上古时期，茶文化植根于华夏文明，融宗教、哲学、医学、美学等各家之长，发展成为我国文化宝库中弥可珍贵的遗产，在历史的长廊中熠熠生辉。

我们选用的茶品是红茶的鼻祖——正山小种。正山小种首创于福建省崇安县桐木关地区，又称星村小种，是最早传入欧洲的红茶。用一套红色瓷质茶具冲泡红茶清饮，搭配晶莹剔透的玻璃器具调制薄荷红茶，令人悠然神往。中国是陶瓷的故乡，而世界上最早的玻璃就是欧洲的腓尼基人发明的。茶席的设计，正是中西文化互通交融的展现。

结束语：

看，薄荷红茶丝丝的凉意，驱散夏日的炎热；听，泡沫红茶“地动山摇”的手法奏响人类文明之歌。是红茶，通过“海上丝绸之路”沟通了中国与西方国家的文明，建立了两岸情缘！

作者署名：陈××、李××、胡×

范例2：

弄潮儿

主题阐述：北回归线从广西中部穿过，好山好水孕育了品质优良的上等好茶。梧州六堡茶是两广人的家乡茶，六堡茶曾兴于茶船古道，今再兴于“一带一路”。《弄潮儿》的茶席设计以梧州六堡茶文化的发展历程为背景，设计了从茶船古道到“一带一路”的新茶席，从清代华工用六堡茶祛湿解毒，清热消暑，并在马来西亚盛行的历史故事，再到时代新青年抓住机遇，敢为人先，争做时代的弄潮儿，将六堡茶传承、创新，让更多人认识并喜欢六堡茶。茶席主要展现了梧州六堡茶通过“悠悠茶船古道”再到“新时代一带一路”，连接了中国与“一带一路”国家。

结构说明：本组茶席结构属有反于传统的多元结构式，一张长方形茶桌位于中央，采用藏青色的铺垫和黄色的桌旗，展现了“悠悠茶船古道”。配合白色薄纱流线型叠铺，加以珍珠点缀，给人以大海的点点波光感，让人仿佛置身于历史的海洋中。三张帆船模型分别位于桌面和地面点缀，表明了梧州六堡茶通过“茶船古道”传播到东南亚，六堡茶在新时代再次展现中国魅力，勇做时代的弄潮儿。

结构图示：

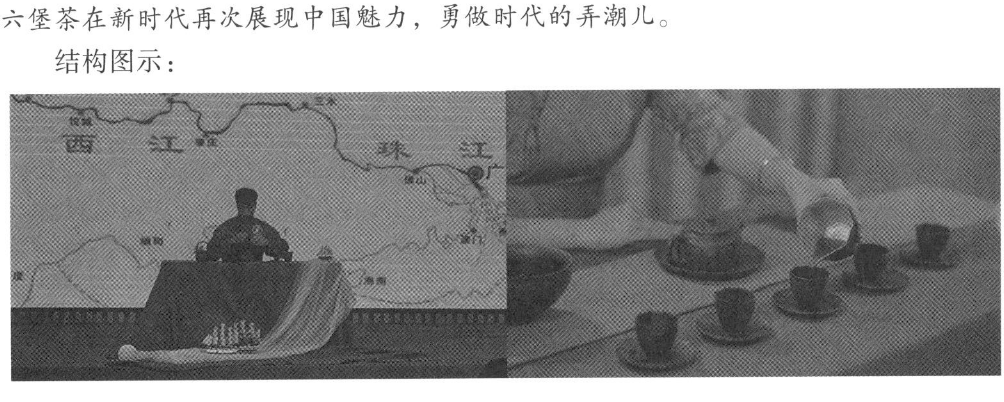

动态演示程序介绍：

尊敬的评委老师、各位嘉宾，上午好！欢迎观看茶席设计《弄潮儿》。为让各位来宾体会本茶席设计的意境与内涵，下面，为大家献上主题《弄潮儿》的梧州六堡茶茶艺表演。

茶者，南方之嘉木也。北回归线从广西中部穿过，好山好水孕育了品质优良的上等好茶。

早在清代，大量华工下南洋谋生活，由于当地气候炎热潮湿，加上长期劳作，常有中暑、风湿、痢疾发作。而梧州六堡茶是两广人的家乡茶，其祛湿解毒，清热消暑的功效，使以上症状得以缓解消除，六堡茶因此在南洋矿区流行。如今，在马来西亚，很多人还保留着品饮六堡茶的习俗。

梧州自古就是水上门户，顺着西江南下，悠悠茶船古道，将六堡茶带到广州，再通过海上丝绸之路运至其他国家。六堡茶曾兴于茶船古道，今再兴于“一带一路”，时代新青年应抓住机遇，敢为人先，争做时代的弄潮儿。

藏青色的铺垫，配合薄纱流线型叠铺，加以珍珠点缀，给人以大海的点点波光感，让人仿佛置身于历史的海洋中；古陶和六堡茶均为古海上丝绸之路的名品，在新的时代，在新青年的手中，抓住海上丝路发展新机遇，再现魅力，勇做弄潮儿；我们将六堡茶和乌梅相结合，冲泡出乌梅六堡茶饮，正是时下年轻人所追求的创新+养生，有利于维持胃肠道微生态平衡，活化益生菌群，消暑祛湿。

结束语：

立秋虽至暑未消，悠悠醇香茶韵，搭配乌梅的鲜、香、甘、酸，这是时间的味道，也是故乡的味道。醇香六堡，千年茶韵，它将在新时代、新丝路中继续发扬弄潮儿精神，再创辉煌！

作者署名：刘××、李××

能力提升　实训任务单5-1：“家乡茶”静态茶席设计

茶席设计技巧

实训目的：了解茶席设计的构成要素；掌握茶席设计要领并围绕“家乡茶”完成静态茶席设计。

实训要求：掌握基本规范，选择匹配的茶叶、茶具、铺垫、相关工艺品等进行合理设计，茶席呈现美感，能体现茶艺文化和精神。

实训时间：1学时，教师示范10分钟，学生练习30分钟，点评、考核10分钟。

实训器具：茶叶、茶具、铺垫、桌椅、挂画、相关工艺品等实训室中可以使用的设施设备，也可自行准备。

预习思考：①不同茶类适宜选配哪些茶具？

②茶点茶果的配置、准备，有什么讲究和选择方法？

序号	测试内容	得分标准	应得分	扣分	实得分
1	茶品	选择有代表性的茶品	10 分		
2	茶具组合	茶具与茶叶相匹配，茶具器皿摆放和使用适当	15 分		
3	铺垫	干净整洁，能体现茶席之美	15 分		
4	插花	能烘托茶席，起画龙点睛作用	10 分		
5	焚香	香味与选择的茶叶及整个茶席相匹配	5 分		
6	挂画	位置适当	5 分		
7	相关工艺品	不累赘，可以承托整个茶席	10 分		
8	结构设计	物品准备齐全，结构合理美观	15 分		
9	背景设计	选择适合的背景及音乐	15 分		
总分			100 分		

考核时间： 年 月 日 考评教师：

能力提升 实训任务单5-2：“家乡茶”茶席设计文案编写

实训目的：了解茶席设计文案编写的格式要求；掌握茶席设计文案编写的要领并完成茶席设计相对应的文案编写。

实训要求：掌握格式要求，对本组的茶席设计编写相应的茶席设计文案，准确阐明设计用意。

实训时间：1 学时，可与上一茶席设计任务合并。

实训器具：多媒体设备、茶具、茶叶、音乐、学生自备茶席设计作品。

预习思考：①演示过程中的语言表述具有一定的表演成分。

②如何运用语言表述中的语音、语调、语气？

序号	测试内容	得分标准	应得分	扣分	实得分
1	标题	简练概括，具有内涵	10 分		
2	主题阐述	与茶席设计作品相对应，能正确表述	10 分		
3	结构说明	准确解释茶席设计欲达到的效果	10 分		
4	结构中各因素的用意	能烘托茶席，说明用意，详略得当	10 分		
5	结构图示	有相应图示	10 分		
6	动态演示程序	姿态优美，体现茶席设计欲表达的内涵	10 分		

续表

序号	测试内容	得分标准	应得分	扣分	实得分
7	奉茶礼仪及用语	做到礼貌，尊重	10分		
8	结束语	表达祝愿或茶艺精神	10分		
9	背景音乐	选择适合的背景及音乐	10分		
10	语音表现	表达连贯、清楚、自然，语音、语调、语速适中	10分		
总分			100分		

考核时间：　　年　　月　　日　　　　　　考评教师：

模块二　茶艺编创

学习目标

了解茶艺编创的基本原则、主要内容以及具体要求；
能运用茶艺编创知识撰写茶艺文案；
能按照所编创的茶艺文案进行茶艺表演。

课前任务

利用网络，查询下列问题的相关知识。

（1）茶艺编创有什么要求？

（2）如何撰写茶艺文案？

任务分工与实施

（1）各小组成员在组长的带领下，查阅茶艺编创知识（可以是新闻、短视频、文章等），尝试解决课前任务。

（2）各组长组织成员讨论茶艺文案撰写的内容，并记录汇总。

学习模块相关知识点

任务一　茶艺编创概述

一、茶艺编创的基本原则

1．生活性与文化性相统一

茶艺是一门生活艺术，是饮茶生活的艺术化。茶艺不能脱离生活，高高在上，远远地供人观看。茶艺要走下舞台，走入家庭，走进日常生活，还原其生活性。茶艺要走出“表演”，其动作、程式不宜舞台化、戏剧化，更不能矫揉造作、过度夸张，而是要符合生活常识、习惯。

茶艺源于日常生活，但又超越日常生活，成为一种风雅文化。茶艺是一门综合性艺术，其中蕴涵许多文化要素，诸如美学、书画、插花、音乐、服装等。文化性是对生活性的提升，使饮茶从物质生活上升到精神文化层面，从而使茶艺成为中国文化不可缺少的组成部分。

生活性是茶艺的本性，在茶艺编演中不能背离这一点。文化性是茶艺的特性，在茶艺编演中要尽量与相关文化艺术结合，表现其高雅。

2．科学性与艺术性相统一

科学泡茶（含煮茶）是茶艺的基本要求。茶艺的程式、动作都是围绕着如何泡好一壶茶、一杯（盏、碗）茶而设计的，茶汤质量是检验茶艺编创科学性的标准。科学的茶艺程式能以最大限度地发挥茶的品质特性为目标。凡是有违科学泡茶的程式、动作，尽管具有观赏性，也要去除。

茶艺作为一门艺术，必须符合美学原理。所以，茶艺程式和动作的设计以及表演者的仪容、仪表等都要符合审美的要求，一招一式都要带给人以美的享受。有些虽不能发挥但又不影响茶的品质的程式、动作，因符合审美艺术性要求，亦可保留。

科学性是茶艺编演的基础，艺术性则是茶艺成为一门艺术的根本所在。

3．规范性与自由性相统一

各类、各式的茶艺，必须具有一定的程式、动作的规范要求，以求得相对的统一、固定，这也就是俗话所说的“无规矩不成方圆”。规范是法度，但在茶艺编演中切忌千篇一律的刻板程式、动作，不能因为规范而扼杀个人的创造。茶艺可以不受规范的限制，不必拘泥于固定的程式、动作，可以展示茶艺师的个性风格，自由发挥。茶艺表演达到一定境界时，表演的形式甚至内容已经淡化，重要的是表演者的个性展现，准确说是个人修养的展现。自由不是随心所欲，而是建立在规范的基础上的自由。规范性是共性，是同，是茶艺得以良好传承的前提；自由性是个性，是异，是茶艺多姿多彩的必然要求。规范性与自由性的统一，是个性寓于共性之中，是求同存异。

4．创新性和继承性相统一

创新是一切文化艺术发展的动力和灵魂，茶艺也不例外。所以，在茶艺编演的动作及程式设计中不应墨守成规，要勇于创新，与时俱进，创造出茶艺的新形式、新内容。

茶艺的创新不是无本之木、无源之水、无中生有，而是在继承传统茶艺优秀成果的基础上的创新，是推陈出新。继承不是因循守旧，而是批判性地加以继承，创造性地加以发展。

创新性是茶艺发展的客观要求，继承性是茶艺创新的必要前提。没有创新，茶艺就不能持续发展，没有继承，茶艺就缺少深厚的文化积淀。

继承传统是创新的基础，创新又是对传统的发展。一方面，对传统茶艺的某些方面要原汁保留，另一方面，又要创造适应当代社会生活的需要、符合当代审美要求的新形式、新内容。

二、茶艺编创的主要内容

（1）确定茶艺主题。
（2）根据茶艺主题，编制茶艺程序，并达到茶艺美学要求。
（3）根据茶艺主题进行茶席设计。
（4）根据茶艺特色，选配新的茶艺音乐。
（5）根据茶艺需要，安排新的服饰布景。
（6）用文字阐释新编创的茶艺表演的文化内涵（解说词）。

三、茶艺编创的要求

常言道："外行看热闹，内行看门道"，不少茶艺爱好者在观赏茶艺时往往只注意表演时的服装美、道具美、音乐美以及动作美而忽视了最本质的东西——茶艺程序编排的内涵美。一套茶艺的程序美不美，首先表现在茶艺主题的立意要新颖、有原创性，主题的意境要高雅、深远。其次，茶艺程序的编排、茶席设计、茶艺音乐的选配、服饰布景的设计以及解说词的编纂都要符合以下要求：

1. "顺茶性"

通俗地说就是按照这套程序来操作，是否能把茶叶的内质发挥得淋漓尽致，泡出一壶最可口的好茶来。

2. "合茶道"

通俗地说就是看这套茶艺是否符合茶道所倡导的"精行俭德"的人文精神，和"和静怡真"的基本理念。

3. 要科学卫生

目前我国流传较广的茶艺多是在传统的民俗茶艺的基础上整理出来的，有个别程序确实不科学、不卫生。如有些茶艺的洗杯程序是把整个杯放在一小碗里洗，甚至是杯套杯洗，这样会使杯外的脏物粘到杯内，越洗越脏。

4. 有文化品味

这主要是指各个程序的名称和解说词应当具有较高的文学水平，解说词的内容应当生动、准确、有知识性和趣味性，应能够艺术地介绍出所冲泡的茶叶的特点及历史文化。

四、茶艺表演解说词的创作

茶艺表演是通过茶的冲泡技艺来表现主题的，但茶艺表演又是新兴的艺术，许多观众对此还不熟悉，这种表演形式所蕴涵的内容还不易被观众所理解，所以需要对表演内容进行解说，这样可以引导观众更好地欣赏茶艺表演，帮助观众理解表演的主题和相关内容，使茶艺表演达到更好的艺术效果。

1. 创作要求

（1）主题鲜明。

解说词的撰写要注意突出主题，首先应是对茶艺表演的背景、茶叶特点、人物等进行简单介绍，使人明白此次表演的主题和内容。

（2）内容合理。

解说词的内容主要包括节目的名称、主题、表演者单位、姓名、表演流程以及艺术特色等。创作解说词时首先应考虑的是观看茶艺表演的群体类别。如果观看者是专业人士，解说词就应简明扼要，否则就会画蛇添足；如果是普通观众，解说词就要通俗、易懂，专业术语不能太多，不然会使观看者如坠云雾。

（3）艺术性强。

茶艺表演有着非常强的艺术性，如果解说词太过直白，就会降低整个茶艺表演的质量。所以，解说词要有较强的艺术感染力。当然，解说词的艺术性并不代表一定要用一些晦涩难懂、过于专业或过于艺术化的词语，而是指解说词要写得优美，有意境和感染力。

（4）格式要规范。

解说词一般包括：一是主题；二是表演者的单位、姓名、角色（主泡、助泡等）；三是具体内容；四是结束语。

2. 讲解要求

在讲解茶艺解说词时还要注意以下几方面。一是使用标准普通话。对公众的茶艺表演解说，应采用普通话，让大家都能听懂。若不能使用普通话或普通话不标准，则会使人听不懂，降低解说词的艺术感染力。二是脱稿，在解说时最好不要拿稿，不然会给人留下对表演不熟悉的印象，同时，在解说当中还应与观众交流，拿着稿子就无法交流，也给人一种不尊敬他人的感觉。三是解说时应带有感情色彩，同样的文字，不同人阐述可以达到不同的效果。在解说时应投入感情，语气应抑扬顿挫，注意朗诵技巧。如果解说时毫无感情可言，即使表演再精彩、解说词写得再美，也会使效果大打折扣。

任务二　茶艺编创训练

知识准备

一、茶艺编创文案

茶艺编创文案的格式要求如下。

（1）标题（主题）：在书写用纸的头条中间位置书写标题，字型可稍大，或用另一种字体书写，以便醒目。

（2）茶品：说明使用的茶品和选用的原因。

（3）主题阐述：正文开始时，可用简短文字将茶席设计的主题思想表达清楚。主题阐述务必鲜明，具有概括性和准确性。

（4）人员配备：将参加表演的人员数量和角色一一说明。

（5）服装选配：说明选配服装的样式和原因。

（6）音乐选配：说明选配音乐的名称和原因。

（7）背景设计：说明背景设计的构思和所用背景的形式。

（8）茶具选择：列出所使用的茶具，说明选择的原因。

（9）茶席设计：一是对茶席的结构进行说明。如将所设计的茶席由哪些器物组成，怎样摆置，欲达到怎样的效果等说明清楚；二是要有简单的结构图示。一般用线条勾勒出铺垫上各器物的摆放位置。如条件允许，可画透视图，也可使用实景照片。

（10）茶艺程式：简述茶艺技能的程式。

（11）解说词：在茶艺表演过程中使用的解说词,包括开场白和结束语。

（12）作者署名：在正文结束后的尾行右部署上设计者的姓名及文案表述的日期。

二、茶艺编创实例

下文以《中国红》主题茶艺编创为例进行说明。

1. 选用茶品

表演选用茶品是红茶的鼻祖——正山小种。红茶调饮的饮品是泡沫红茶和薄荷红茶。

2. 主题思想

中国红是中华民族最喜爱的颜色之一，中国红茶是中华文明的使者，通过“海上丝绸之路”，将中国与世界连接。主题《中国红》的创新茶艺以红茶文化的发展历程为背景，通过红茶清饮法和调饮法的茶艺表演，聚焦中西文化交融的历史。主泡使用创新的“双龙戏水”手法出汤，寓意深远。自创的茶联“茗传欧美，红汤百韵同品味；香飘海外，文化千年共传承” 蕴含主题思想。

3. 人员配备

红茶主泡 1 名、红茶调饮主泡 2 名，解说 1 名。

4. 服装选配

中国风大红缎面旗袍 1 件、缎面调酒师服装 2 套、白旗袍 1 件。服装的选配突出了红茶清饮的中国风和调饮的西洋风。

5. 音乐选配

琵琶曲《琵琶吟》与轻音乐《海浪》剪接，突出文化传播与传承的主题核心。

6. 背景设计（室内背景）

根据场地的条件，可灵活使用以下背景。

（1）制作一红茶发展与传播的历史短片，用投影仪播放。
（2）按照表演的进程，制作相应的幻灯片播放。
（3）制作一块以古船远洋为构图的背景布。

7．茶具选择

红茶清饮主泡茶具：中国红红底龙图纹的瓷质茶具 1 套、玻璃提梁壶及玻璃酒精炉 1 套、玻璃茶荷和水盂各 1 个、玻璃公道杯和 50 毫升玻璃杯各 2 个、特制的缎面茶巾 1 块、缎面扇子 1 把。

红茶调饮主泡茶具：摇酒壶 1 个、冰桶 3 个、冰铲 2 把、冰夹 2 把、调酒棒 2 支、鸡尾酒酒杯 6 个、薄荷蜜适量、柠檬 1 个。

所选择的茶具突显了中西合璧、文化交融的意境。

8．茶席设计

三张长方形茶桌呈品字形摆放，前面居中一张是红茶主泡桌，主泡桌采用白色缎面桌布上铺金黄色缎面扇作为茶席，在茶席上，顺着扇面曲线，将一把大瓷壶和六个茶杯摆成龙形图案；后面两张从右至左分别是泡沫红茶和薄荷红茶调饮桌，红茶调饮除了调酒壶是不锈钢材质的，其他全部使用玻璃器具。三张茶桌由蓝色渐白的海浪绸布包围连结，在绸布上使用贝壳和两艘小帆船点缀。表演结束亮相时，拉出自创茶联“茗传欧美，红汤百韵同品味；香飘海外，文化千年共传承”，整体呈现出茶文化传播与传承的历史，创新而大气。

9．茶艺程序

红茶清饮：布席、烹泉、涤器、赏茶、投茶、润茶、冲泡、传茶（传送给调饮）、重复投茶、冲泡程式、奉茶、收具；

红茶调饮：布席、取茶（主泡泡好的茶汤）、调制茶、奉茶、收具。

10．茶艺解说词

解说词详见下文。

茶博士——茶艺表演解说词范例

中国红

尊敬的评委老师、各位嘉宾，下午好！我们是来自北海职业学院的创新茶艺表演队。下面，为大家献上主题《中国红》的红茶茶艺表演。表演者：×××，解说：×××。

有人说：茶是祥和，是宁静，是缘，是禅，是返璞归真。中国的茶文化起源于上古时期，传说“神农尝百草，日遇七十二毒，得茶而解之”。多少年来，茶文化植根于华夏文明，吸取了优秀传统文化中丰涵无比的给养，融宗教、哲学、医学、美学等各家之长，发展成为我国文化宝库中弥可珍贵的遗产，在历史的长廊中熠熠生辉。

下面，我们以《中国红》为主题，通过展示红茶清饮和调饮法和大家一起重温一段中西合璧、文化交融的历史，重拾一段恢弘的记忆。

我们选用的茶品是（主泡手法介绍茶叶）：红茶的鼻祖——正山小种。正山小种首创于福建省崇安县桐木关地区，又称星村小种，是最早传入欧洲的红茶。

一套“中国红”瓷质茶具（主泡展示瓷壶），配上晶莹剔透的玻璃器具（三位主泡展示玻璃器具），令人悠然神往。中国是陶瓷的故乡，而世界上最早的玻璃是欧洲的腓尼基人发明的。主泡茶席的设计，正是中西文化互通交融的展现。

中国是茶的故乡。我国从公元 4 世纪开始种植茶树，到公元 7 世纪时茶叶已经成为人们的日常饮品，公元 10 至 13 世纪的宋朝，出现了红茶的前身——发酵茶。而红茶的名称，最早出现在明代文人刘基所著的《多能鄙事》一书中。

早在汉朝时期，广西北海市和蓬莱、扬州等城市犹如璀璨的明珠，点缀在中国的海岸线上，和国外的一些城市连成了举世瞩目的“海上丝绸之路”。这条广为人知的“东西方交流往来的大通道”，其实也是“海上茶叶之路”。

上下数千年，龙是华夏民族的文化图腾，是中国的象征。请看，红茶主泡使用创新的“双龙戏水”的手法出汤，只见浓艳的红汤和清澈的矿泉水犹如红白双龙，交相辉映，昭示了东方巨龙正在腾飞，中华民族正走向繁荣昌盛。

“中国红”是中华民族最喜爱的颜色之一，是中国人的文化图腾和精神皈依。中国红茶的片片“红叶”载着千年中国情结，沿着“海上丝绸之路”，跨越浩瀚大海，将中国与世界连接。

1662 年，远在万里之外的英国皇室为新婚的国王查理二世和他的王妃葡萄牙公主凯瑟琳举办了一场隆重的欧洲宫廷婚礼。在这场豪华的婚宴上，凯瑟琳公主婉拒了宾客奉上的各种名酒，举起一杯红色的汁液向全场致意。公主嫁妆中有许多当时非常珍贵的红茶和砂糖，她每天都要在红茶里加入大量砂糖饮用。受凯瑟琳的影响，这种红茶的饮用方式开始在贵族流行，至此红茶调饮在欧洲盛行开来。

一杯红茶，引领了 17 世纪西欧风尚，推动了欧美文化。当时，欧洲的红茶调饮只是在泡好的茶汤中加入一些牛奶、糖等调味品，然而受欧式红茶调饮的影响和启发，20 世纪中叶，我国台湾创制的泡沫红茶迅速流传开来，紧接着，珍珠奶茶、薄荷红茶等一批创新调饮红茶饮品如雨后春笋，风靡全国，形成了独具特色的红茶文化。调饮红茶的魅力在于形态之美、艺术之美，更在于它的包容之美。她是中西方文化交融、世界文化大同的象征。

看，薄荷红茶丝丝的凉意，驱散夏日的炎热；听，泡沫红茶“地动山摇”的手法奏响人类文明之歌。

中国红茶，是中华文明的使者。她从神州大地扬帆起航，穿过“海上丝绸之路”，远渡重洋，翻山越岭，足迹遍及欧亚非美四大洲。她沿途播撒下的中华文明的种子，早已在异域生根发芽，开花结果。

几百年后，成就斐然的“中国红”重归故里，这颗中西方文明共同浸泡的种子绽放出中西合璧、馨香无比的奇葩，香满中华，香满全球。

中国红茶，传承中外文明，功勋卓著，享誉世界，名扬天下。有道是：“茗传欧美，红汤百韵同品味；香飘海外，文化千年共传承”。

能力提升　实训任务单5-3：“家乡茶”主题茶艺编创

实训目的：了解茶艺编创的原则、内容以及要求；掌握主题茶艺编创的基本程序；掌握茶艺文案的编写。每个学习团队编创一个“家乡茶”主题茶艺，并撰写编创茶艺文案。各团队按要求进行所编创茶艺的茶艺表演。本实训任务单可与前面两个任务单合并进行。

实训要求：能在团队的协作下进行茶艺的编创；能编写完整的茶艺文案；能在团队协作下表演所编创的茶艺。

实训时间：2 学时，学生表演 80 分钟，教师点评、考核 10 分钟。

实训器具：在茶艺编创文案中体现。

实训步骤：理论学习⟶资料收集⟶茶艺编创构思⟶编创茶艺文案撰写⟶编创茶艺训练⟶编创茶艺表演⟶师生评委评分⟶实训结束

能力检测

序号	测试内容	得分标准	应得分	扣分	实得分
1	文案编写	格式规范，书写工整，叙述清晰、流畅，层次分明	10 分		
2	主题思想	主题鲜明，具有概括性和准确性	10 分		
3	服装	美观大方，样式与主题相符	10 分		
4	音乐	优美动听，与主题相和谐	10 分		
5	背景	设计美观，紧贴主题思想	10 分		
6	茶具	美观、合理、科学、卫生，紧贴主题	10 分		
7	茶席	美观、合理、科学、卫生，紧贴主题	10 分		
8	茶艺程式	编排合理，自然流畅	10 分		
9	茶艺技法	使用合理、准确，圆融大方，有创新	10 分		
10	解说词	文句优美、文理通畅、紧贴主题思想，解说准确、声音柔美流畅	10 分		
总分			100 分		

项目小结

本项目主要涉及茶席设计概述、茶席结构设计、茶席动态演示、茶席设计文案、茶艺编创等方面内容，具体介绍了茶席和茶席设计的由来；茶席结构的设计；茶席布置的背景运用；相关工艺品的种类；茶席动态演示中服装和音乐的选择；茶席设计文案的格式要求、茶席设计文案范例；茶艺编创的原则、内容、文案撰写等。为了提升学生能力，还专门以“家乡茶”为主题设计了茶席设计以及茶席文案编写、茶艺编创等实训任务。

项目练习

一、判断题

1.（　　）铺垫的基本方法有平铺、对角铺、三角铺、叠铺、立体铺、帘下铺等。

2.（　　）挂画，又称挂轴。茶席中的挂画，是悬挂在茶席背景环境中所有悬挂物的统称。

3.（　　）宋代，我国的焚香艺术，与点茶、插花、挂画一起，被称为文人“四艺”。

4.（　　）奉茶给客人时所使用的礼仪语言，应尊重客人习惯。若茶席设计及动态演示是少数民族茶类，可以使用相应的用语和礼仪动作。

二、选择题

1. 茶具的质地主要有金属类、陶瓷类、（　　）、竹木类、玻璃类等。

　A. 搪瓷类　　B. 紫砂类　　C. 棉布类　　D. 纸类

2. 茶席中的香品，总体上分为（　　），又称干香与湿香。

　A. 盘香和条香　　B. 熟香与生香

　C. 线香和盘香　　D. 盘香和柱香

3. 茶席中的挂画以中国画为主，尤其以（　　）、（　　）为主。

　A. 建筑画　　B. 山水画　　C. 水墨画　　D. 肖像画

4. 表现宗教题材及古代宫廷题材，一般选用（　　）。其古风犹存，基本保留了古代香炉的造型特征。

　A. 紫砂香炉　　B. 陶质香炉

　C. 竹器熏香炉　　D. 铜质香炉

三、简答题

1. 什么是茶席设计？

2. 茶席的基本构成要素有哪些？

3. 茶席设计文案的基本格式包含哪几个部分？

4. 简述茶席结构设计的基本类型。

5. 如何欣赏茶艺表演的人之美、茶之美、水之美、器之美、技之美以及境之美？

项目实践

实践内容：选择一款你喜欢的名茶，并根据这款名茶创编或改编一套舞台表演型茶艺。

能力要求：在团队的协作下编写完整的茶艺文案，并表演所编创的茶艺。

项目评价

学习自评表

评价内容		自评得分				
学前	富有浓厚的学习兴趣，能主动运用网络检索课前问题并成功解决（10分）	10	8	6	4	2
	积极参加小组学习活动，分工明确，主动与同学合作交流（20分）	20	16	12	8	4
	能够主动发现和提出问题，有条理地表达思考过程；能提出解决问题的策略，表达自己独特的见解（10分）	10	8	6	4	2
学中	学习态度端庄，无无故缺勤、迟到、早退现象；遵守课堂纪律，主动参与课堂，并积极发言（20分）	20	16	12	8	4
学后	掌握项目教学中的理论知识（10分）	10	8	6	4	2
	能够利用本项目知识解决茶艺服务中的实际问题（20分）	20	16	12	8	4
	提高对茶艺的认识与热爱（10分）	10	8	6	4	2
总分						

本评分表总分100分，在自评得分栏中分为五级打分，分数从高到低分别表示非常符合——比较符合——一般——比较不符合——非常不符合。学生根据自身学习情况，勾选每一项评价内容的自评得分，最后加总即为本人学习评价总分。

项目六

茶与健康

茶叶在我国最早是作为药物使用的，《神农本草经》中“神农尝百草，日遇七十二毒，得茶而解之”，最早记载了茶的药理功效。要想充分发挥茶的保健功效，我们需要从科学的角度认识茶叶成分及保健作用，并学会科学饮茶。

模块一　茶的功效

南阳医圣张仲景在《伤寒论》中指出“茶治脓血甚效”；三国名医华佗说“苦茶久食益思意”；唐代大医学家陈藏器在《本草拾遗》中指出“诸药为各病之药，茶为万病之药”；明代大医学家李时珍《本草纲目》中说“茶苦而寒，最能降火，火为百病，火降则上清矣！温饮则火因寒气而下降，热饮则茶借火气而升散，又兼解酒食之毒，使人神思爽，不昏不睡，此茶之功也”。这些有代表性的论述均表明了茶具有良好的保健功效。

学习目标

了解茶与健康的研究概况；
能比较熟悉茶叶主要功效成分及其保健作用；
掌握各种茶类的保健作用。

课前任务

利用网络，查询下列问题的相关知识。

（1）茶叶具有哪些主要成分？这些成分分别有什么功效？

（2）茶的保健功效是什么？

任务分工与实施

（1）各小组成员在组长的带领下，查阅茶叶成分（可以是新闻、短视频、文章等），尝试解决课前任务。

（2）各组长组织成员讨论不同茶叶成分分别具备什么功效，并记录汇总。

学习模块相关知识点

任务一　茶的主要成分及功能

据现代科学分析，茶叶中经分离、鉴定的已知化合物有 700 多种。在一片新鲜茶叶中，包括 75%~78%的水分、22%~25%的干物质，茶叶干物质主要是由 93%~96.5%

的有机化物和 3.5%~7%的无机物构成。在有机物中，蛋白质占 20%~30%，糖类占20%~25%，茶多酚也有 18%~36%，类酯 8%，生物碱（主要是咖啡碱）3%~5%，有机酸有 3%，氨基酸主要是茶氨酸，占 1%~4%，色素占 1%，维生素 0.6%~1%，芳香物质只占 0.005%~0.03%，茶叶中各种成分发挥着不同的保健功效。

1. 茶多酚类物质

茶多酚（Tea Polyphenol）是茶叶中儿茶素类、黄酮类、酚酸类和花色素类化合物的总称。茶多酚使茶叶能够保存较长时间而不变质，这是其他大多数的树木、花草和果蔬达不到的。富含多酚类物质是茶叶与其他植物相区别的主要特征。绿茶中茶多酚含量约占干茶总量 15%~35%，红茶因发酵使茶多酚部分氧化，含量为 10%~20%。茶叶中的儿茶素类是茶多酚的主体成分，占多酚总量的 70%~80%，占茶叶干重的12%~24%，是茶树次生代谢的重要成分，也是茶叶保健功能的首要成分

茶多酚对人体的作用主要有：降低血糖、血脂；活血化瘀，抑制动脉硬化；抗氧化、延缓衰老；抑菌消炎，抗病毒；抑制癌细胞增长；祛除口臭等。此外，由于茶多酚能够保护大脑，防止辐射对皮肤和眼睛的伤害，因此富含茶多酚的茶饮品被誉为“电脑时代的饮料”。

2. 咖啡碱

咖啡碱（Theine）是生物碱的一种，在医药上可以被用作心脏和呼吸兴奋剂，也是重要的解热镇痛剂。咖啡碱对人体的作用有：使神经中枢系统兴奋，帮助人们振奋精神，增进思维，抵抗疲劳，提高工作效率；受中枢和末梢血管系统的刺激具有兴奋和强心的作用，能解除支气管痉挛，促进血液循环，是治疗哮喘、止咳化痰和心肌梗死的辅助药物；咖啡碱还可以直接刺激呼吸中枢；具有利尿、调节体温和抵抗酒精烟碱毒害的作用。

咖啡碱主要存在于茶叶、咖啡、可可等植物中，在植物界中分布稀少，像茶一样集中在叶部的分布更少，因此咖啡碱的有无，可以作为判断真假茶叶的标准之一。通常每 150 毫克的茶汤中含有约 40 毫克咖啡碱。咖啡碱具有弱碱性，通常在 80℃的水温中即能快速溶解。

茶博士——各类食品中咖啡碱含量

食品	咖啡碱含量
绿茶（100 毫升）	30~70 毫克
乌龙茶（100 毫升）	30~60 毫克
红茶（100 毫升）	50~60 毫克
普洱茶（100 毫升）	60 毫克
咖啡（150 毫升）	75~100 毫克
可可（150 毫升）	10~40 毫克

续表

食品	咖啡碱含量
巧克力（30 克）	20 毫克
可乐（180 毫升）	15~23 毫克

（资料来源：贾红文、赵艳红,《茶文化概论与茶艺实训》，北京：清华大学出版社）

3．维生素类

维生素（Vitamin）是人体维持正常代谢所必需的 6 大营养要素（糖、脂肪、蛋白质、盐类、维生素和水）之一，在茶叶中的含量也十分丰富，尤其是维生素 B、C、E、K 的含量。维生素 B 可以增进食欲；维生素 C 可以杀菌解毒，增加机体的抵抗力；维生素 E 可抗氧化，具有一定抗衰老的功效；维生素 K 可以增加肠道蠕动和分泌功能。因生理、职业、体质、健康等方面的情况不同，人体对各种维生素的需求量也各异。通过饮茶摄取人体必需的维生素，是一种简易便捷的健康方式。

4．矿物质

矿物质（Mineral）又称无机盐，它是人体内无机物的总称，和维生素一样，矿物质是人体必需的重要元素。钾、钙、镁、锰等 11 种矿物质在茶中含量丰富。矿物质主要是和酶结合，促进代谢。如果人体内矿物质不足就会出现许多不良症状，比如缺乏钙、磷、锰、铜，可能引起骨骼疏松；缺乏镁，可能引起肌肉酸痛；缺铁会出现贫血；缺钠、碘、磷会引起疲劳，等等。因为茶叶中矿物质含量丰富，多饮茶可以促进新陈代谢，保持身体健康。

5．氨基酸

氨基酸（Amino Acids）是一种分子中有羧基和氨基的有机物，它是人体的基本构成单位，与生物的生命活动密切相关，不仅是人生命的物质基础，也是进行代谢的基础。

茶中含有氨基酸约 26 种，例如蛋氨酸、茶氨酸、苏氨酸、亮氨酸等。这些氨基酸对于人体机能的运行发挥着重大作用，例如亮氨酸有促进细胞再生并加速伤口愈合的功效；苏氨酸、赖氨酸、组氨酸等对于人体正常地生长发育并促进钙和铁的吸收至关重要；蛋氨酸可以促进脂肪代谢，防止动脉硬化；茶氨酸有扩张血管，松弛气管的功效。茶中含有的氨基酸为人体生命正常活动提供了必需的要素。

6．蛋白质

蛋白质（Protein）是由荷兰科学家格里特（Gerrit）于 1838 年发现的，它对人类的生命至关重要。蛋白质的基本组成物质便是氨基酸。人的生长、发育、运动、生殖等活动都离不开蛋白质，可以说没有蛋白质就没有生命。人体内蛋白质的种类繁多，而且功能也各异，约占人体质量的 16.3%。

茶叶中蛋白质的含量占茶中干物的 20%~30%，其中的水溶性蛋白质是形成茶汤滋味的主要成分之一。

7. 糖类化合物

糖类是自然界中普遍存在的多羟基醛、多羟基酮以及能水解而生成多羟基醛或多羟基酮的有机化合物。糖类化合物是人体所需能量的主要来源。茶叶中的糖类有糖、淀粉、果胶、多缩葡萄和己糖等。由于茶叶中的糖类多是不溶于水的，所以茶的热量并不高，属于低热量饮料。茶叶中的糖类对于人体生理活性的保持和增强有显著的功效。

8. 芳香物质

芳香物质是具有挥发性物质的总称，茶叶中的香气便是由这些芳香物质形成的。但是在茶叶成分的总量中，芳香物质并不多，只占到 0.01%~0.03%。虽然茶叶中芳香物质的含量不多，但种类却非常丰富。茶叶中的芳香物质主要由醇、酚、酮、酸、酯、内酯类、含氮化合物、含硫化合物、碳氢化合物、氧化物等构成。因为不同品类的茶叶中成分含量的差异，所以茶叶会有不同的芬芳。而芳香物质不仅能使人神清气爽，还能够增强人体生理机能。

9. 其他成分

茶叶中除了含有上述与人身体健康密切相关的物质之外，还含有有机酸、色素、类脂类、酶类以及无机化合物等成分。其中有机酸、酶类可以增进机体代谢；类脂类物质对进入细胞的物质起着调节渗透的作用。

正因为茶叶中含有这么多种营养物质，因此适量地科学饮茶对于人的身体具有良好的保健效果。

任务二　茶的保健功效

1. 安神醒脑

茶叶中含有咖啡碱，而咖啡碱可以刺激大脑感觉中枢，从而使其更加敏锐和兴奋，起到安神醒脑、解除疲劳的作用。在感觉身心怠倦的时候，泡上一杯清茶，闻着缕缕的清香，品饮着茶汤的舒爽，精神自然会慢慢饱满起来，已有的困倦和劳累也会得到很好的缓解，从而思维清晰，反应敏捷起来。这便是茶带来的安神醒脑的良好功效。

2. 防龋固齿

茶具有防龋固齿的功效和它本身含有的健康元素有关。首先是氟元素，茶叶中含有较多氟元素，而适量的氟元素是抑制龋齿发生的重要元素。其次是类多酚类化合物，它们可以抑制牙齿细菌的生成和繁殖，进而预防龋齿的发生。最后就是茶叶中皂苷的表面活性作用，它增强了氟元素和茶多酚类化合物的杀菌效果。另外，因为茶本身呈碱性，而碱性物质可以预防牙齿所必需的钙质的减少和流失，因此饮茶一定程度上还可以起到坚固牙齿的作用。

3．清心明目

品茶的时候需要有一颗清静淡泊的心，即使稍有烦闷的心思，如果泡上一杯茶，细细地品茶之余，也会收到清火清心的良好效果。这一方面是因为茶叶的轻柔以及与水的交融给人心理上的抚慰；另一方面是因为茶叶中含有的多种健康元素也悄然进入人体内，发挥了其特别的效果。

茶不但能清心，同时也能明目。因为人眼需要维生素 C 的比例较高，而通过饮茶的方法可以很有效地摄入维生素 C，因此经常饮茶可以很好地预防白内障、夜盲症等眼病的发生，进而起到明目的作用。

4．消渴解暑

茶作为一种健康的饮品，首先便是它具有消渴的优点。当茶水滑过干渴的咽喉，焦渴的感觉会慢慢变淡并消失，浸润的滋味充满身心。尤其是炎热的夏季，干燥的空气和酷烈的阳光很容易让人觉得干渴甚至是中暑，茶便是绝佳的解渴和消暑饮品。在树荫摇曳的庭院中摆上清茶数盏，品饮欢娱的同时也获得了消渴解暑的效果。

5．清新口气

人们在用餐之后往往会有一些残余物遗留或者粘附在牙齿的表层或者牙缝中，时间积聚之后经过口腔细菌的发酵作用，从而出现异味或者口臭。饮茶可以起到很好的清新口气的效果。这主要是因为茶中茶多酚类化合物对存在于口腔中的菌类有很好的预防和灭杀效果，同时茶皂素的表面活性作用也可以起到清除口臭、清洗口腔的作用。

6．排毒美颜

经常饮茶可以有效清除体内重金属所造成的毒害作用。日常生活中，一些重金属如铜、铅、汞、镉、铬等，通过饮食、空气等方式进入人体之中，从而对人体造成很大的损害。茶叶中的茶多酚类化合物可以对重金属起到很好的吸附作用，能够促进金属在身体中沉淀并被排出。

此外，饮茶还可以美容。一方面是因为饮茶可以有效地排出身体中的毒素，使人精神焕发，年轻朝气，展现了自然健康之美；另一方面茶中富含多种可以调节皮肤机能的营养元素，对皮肤具有很好的滋润和美容效果。因此经常饮茶也是美容的一个有效而便捷的好方法。

7．消食去滞

酒足饭饱之后往往出现口渴和食物淤积的感觉，这时候饮茶是不错的选择，可以起到一定消食去滞的效果。因为茶叶中咖啡碱和黄烷醇类化合物的存在，使得消化道的蠕动能力增强，促进了食物的消化。同时饮茶也预防了消化器官炎症的发生，这是因为茶多酚类化合物会在消化器官的伤口处形成一层薄膜，起到保护作用。

8．利尿通便

饮茶利尿一部分是因为摄入了一定水分，但主要是因为茶中含有咖啡碱、可可碱以及芳香油，它们综合作用从而促进了尿液从肾脏中加速过滤出来。由于乳酸等致疲劳物质伴随尿液排出，体力也会得到恢复，疲劳得到缓解。

同时，饮茶对于缓解便秘的症状也有一定的效果。这是因为茶叶中茶多酚类物质促进了消化道的蠕动，使得淤积在消化道的废物能够有效地流动，从而对习惯性和神经性便秘起到缓解与治疗作用。

9. 消炎杀菌

在中国古代，茶叶便常常用来消毒伤口。这是因为茶叶中含有的儿茶素类化合物和黄烷醇类能够起到很好的消炎杀菌效果。首先，黄烷醇类相当于激素药物，能够促进肾上腺体的活动，具有直接的消炎作用。其次，茶叶中的儿茶素类化合物对于多种病原细菌具有明显的抑制作用。茶叶中多酚类化合物和儿茶素化合物，还可以明显抑制植物病毒。而众多的茶叶品种中，尤其以绿茶的杀菌性最高。

茶博士——茶水煮饭更健康

用茶水煮出来的米饭比用普通开水煮出来的米饭不仅在色、香、味上都更胜一筹，而且能够去腻、洁口、化食和预防疾病。从营养学的角度分析，茶水煮饭至少有三个方面的好处：首先是茶饭中的茶多酚能够有效阻断食物中亚硝酸胺在人体内的合成，可以预防消化道癌的发生；其次，用茶水煮饭对保护血管和促进血液循环大有裨益；最后，茶水煮饭还能有效地防止中风，有效地预防牙齿疾病等。总而言之，茶水煮饭好处多多。

（资料来源：http://www. teajk. com/）

模块二　茶的科学饮

经历了数千年实践的检验，茶的保健功效已为世人所公认。不同的茶类具有不同的特性，不同的人也有不同的状况，不同的时间、地点及环境条件，都会影响人与茶之间的关系。所以，科学合理的饮茶需要因人、因时、因地、因茶而异。

学习目标

了解科学饮茶的基本要求；
会根据不同的体质、季节等因素选择不同的茶类饮品；
掌握饮茶的一些主要禁忌。

课前任务

利用网络，查询下列问题的相关知识。

（1）如何科学饮茶？

（2）喝茶有哪些禁忌？

任务分工与实施

（1）各小组成员在组长的带领下，查阅科学饮茶知识（可以是新闻、短视频、文章等），尝试解决课前任务。

（2）各组长组织成员讨论不同人群该如何选择适合自己的茶叶，并记录汇总。

学习模块相关知识点

任务一　看茶喝茶

茶的最早利用是药用，茶原本就是一味中药。从中医角度看，茶的药性各不相同，红茶性偏温，对胃的刺激性较小；绿茶性偏凉，对肠胃的刺激性较大；刚炒制出来的新茶，不管是绿茶还是红茶，均有较强的火气，多饮使人上火，但这种火气只能短暂存在，放置数周后便可消失；相反，陈茶则性趋凉，一般是越陈越凉。因此应根据茶的特性，学会看茶喝茶。

一、红茶

红茶是在绿茶的基础上经发酵创制而成的，因其干茶色泽和冲泡的茶汤以红色为主调，故名红茶。红茶性温，可帮助胃肠消化、促进食欲，可利尿、消除水肿，并强壮心脏功能。预防疾病方面：红茶的抗菌力强，用红茶漱口可预防滤过性病毒引起的感冒，并预防蛀牙、降低血糖值与高血压。

二、黄茶

黄茶是一种与绿茶的加工工艺略有不同的茶，多了一道焖黄工序。黄茶浸泡后是黄汤黄叶。黄茶是我国特产，其按鲜叶老嫩又分为黄小茶和黄大茶。黄茶为轻发酵茶或者后发酵茶，品性是寒凉的。黄茶鲜叶中天然物质保留了85%以上，而这些物质对防癌、抗癌、杀菌、消炎均有一定效果。此外，黄茶中富含茶多酚、氨基酸、可溶糖、维生素等丰富营养物质，对防治食道癌有一定功效。

三、绿茶

绿茶是以适宜茶树新梢为原料，经杀青、揉捻、干燥等典型工艺过程制成的茶叶。其干茶色泽和冲泡后的茶汤、叶底以绿色为主调。按干燥和杀青方法的不同，一般分为炒青、烘青、晒青和蒸青绿茶四种绿茶。绿茶是未经发酵制成的茶，品性寒凉，同时含有的茶多酚、儿茶素、叶绿素、咖啡碱、氨基酸、维生素等营养成分也较多，对防衰老、防癌、抗癌、杀菌、消炎等具有一定效果，是其他茶类所不及的。

四、白茶

白茶的制作工艺很特别，也是最自然的做法，它不炒不揉，既不像绿茶那样制止茶多酚氧化，也不像红茶那样促进它的氧化；而是把采下的新鲜茶叶，薄薄地摊放在竹席上置于微弱阳光下，或置于通风透光效果好的室内，让其自然萎凋。晾晒至七八成干时，再用文火慢慢烘干即可。由于制作过程简单，以最少的工序进行加工，因此，白茶在很大程度上保留了茶叶中的营养成分，品性凉。

五、青茶

青茶即乌龙茶，半发酵茶，发酵程度为10%~70%，一般来说轻发酵乌龙茶品性凉，中发酵乌龙茶中性，中发酵铁观音为温性，例如轻发酵的文山包种茶凉性，白毫乌龙呈温性。乌龙茶作为我国特种名茶，经现代国内外科学研究证实，除了与一般茶叶一样具有提神益思、消除疲劳、生津利尿、解热防暑、杀菌消炎、祛寒解酒、解毒防病、消食去腻、减肥健美等保健功能外，还突出表现在防癌症、降血脂、抗衰老等特殊功效。

六、黑茶

黑茶采用的原料较粗老，是压制紧压茶的主要原料。由于黑茶的原料比较粗老，制造过程中往往要堆积发酵较长时间，所以叶片大多呈现暗褐色，属全发酵茶，品性温和。黑茶在降血脂、降血压、降糖、减肥、预防心血管疾病、抗癌等方面具有一定功效。黑茶特殊保健功效与其含有较丰富的茶多糖有关。

茶博士——饮茶与服用药物的关系

茶叶既然具有多种药理功效，其丰富的药效成分会与其他药物成分发生各种已知的或未知的相互作用。为此，在服用药物前有必要了解茶叶成分与各种药物之间的相互关系。

从中医的角度看，茶叶本身就是一味药，其所含的黄嘌呤类化合物（咖啡碱、茶碱和可可碱）、多酚类、茶氨酸等成分，都具有一定的药理功能，它们也可以与体内同时存在的其他药物或元素发生各种化学反应，影响药物疗效，甚至产生毒副作用。所以，在服用药物时，一般应禁茶或避开饮茶时间。

中药汤剂和中成药组方的治疗效果是药物中多种成分在一定比例下的综合作用，因此，除特别医嘱或特殊情况下需用茶冲服（如川芎茶调散）外，一般内服汤剂和中成药时，均不宜饮茶，以免茶叶中的一些成分与中药有效成分发生反应或改变其配伍平衡。

饮茶对许多药物的影响尚不明了，源源不断投入使用的新药与茶叶成分的关系还有待研究和观测，所以，在服用药物时应慎对饮茶。

（摘录资料来源：360 文库《科学饮茶的原理与实践》，https://wenku.so.com/d/70754ed309e76c2664e9c465f7a18ad7）

任务二　看人喝茶

一、体质不同，喝茶有讲究

喝茶可以提神，使人精力充沛，可以提高人的免疫力，抵御疾病的侵害，可以帮助抵抗辐射，还可以助消化、清脂减肥、美肤等。上古有神农氏“尝百草，日遇七十二毒，得茶而解之”，后有明代高濂在养生经典《遵生八笺》中写道：“人饮真茶，能止渴消食，除痰少睡，利水道，明目益思，除烦去腻，人固不可一日无茶”。可见，古人早就知道茶的祛病健身功效。

人的体质有燥热、虚寒之别，而茶叶经过不同的制作工艺也有凉性及温性之分，因此不同的体质喝不同的茶。

身体比较虚弱的人，应选择喝红茶。红茶是一种发酵茶，刺激性弱，较为平缓温和，特别适合肠胃较弱的人，也可以在茶中添加糖和奶，既可增加能量又能补充营养。

绿茶性味苦寒，其营养成分如维生素、叶绿素、茶多酚、氨基酸等物质是所有茶类中含量最丰富的，具有清热、消暑、解毒的作用。但由于绿茶属不发酵茶，茶多酚含量较高，对肠胃有一定的刺激性，肠胃较弱的人应少喝，或冲泡时茶少水多，减少刺激性。

女性经期前后以及更年期，性情烦躁，适宜饮用花茶，有疏肝解郁、理气调经的功效。

身体肥胖、希望减肥的人可以多喝乌龙茶，因为乌龙茶分解脂肪的作用较强，可以解除油腻，帮助消化。喜欢参加派对和饮酒的人也可以喝乌龙茶，它能够预防身体虚冷，减少酒精和胆固醇在体内沉积。

苦丁茶、普洱茶都具有降血脂的作用。但苦丁茶凉性偏重，虚寒体质的人常喝会损伤体内阳气，比较适合血压偏高、体形发胖的体质燥热者。普洱茶的性质温和，适合体质虚寒的人饮用。

茶博士——茶美容每日不可少的四小杯

茶叶中的很多成分具有美容效果，每天喝茶、吃茶一定程度上能够美容。

1. 茶水美容

把茶叶用于化妆品中，使茶叶中的美容成分直接被皮肤吸收。茶叶美容品有茶叶洗面奶、茶叶化妆水、茶叶面膜、茶叶增白霜、茶叶防晒露、茶叶洗发剂等，它们都利用了茶叶的美容效果，具有安全、刺激性小等的优点。使用方法简易，经济适用，长期坚持能够达到良好的效果。

2. 喝茶美容

早晨——绿茶：富含高效抗氧化剂和维生素 C，不但可以清除体内的自由基，还能分泌出对抗紧张压力的荷尔蒙。因为含有少量咖啡因，还可以刺激中枢神经，振奋精神。

午后——菊花茶：明目清肝，加上枸杞一起泡来喝，或是在菊花茶中加入蜂蜜，都对解除郁闷烦躁有帮助。

黄昏——枸杞茶：含有丰富的β胡萝卜素、维生素 B1、维生素 C、钙、铁，具有补肝、益肾、明目的作用。

加班——决明子茶：清热、明目、补脑髓、镇肝气、益筋骨。如果有便秘，选择在晚饭后饮用，很有效果。

（资料来源：https://m.39.net/woman/a_101976.html）

二、不同体质喝茶指南

人的体质分很多种，有的人体寒，有的人体热，有的人体虚，有的人体湿等等，因而喝茶也要因人而异，选错了茶，非但不能达到想要的效果，反而适得其反。

不同体质的人喝不同的茶，效果会截然不同，在同样的环境和条件下，不同人喝不同茶的效果不一样。有的人喝绿茶会不舒服，有的人喝绿茶却神清气爽;有的人喉咙痛喝菊花就能好，有的人却不管用，这是体质差异导致的。中华中医药学会 2009 年出版的《中医体质分类与判定》将人的体质分为九类，即平和质、气虚质、阳虚质、阴虚质、痰湿质、湿热质、血瘀质、气郁质、特禀质，不同体质的人适合饮用的茶类不同。

1. 平和体质

总体特征：阴阳气血调和。

形态特征：体态适中，匀称健硕，面色，红润，精力充沛。面色，肤色，润泽，头发茂密，有光泽，目光有神，唇色红润，不易疲劳，精力充沛，耐受寒热，睡眠良好，胃口好，大小便正常。

心理特征：性格随和开朗，平时患病比较少。

调养方法：进食应饥饱有度，多吃五谷杂粮、蔬菜、水果，少吃过于油腻及辛辣食物，运动上，年轻人可以选择跑步、打球，老年人应适当散步、打太极拳等。

健康茶谱：各种茶类均可。

2. 气虚体质

总体特征:元气不足，以疲惫、气短、自汗等气虚表现为主要特征。

形态特征：肌肉松软不实，平时语音低落，气短懒言，容易疲惫，精神不振，易出汗。

心理特征：性格内向，不喜欢冒险。容易患感冒，内脏下垂，病后康复缓慢。

调养方法：多吃益气健脾的食物，如黄豆、白扁豆、香菇、大枣、桂圆、蜂蜜等。以柔缓运动，如散步、打太极拳等为主，平时可按摩足三里穴。

健康茶谱：比如熟普洱茶、乌龙茶，富含氨基酸的白茶等。

3. 阳虚体质

总体特征：阳气不足，有恶寒、怕冷、手足不温等虚寒表现。

形态特征：肌肉松软不实，平时怕冷，手足不温，喜欢喝热水，吃热乎的东西，精神不振。耐夏不耐冬，对风邪、寒、湿邪易感。

调养方法：可多吃甘温益气的食物，如大葱、姜蒜、韭菜、辣椒、胡椒等，少吃生冷寒凉的食物，如西瓜、黄瓜、莲藕、梨等。平时自己按摩气海、足三里、涌泉等穴位，或经常艾灸足三里、关元穴。

健康茶谱：红茶，黑茶，岩茶。少喝绿茶，黄茶。不喝苦丁茶。

4. 阴虚体质

总体特征：阴液亏少，以口干舌燥、手足心热等虚热表现为主要特征。

形态特征：体形偏瘦，手足心热，口干，咽干，鼻干，喜欢冷饮，大便干燥。

心理特征：性情急躁，外向，好动活泼，平时容易虚劳失眠，耐冬不耐夏，不耐受暑、热、燥。

调养方法：多吃甘凉滋润的食物，比如绿豆、冬瓜、芝麻、百合等，少吃性温燥烈的食物。中午保持一定的午休时间，避免熬夜、剧烈运动。锻炼时，要控制出汗量及时补充水分。

健康茶谱：多喝绿茶、黄茶、白茶、苦丁茶、轻发酵的乌龙茶，可配菊花枸杞决明子。慎喝红茶、黑茶、重发酵的乌龙茶。

5. 痰湿体质

总体特征：痰湿凝聚，以形体肥胖，腹部肥满，口黏苔腻等为主要特征。

形体特征：面部皮肤油脂较多，多汗，汗发粘，痰多口黏腻。喜欢吃甜食。

心理特征：性格偏温和，稳重多，善于忍耐，容易得糖尿病，中风。对梅雨季节和湿气重的环境，适应能力差。

调养方法：饮食清淡，多吃葱、蒜、海藻、海带、冬瓜、金橘、芥末等食物，少吃肥肉，少吃甜食物、黏的食物、油炸食物。

健康茶谱：多喝各类祛湿化痰茶，推荐陈皮茶、茯苓茶。

6. 湿热体质

总体特征：面垢油光，口苦，舌苔黄腻为主要特征。

形态特征：形体中等或偏瘦。面垢油光，易生痤疮，口苦，口干，身重困倦，大便粘腻不畅或躁结，小便短黄。

心理特征：容易心烦，急躁。对夏末秋初湿热气候，湿气重或气温偏高的环境比较难适应。

调养方法：饮食宜清淡，多吃甘寒、甘平的食物，比如绿豆、空心菜、苋菜、芹菜、黄瓜、莲藕、西瓜等，少吃辛温助热的食物。戒烟酒，不熬夜，注意休息。适合中长跑，游泳爬山，各种球类，武术等运动。

健康茶谱：多饮绿茶，黄茶，白茶，苦丁茶，可配枸杞，菊花，决明子，清热利湿、泻火清心。

7. 血瘀体质

总体特征：血行不畅，以肤色晦暗，舌质紫暗为主要表现特征。

形态特征：胖瘦均常见，肤色晦暗，色素沉着，容易出现瘀斑，口唇黯淡，舌下，脉络暗紫或变粗。

心理特征：易烦，健忘。容易得痛症，血症。不耐受寒。

调养方法：多吃黑豆、海带、紫菜、萝卜、胡萝卜、山楂、食醋、绿茶等，具有活血散结，行气疏肝的食物，少吃肥猪肉等，并保持足够的睡眠。

健康茶谱：多喝各类畅气活血茶，推荐山楂茶、玫瑰花茶、红糖茶等。

8. 气郁体质

总体特征：气机瘀滞，神情抑郁，忧虑脆弱。

形态特征：形体较瘦者多，神情抑郁，情感脆弱，烦闷不乐，无缘无故地叹气，易心慌失眠。

心理特征：性格内向不稳定，敏感，多虑，对精神刺激适应能力较差，不适应阴雨天气。

调整方法：多吃小麦、葱、蒜、海带、海藻、萝卜、金橘、山楂等具有行气解郁、消食醒神的食物，睡前避免喝茶、咖啡等提神醒脑的食物。

健康茶谱：富含氨基酸的白茶，低咖啡因茶，山楂花茶，玫瑰花茶，菊花茶，佛手茶，金银花茶，葛根。

9. 过敏体质（特禀体质）

总体特征：以过敏反应为主要特征，对花粉或某些食物过敏等，中医称为特禀体质。

形态特征：常见哮喘，起疹子，嗓子痒，鼻塞，喷嚏等，荨麻疹，花粉症药物过敏，对外界适应能力差。

调养方法：饮食清淡，均衡，粗细搭配适当，荤素搭配合理，少吃荞麦、蚕豆、白扁豆、牛肉、鹅肉、浓茶、海鲜等，及含导致过敏的食物。

健康茶谱：固本增免茶，低咖啡因的茶，不喝浓茶。推荐黄芪枸杞茶。

喝茶和生活习惯也有关系，总体而言，不管什么体质，稍微喝一点不同的茶是没有问题的，如果不知道自己的体质可以亲身感受一下，如果觉得喝某种茶舒服，这种茶就可以喝，喝着不舒服就换另一种喝喝看，直到舒服为止。有的人喝茶与个人喜好、职业环境，甚至时间都有关系。

任务三　看时喝茶

传统医药学认为，茶叶因种类不同，其功效和性能也各异，在了解了茶性的基础上，根据四季的变化合理饮茶，对于人体保健具有事半功倍的效果。

春节多饮花茶和果茶，可散发体内积郁的寒气，振奋精神，解除春困，提高人体机能。绿茶富含大量维生素 C，常饮对缓解春季里的干燥问题也有很大帮助。

夏季气候炎热，人体新陈代谢亢盛，体内津液消耗大，宜饮富含维生素、氨基酸、矿物质等营养成分的绿茶。绿茶甘香略苦性寒，具有消暑、解毒、去火、生津止渴、强心提神的功效，最适合夏季饮用。

克服秋燥，多饮乌龙茶最为理想。其茶性适中，不寒不热，常饮能润喉、生津、益肺、清除体内余热。

冬季人体内寒气重，代谢慢，精气内藏。选择饮用红茶，可御寒保暖，强身补体，帮助人体更好地适应气候变化。

需要注意的是，根据季节饮茶并非绝对，可根据个人喜好适度变通；另外，茶宜常饮而不宜多饮，适量适度，随饮随泡，才能达到预期的效果。

一、春季茶饮

1. 菊花茶

菊花绿茶可以清热解毒，预防感冒，宁神明目，适用于春季忽冷忽热和干燥的气候，对肝火上升、喉咙干痒等换季的不适症状有极好的缓解作用。菊花绿茶的制作方法简单方便，只要将适量的菊花和绿茶一起放入冲茶器中，用沸水冲泡，然后依个人口味放入冰糖即可。

2. 柠檬茶

柠檬绿茶性质温和，春季饮用能促进新陈代谢、血液循环、更新老化角质层、分解出表皮层的黑色素，令肌肤变得更加明亮、光滑、白皙。

制作柠檬茶需要准备的材料有：绿茶适量、葡萄 10 粒、菠萝 2 片、蜂蜜适量以及鲜柠檬 2 片。首先，将绿茶放入杯中，用开水冲泡，静置 7~8 分钟；然后将菠萝切片与葡萄粒一起榨成汁，再将果汁、蜂蜜、柠檬和绿茶同时倒入玻璃杯中，搅拌均匀即可。

3. 梅子绿茶

酸酸甜甜的梅子绿茶可以缓解疲劳，增强食欲助消化，并有杀菌抗菌的作用。需要注意的是，胃酸过多、脾胃虚弱的人不宜饮用此茶。

制作美味的梅子绿茶需要的材料有：绿茶适量、青梅 1~2 颗、青梅汁适量和冰糖少许。首先在冲泡好的绿茶中加入少量冰糖，浸泡 5 分钟后，加入青梅和少许青梅汁，搅拌均匀即可饮用。

4. 杞子绿茶

春季是最适宜保养肝脏的季节，每日以杞子绿茶代水多次饮用，不但能宜肝明目、补肾润肺，也能祛风发汗，减轻春季感冒引起的咳嗽、气喘等症状。

杞子绿茶的制作需要准备：枸杞子 15 克，绿茶 3 克。将上述材料放入杯中冲以沸水，趁热饮用。

二、夏季茶饮

1. 薄荷绿茶

薄荷绿茶由于加入口感独特的薄荷，口感清凉爽口，祛暑降温。

首先准备好蜂蜜、薄荷、冰块、糖水、绿茶等适量，茶具现用带盖杯。将绿茶冲泡好，滤取茶叶备用，然后将冰块加入杯内，依次加入蜂蜜、薄荷、糖水，最后将绿茶倒入杯内，盖上杯盖，震摇法来回摇动 8~10 次即可。可依据个人口味按比例加入柠檬汁。

2. 山楂茶

此茶酸甜可口，可助消化、降血脂，帮助扩张血管、促进血液循环。

准备乌梅 40 克、山楂 60 克、龙井茶 5 克、冰糖 20 克。将乌梅、山楂、冰糖倒入热水中，煮开，再用小火熬煮 5 分钟。然后加入龙井茶，再煮 1 分钟，将茶叶滤出即可饮用。

3. 桂圆莲子茶

桂圆补气，莲子祛火，将茶冰冻后饮用，口感清爽，消暑去乏，味道更佳。

准备莲子 10 粒、桂圆干 20 克、红枣 5 粒、乌龙茶和蜂蜜适量。将莲子用水煮熟，加入桂圆干、红枣和茶叶，稍稍加热即可。滤出茶叶待水温稍降加入适量蜂蜜调味即可。

4. 冰橘茶

冰橘茶口味独特，果香融合绿茶的清爽，在炎热的夏季带来清凉感受。

准备青金橘 3~4 粒、柠檬片若片、绿茶茶包一个、蜂蜜适量、冰块若干。首先将绿茶用热水冲泡，3 分钟左右取出茶包，将茶汤放入冰箱冷藏备用。然后把青金橘和柠檬榨汁，放入杯中，再加入已经冰镇的绿茶和适量蜂蜜，搅拌均匀，加入金橘片和冰块即可。

三、秋季茶饮

1. 蜂蜜红茶

秋季干燥，可以用蜂蜜滋润。红茶暖胃，正适合微微转凉的入秋天气。

首先准备好一个红茶包、适量蜂蜜和一把泡茶专用的茶壶。用沸水将红茶冲泡好静置待用，当水温降至 70°C 的时候取出红茶包，并加入蜂蜜调和，这样一杯蜂蜜红茶就做好了。因为蜂蜜在沸水中会丧失营养成分，因此不能在冲入沸水后立即放入蜂蜜。

2. 参芪茶

此茶饮每天 1 剂，可去除秋燥，滋阴补肾，益气揉肝，尤其适合忙碌、压力大的男士饮用。

准备西洋参 2 克、黄芪 1 克、杭菊 2 克，绿茶少许。首先将绿茶冲泡好，将西洋参、黄芪依次趁热放入茶中，加盖闷泡，约 10 分钟后即可饮用。

3. 乌龙梅茶

陈皮梅生津止渴，乌龙茶可促进体内脂肪分解，有除油腻之效。这道茶饮口感鲜爽，制作方法简单快捷，最适宜在干燥封闭的办公环境中长期停留的人们饮用。

先将乌龙茶在茶杯中泡开，再加入陈皮梅 1~2 颗后即可饮用。

4. 滋补茶

此茶趁热饮用，可以恢复津液，健脾补肾，益肝滋阴，补血补气。

取枸杞子和乌龙茶适量，放入壶中煎煮，至茶沸两次，去渣留汁。再将桂圆、红枣加入壶中同煮，待枣变软后即可移火。

5. 秋菊清心茶

此茶特别适合女士饮用，将其代茶饮，具有清肝泻火，滋阴润燥，宁神养心的疗效。

准备杭白菊 5 克、麦冬 5 克、百合 5 克、红茶适量，将以上材料一起放入壶中，用沸水冲泡，静置 10 分钟后即可饮用。可根据个人口味加入适量冰糖调味。

四、冬季茶饮

1. 水果红茶

水果红茶酸甜爽口，可开胃理气，润肺健脾，防病保健，也是美容佳品。

将苹果、梨、橙子等水果切片，取金橘 2 个，红茶茶包一个备用。将以上材料全部放入壶中，用小火加热至水煮沸，将火移开，静置 3~5 分钟，加入鲜柠檬汁和蜂蜜适量，即可饮用。

2. 桂花茶

这道茶可以滋润肌肤，增加皮肤弹性，还有活血润喉的疗效。

将同比例的桂花与红茶混合，用 90°C 左右的开水冲泡，加盖闷泡 5 分钟，一杯香气扑鼻的桂花茶就做好了。每日 2 剂，早晚各饮用一次对改善皮肤干裂有明显的效果。

3. 参麦茶

此茶专门为男士所用，每日以其代茶饮，可有清热生津，止渴，止汗，滋阴养肾，暖胃安神的保健效果。

取西洋参 2 克，麦冬 2 克，红茶适量，将以上材料放入壶中，用 90°C 左右的开水冲泡，10 分钟后即可饮用。

4. 姜糖茶

姜糖茶可以祛寒暖胃，格外适宜于寒意凝重，气温骤降的冬季饮用。

准备生姜 10 片，红茶适量，红糖少许。将生姜洗净，去外皮，切成薄片，然后将茶叶与姜片一同放入砂锅内，加适量的水煎煮 10~15 分钟，直至形成浓汁，加入红糖，搅匀即可。

任务四　饮茶注意事项

一、科学合理饮茶的基本要求

1. 适合的饮茶温度

虽然现在已发展出多种饮茶方式，但大部分还是传统的开水泡饮方式。用开水泡好茶水后，在什么温度下饮用为好？这个问题非常重要，但又常被人们所忽视。首先要避免烫饮，即不要在水温较高情况下边吹边饮。因为过高的水温不但烫伤口腔、咽喉及食道黏膜，长期的高温刺激还是导致口腔和食道肿瘤的一个诱因。在早期的饮茶与癌症发生率关系的流行病学调查中，曾发现有些地区的食道癌发生率与饮茶有一定的相关性，后来进一步的研究证明这是长期饮烫茶的结果，而不是茶叶本身所致。由此可见，饮茶温度过高是极其有害的。相反，对于冷饮，则要视具体情况而定。对于老人及脾胃虚寒者，应当忌冷茶。因为茶叶本身性偏寒，加上冷饮其寒性得以加强，这对脾胃虚寒者会产生聚痰、伤脾胃等不良影响；但对于阳气旺盛、脾胃强健的年轻人而言，在暑天以消暑降温为目的时，饮凉茶也是可以的。总之，在一般情况下提倡热饮或温饮，避免烫饮和冷饮。

2．适合饮茶的时间

饮茶效果的好坏在很大程度上取决于饮茶时间的掌握。饭后不宜马上饮茶，一般可把饮茶时间安排在饭后一小时左右。饭前半小时以内也不要饮茶，以免茶叶中的酚类化合物等与食物营养成分发生不良反应。临睡前也不宜喝茶，以免茶叶中的咖啡碱使人兴奋，同时摄入过多水分引起夜间多尿，从而影响睡眠，当然，现在出现的脱咖啡因茶则另当别论。

何时饮茶也不可一概而论。一般说来，以解渴为目的的饮茶，渴了就饮，只要饮茶量不是太大，不必太刻意饮茶时间。若在进食过多肥腻食物后，马上饮茶也是可以的，因为这样可以减少脂肪、蛋白质等成分的吸收，促进过多营养的排泄，解除酒毒，消除胀饱不适等。有口臭和爱吃辛辣食品的人，若在与人交谈前先喝一杯茶，可以消除口臭。嗜烟的人，若能在抽烟同时喝点茶，就可减轻尼古丁对人体的毒害。在看电视时也可饮茶，这样对消除电视荧屏辐射、保护视力有一定好处。脑力劳动者边工作边饮茶，可提神保健，并有利于提高工作效率。清早起床洗漱后喝上一杯茶（不宜太浓），可以帮助洗涤肠胃，对健康也很有好处。

3．适量饮茶

饮茶好处虽多，但也须适量。饮茶过度，特别是过量饮浓茶，对健康是不利的。茶中的生物碱将使中枢神经过于兴奋，心跳加快，增加心、肾负担，晚上饮茶还会影响睡眠。过量饮茶，体内过高浓度的咖啡碱和多酚类等物质对肠胃产生刺激，会抑制胃液分泌，影响消化功能。

根据人体对茶叶中药效成分和营养成分的合理需求来判断，并考虑到人体对水分的需求，成年人每天饮茶的量以每天泡饮干茶 5~15 克为宜，这些茶的用水总量可控制在 200~800 毫升。这只是对普通人每天用茶总量的建议，具体还须考虑人的年龄、饮茶习惯、所处生活环境和本人健康状况等。如运动量大，消耗多，进食量大的人，或是以肉类为主食的，每天饮茶可高达 20 克左右。对长期在缺少蔬菜、瓜果的海岛、高山、边疆等地区的人，饮茶数量也可多一些，以弥补维生素等的不足。而对那些身体虚弱，或患有神经衰弱、缺铁性贫血、心动过速等疾病的人，一般应少饮甚至不饮茶。至于用茶来治疗某些疾病的，则应根据医生建议合理饮茶。

4．不吃茶渣，不喝过度冲泡或存放过久的茶汤

铅、镉等重金属元素对人体健康是有害的。由于这些元素的水溶性很小，所以绝大部分都残留在泡过的叶底中；如果吃掉这些泡过的茶叶，所有的重金属也就进入了人体。一般人们只喝茶汤，所以不会有重金属摄入过量的问题。

对于西藏、内蒙古等边疆地区饮用粗老茶（如砖茶）的情况，由于这些茶叶中氟的含量过高，容易因氟摄入过量而造成氟中毒现象。对此，应当适当减少砖茶熬煮的

时间，这样可以减少氟的浸出率。当然，对原料嫩度较好的茶叶，不存在氟摄入过量的问题。

不喝存放过久的茶，这也是一个具有普遍意义的合理饮茶习惯。茶叶泡好后存放太久，首先会产生微生物污染并大量繁殖，在天气炎热的夏天尤其如此。此外，长时间的浸泡，会使茶叶中的茶多酚、芳香物质、维生素、蛋白质等物质氧化变质或变性，同时一些对茶叶品质及人体健康不利的成分也会较多地浸出，因此，茶叶以现泡现饮为好。

二、饮茶的禁忌

茶固然对身体健康有益，但是喝茶也应注意避免可能引起不适的情况。

1. 饮茶不宜过浓

很多人因为工作或生活带来了精神压力，往往喜欢冲泡、品饮浓茶来解乏提神。然而，饮茶的时候如果太浓，对身体是有伤害的。因为咖啡碱刺激神经的作用，经常喝浓茶不仅会使人对浓茶产生依赖感，更重要的是，咖啡因和茶碱的刺激作用还会使人产生头疼、失眠等一系列不适的症状。饮浓茶非但不能缓解精神压力和减轻疲劳，只会适得其反。

另外，酒醉后也不宜冲饮浓茶，因为浓茶在缓解酒精刺激的同时，也会给肝脏带来更重的负担，一样会伤害身体。

2. 不宜空腹饮茶

茶具有温凉的特性，如果空腹饮茶，会对脾胃产生冲击，进而容易造成脾胃不和。同时，空腹饮茶还会使得胃液被冲淡，影响食欲和食物消化。如果长期空腹饮茶会导致营养不良和食欲减退，严重的还会出现消化相关的肠胃慢性病。因此空腹饮茶对身体健康也是有危害的。

3. 忌用茶送药

人们一般有这样的观念，即茶可以解药，说的便是在生病吃药的时候不要用茶水来冲服。这是因为茶叶中的鞣质可以分解为鞣酸，而这些物质和药物结合之后会产生沉淀，进而阻碍药物被吸收，从而降低药效。所以，在生病的时候要尽量避免饮茶，更不要以茶来服药。

4. 不宜饭后立即饮茶

有的人习惯在饱饭之后马上泡茶来促进食物消化，其实这也是不科学的。这是因为如果在饱饭之后马上饮茶不仅会增加胃的消化负担，而且茶叶的鞣质还会与蛋白质、铁质发生凝固作用，影响人体对蛋白质和铁的吸收。可见，饭后立即饮茶非但不能促进消化，还会对消化吸收造成影响，因此，饭后不宜马上饮茶。

5．不宜饮冷茶

本来茶性温凉，冷茶对身体更会起到滞寒作用。冷茶不仅不适合饱饭后饮用，还会造成食物难以消化，影响脾胃器官的正常运转。尤其是身体虚寒的人忌饮冷茶，否则会造成身体虚弱，容易导致感冒、气管炎等症状。如果身患支气管炎再饮用冷茶，会产生使炎痰集聚、身体恢复缓慢等不良作用。

6．睡前不宜饮茶

睡前人们腹中的食物较少，如果再饮茶不但会影响腹中食物的消化，同时会刺激神经，容易出现失眠症状，影响正常的休息。另外，由于茶性较凉，睡前饮茶还会导致脾胃不和，长此以往，甚至会出现炎症或慢性消化疾病。

7．忌饮隔夜茶

人们大多知道隔夜茶是不适宜饮用的，一方面因为隔夜茶因为长时间的浸泡，其营养元素基本上都已经溶解丧失，已经没有什么营养价值；另一方面茶叶中含有的蛋白质、糖类也是细菌、霉菌繁殖的养料，搁置时间长，会出现变质，产生异味。饮用变质的隔夜茶会对消化器官造成伤害，容易出现腹泻，因此隔夜茶也是不宜饮用的。

8．不宜饮茶的人群

茶对多数人都是健康方便的饮品，但并不是说它是包治百病的灵丹妙药。因为体质、生理、疾患等方面的影响，饮茶也有着不适宜的人群和需要注意的多个方面。例如：神经衰弱或患失眠症的人、贫血者、缺钙或骨折的人、患有胃溃疡的人、痛风病人、高血压或心脏病人、肝、肾病患者、泌尿系统结石的人、孕妇等都不宜过量饮茶。

9．不宜饮茶的体质

贫血者最好不要喝过量的茶，这是因为茶中的多酚类化合物会与部分金属离子如铁结合。钙质疏松的人也不适合饮茶，因为茶中的茶多酚类化合物也会对饮食中的钙质起到沉淀作用。基于相似的理由，心脏病以及神经衰弱的患者也不适合饮茶。

模块三　现代花草茶

花草茶，也叫香草茶，英文称“Herb Tea”。所谓香草，指常年具有特殊香味，可作为饮料、制药、食品、香水或美容等用途的一类植物的统称。花草茶就是用香草植物精华部分的鲜品或干品，加以煎煮或冲泡，得到的带有自然香气和特殊品味的饮料。

学习目标

了解现代花草茶基础知识；
理解常见花草茶的文化及保健功效；
掌握现代花草茶的冲泡方法。

课前任务

利用网络，查询下列问题的相关知识。

（1）常见花草茶及保健功效。

（2）花草茶冲泡技巧。

任务分工与实施

（1）各小组成员在组长的带领下，查阅花草茶保健知识（可以是新闻、短视频、文章等），尝试解决课前任务。

（2）各组长组织成员讨论如何泡好花草茶，并记录汇总。

学习模块相关知识点

任务一　花草茶基础知识

一、花草茶的历史

花草茶起源于地中海沿岸国家，其有文字可考的历史可以追溯到古希腊时代。古希腊医生希波克拉底（Hippcrates）被称作“西方医学始祖”，他的处方中曾提到“饮用药草煮出来的汁液”，这是西方有关花草茶最早的文献记载。随着社会的发展，欧洲人渐渐将花草茶发展成为一种休闲饮品，并随着西方文化的传播流传到世界各地。近些年来，花草茶在中国也逐渐被人们认识，并受到越来越多人的喜爱。

由于花草茶原料丰富，往往具有多种功效，而且基本上不含咖啡因，正确的饮用对身体不会产生任何副作用，因此具有很好的医疗、保健、养生及美容功效。

二、花草茶的基本冲泡方法

花草茶的冲泡方法与绿茶十分相似。冲泡前，将准备冲泡的花草茶用温水略微冲洗，然后放入茶具，用 90°C 左右的矿泉水或纯净水冲泡。随着水的注入，花草茶的香气便会扑鼻而来，静置 3 分钟左右即可饮用。这样冲泡出来的花草茶，色泽明快，茶汤清亮，馨香可口。水温不宜过高，否则会让花草失去本来的颜色，茶汤晦暗，不耐泡；水温过低，泡制时间会比较长，香气也得不到充分释放。

如果个人口感喜欢甜味又不想增加热量，或是不便于摄取糖分，如糖尿病患者，可以选择适量甜叶菊加在花草茶中一起冲泡；如果选择柠檬和蜂蜜调味，为了保持蜂蜜的有效成分，最好在茶温降到可以饮用的温度时再加入调味。

三、常用的花草茶茶具

常见的花草茶多为复方花草茶，颜色丰富而柔和。选择适当的茶具，不仅可以品花草茶的味，还可以闻其清香，观其美色。为了能充分感受和好好享用花草茶，一般来说，应选择杯身较浅、杯口较大的茶具，最好是无色透明的玻璃茶具。如果选用瓷质茶具，则以内壁纯白的素色为佳。这样，既便于花草在杯中充分舒展，更便于我们很好地欣赏茶汤。

此外，茶具的外形也很重要。冲泡花草茶的茶具最好线条圆润流畅，色彩淡雅清新。粗陋的茶具，不足以衬托花草茶的韵味；而奢华的茶具，又会压抑花草茶的灵性。

任务二　花草茶的文化及保健功效

一、浪漫的玫瑰茶

1. 玫瑰文化

玫瑰原产于亚洲、欧洲，是世界上最古老的栽培花卉之一。17 世纪前，欧洲栽培的玫瑰都是由小亚细亚以西原产的原种改良培育而成。

17 世纪末，亚洲的中国月季、香水月季、野蔷薇、野玫瑰等品种相继传入法国，与当地的玫瑰进行反复杂交，于 1837 年培育出具有芳香、四季开花的杂交品系。据说，2000 年前中国已开始栽培玫瑰。宋代，玫瑰已成为当时最重要的观赏花卉之一，玫瑰栽培以及育种的水平代表着当时世界的最高水平。清朝末年，由于社会动荡，玫瑰的培育中心才转移到了欧美。

在基督教中，玫瑰是圣母玛利亚的象征。相传耶稣被出卖后，被钉在十字架上，鲜血滴入泥土中，十字架下便生长出玫瑰花。

2．玫瑰的功用

食用：玫瑰花瓣可供食用，与粮食制成玫瑰糕点，香甜可口。玫瑰也是制作花茶的重要原料之一。

药用：其花阴干，入药，有行气、活血、收敛作用，主治肝胃气痛、食少呕恶、月经不调、跌打损伤等症。由花体制成的芳香油，为高级香料。

美容：玫瑰可结合在各种美容保养品中，适用于任何肤质，尤其是干性肤质与老化肌肤。

二、高贵的洋甘菊茶

1．洋甘菊文化

洋甘菊被称为“月亮之花”，在罗马神话中洋甘菊的诞生跟月亮女神狄安娜有关，清凉柔弱的洋甘菊就好像温柔明净的月亮一般。洋甘菊原产于地中海沿岸地区，在那里栽培使用已有2000多年的历史。

根据卡尔波记载，埃及人把洋甘菊献祭给太阳神，并推崇为神草。在民间，古埃及人用洋甘菊精油按摩全身增强免疫力。

英国伊丽莎白一世时期，人们将罗马洋甘菊捣碎，撒在房间四周或焚烧干花，起到为环境添香的作用。

2．洋甘菊的功用

食用：欧美地区的一些美容沙龙，在招待顾客时有奉上洋甘菊茶的习俗，有利于客人放松。

药用：古埃及的祭司用洋甘菊来处理神经疼痛问题。古罗马时期，民间用洋甘菊来医治毒蛇咬伤。

美容：具有不错的嫩肤抗过敏效果。

三、雅致的茉莉茶

1．茉莉文化

茉莉原产于北印度及伊朗，早在汉代就从亚洲西南传入中国，迄今已有1600余年的栽培历史。据《乾淳岁时记》记载，清代帝王及臣妃们避暑纳凉时，常集中数百盆茉莉花于广庭，鼓以风轮，使得满殿皆是清凉香气。

菲律宾、印度尼西亚等把茉莉定为国花。有客来访时，主人会将茉莉花结缀成花环挂到来宾脖子上，以示亲善与尊敬。青年人则将茉莉花当作献给爱人的礼物，用以向对方表达爱意。

2．茉莉花的功用

食用：茉莉花能使菜肴视而美，嗅而香，食而润，尤其是烹制虾仁、鸡肉等食物时，鲜茉莉花更是能够提高菜肴的色、香、味的效果。

药用：据《本草纲目》记载，“茉莉，叶能镇痛，花清凉解表，可治外表发热、疮毒等”。其根具有生物碱，可致人昏迷，有麻醉、镇痛等功效。传说神医华佗施行外科手术所使用麻沸散中就有茉莉根的成分。

美容：可以结合在各种美容保养品中，具有收敛效果。

四、淡彩韵味的柠檬草茶

1. 柠檬草文化

柠檬草原产于印度，香茅原产于斯里兰卡草原，二者是同科不同种的两种香草。由于它们无论形态还是香味都比较相似，因此人们往往将二者混淆而都叫作柠檬草或香茅。柠檬草的香味要比香茅浓郁一些，而且更优雅清香，其精油品质也比香茅好。

云南一些偏远地区的居民会用香茅盖茅草屋，据说百虫不侵。

2. 柠檬草的功用

食用：古时候人们常用柠檬草来做葡萄酒的香料。东南亚各国的饮食中最喜欢运用香茅，如海鲜汤、酱料、咖喱、甜点等；而法式料理中则经常使用柠檬草。

药用：《本草纲目》中记载，香茅“中恶，温胃”，可以“止呕吐，疗心腹冷痛”。

美容：加入护肤品中，可以改善皮肤过油造成的毛孔粗大现象。

五、海之露珠迷迭香茶

1. 迷迭香文化

迷迭香原产于地中海沿岸，在中国栽培很早，《本草纲目》记载，“西域引进，收采取枝叶入袋佩之，芳香甚烈”。

迷迭香被视为爱情、忠贞和友谊的象征。在意大利，举行婚礼时，迷迭香被编织成花冠戴在新人头上，代表忠贞。除此之外，意大利人也在丧礼仪式上将小枝的迷迭香抛进死者的墓穴，表示对死者的敬仰和怀念。

传说迷迭香本来开着白色的小花，圣母玛利亚带着圣婴耶稣逃往埃及途中，曾身披蓝色亚麻斗篷藏在迷迭香丛里躲避恶魔追赶。顿时原本白色的花朵竟然变成淡淡的蓝色，和玛利亚身上披的斗篷颜色一样，帮助圣母逃过了劫难。于是，迷迭香也被认为如同玛利亚手上那串玫瑰念珠般，有驱魔辟邪之用。而“圣母玛利亚的最爱”“圣母玛利亚的玫瑰”的称呼也传遍了欧洲。

2. 迷迭香的功用

食用：迷迭香主要用于肉类尤其是羊肉、猪肉调味。在法国，从迷迭香花朵上采集的蜂蜜是一种高级食品。

药用：迷迭香在 1328 年传到了英国，那时正是黑死病流行高峰期。爱德华三世的妃子菲力伯的母亲，为预防女儿染上黑死病，便将迷迭香送给她。中世纪欧洲的病房中常常燃烧迷迭香，借香气净化空气。在匈牙利，女王曾用迷迭香沐浴来治疗风湿。

美容：迷迭香可增加皮肤活性，同时还具有良好的黑发效果。

六、清凉可口的薄荷茶

1. 薄荷文化

薄荷原产于欧亚非大陆。古希腊时代，男士常将薄荷涂抹于全身以求散发出自我的魅力，因此薄荷得到广泛的栽培，后来由古罗马人经过希腊传遍欧洲。

在希腊的婚礼上，新娘会用薄荷与马鞭草来编织她们的头饰，以期有个终身难忘的美好回忆。罗马人和希腊人喜欢在节庆的日子里佩戴薄荷鲜叶编织的花圈。中东部分地区的人，会给远道而来的客人奉上热薄荷茶，表示对其旅途劳顿奔波的一种慰藉。在美国得克萨斯州，很多人家门前会摆放一瓶薄荷鲜叶，象征欢迎客人光临之意。

2. 薄荷的功用

食用：古罗马人非常重视薄荷的解毒功能，在宴席上常常会佩戴由普列薄荷鲜叶编成的花草头冠。古罗马诗人奥维德曾经说过："薄荷是好客的象征。"这是因为当时的主人在宴请宾客的时候，为表示对来宾的欢迎，会在菜肴上桌之前，用鲜薄荷叶擦拭餐具和餐桌。著名的沙特勒滋酒（Chartreeuse）与薄荷奶酒（Cream de Menthe）都是以薄荷来调味的。

药用：南美的印第安人，很早就知道利用薄荷来治疗肺炎。现代医学研究表明，薄荷具有治疗肠胃系统疾病、缓解肌肉神经疼痛等功效。

美容：将薄荷精油溶入化妆水中可以消除疲劳，常被用来制作沐浴用品。

任务三　现代花草茶的冲泡方法

一、冲泡花草茶的方法

冲泡花草茶其实并不复杂，与冲泡绿茶有不少共通的原则。只要把握以下几项要点，自己在家也能冲泡一壶既可口又益身的花草茶。

1. 冲泡花草茶的原料用量

想泡出美味的花草茶，先决条件是选择品质优良的原料，然后根据花草的特性来斟酌用量的多少。浓香类的花草可以少放些，气味较淡的花草则可多放。通常干燥的花草茶因为经过加工制作，其香味往往保持较好，使用干燥的花草茶用量偏少；如果是选用新鲜花草，其分量是干燥原料的 3 倍。

2. 冲泡花草茶的用水

水质与水温都是诱发花草茶色香味的重要因素。泡茶用水取自洁净的山泉、活井或溪流最好，若不易取得，也可选择质纯的矿泉水，然后将水煮沸，冲泡时的水温在 90~95℃，如此泡出的茶澄亮色正，味道也佳。新鲜的花草茶，如果使用刚煮开的沸水，由于水温过高，易将花草烫坏，颜色变黑，且味道不佳。

3．花草茶的冲泡方法

许多花草茶可用壶泡法也可用锅煮法，通常以壶泡法居多。花、叶等原料因为较容易释出内含成分，采用壶泡法即可。若原料是果实、树皮、根、茎等坚韧部分，采用锅煮法比较能萃取其中的精华（特别是以求得药效为目的时）。

煮花草茶的锅使用不锈钢、玻璃或陶瓷材质皆可，铁制或铝制品可能会引起化学变化，不适合使用。煮花草茶时，先将水煮沸，然后放入原料，继续转小火煮至花草舒展开来，茶汤颜色及味道皆释出，即可熄火。如果是采用壶泡法，冲泡前先用热水温壶烫杯，加入沸水时才不致温差太大，影响茶香发挥。在煮茶和焖泡的过程中，锅及壶一定要加盖密闭，以免药草中的挥发性物质随蒸汽散逸。

4．花草茶冲泡时间

花草茶的冲泡时间，视花草本身的特性及取用部位而异，掌握得好，可能使花草的本质（包括色香味和药理功能）完美呈现。一般来说，易释出滋味的花、叶，焖泡 3～10 分钟不等；至于较坚韧的果实、树皮、根等需焖泡 10 分钟以上。由于多种花草都含有单宁成分，泡太久了会产生涩味，茶色也不清澈。此外，第一泡时需浸久些，回冲即可稍缩短时间。

5．制作冰饮花草茶

炎炎夏日，冰饮花草茶深受欢迎，如薄荷茶、洋甘菊茶等，滋味可口，且适合消暑解渴。冲泡的原料用量不变，但水量减少 1/3～1/2，将茶汤泡浓些，才不会在加冰块后稀释了花草茶的滋味。也可以按照正常冲泡方法，冲泡后将茶汤冷藏。注意：花草茶最好是想喝多少就泡多少，喝不完要放入冰箱冷藏，再饮时色香味虽无法如初泡时完美，但可以延长存 1～2 日，超过 3 天以上就不适合再留了。

6．调饮花草茶

很多人在喝花草茶时喜欢添加酸味或甜味，那么可以根据个人口味加入柠檬或蜂蜜，具有美白养颜、通便排毒、滋润肌肤等功效。先是按照冲泡花草茶的一般手法进行冲泡，等茶汤降到可以饮用的温度时加入柠檬或蜂蜜，此时加入的柠檬和蜂蜜，既不会因水温过高破坏其有效的营养成分，同时又能保持较好的口感。注意：花草茶调饮一般不添加牛奶。

二、花草茶冲泡实例

花草茶的冲泡实例见表 6-1。

表 6-1　花草茶的冲泡实例

品种	冲泡方法	功效	注意事项
玫瑰茶	玫瑰干花 1~2 克（或玫瑰鲜蕾 2~3 朵）装入茶壶，倒入 300 毫升 90~95℃热水，冲泡 5~8 分钟即可饮用	调理分泌、舒缓生理期不适、补充维生素 C、增强免疫力、促进循环、消除便秘、加速排毒、温胃健脾、疏肝解郁、平衡食欲	园艺观赏用的玫瑰不宜食用； 冲泡时间不能过久（影响玫瑰精油的挥发）；通经，孕妇不宜

续表

品种	冲泡方法	功效	注意事项
洋甘菊茶	洋甘菊干品2茶匙（或鲜蕾8~10朵）装入茶壶，倒入90~95℃热水300毫升，静置3分钟左右即可饮用。可根据个人口味，待茶温降到可以饮用的温度时，加入蜂蜜调味	舒缓压力、抗头疼痛经、安神助眠、改善消化、明目，尤其适合电脑族饮用	具有通经作用，孕妇不宜大量饮用
茉莉茶	茉莉干花1~2克（或茉莉鲜蕾4~5朵）倒入90~95℃热水300毫升，加盖焖3~5分钟后滤除茶渣，待茶汤凉后加入蜂蜜调匀。倒入杯中，加入冰块即可饮用	增强肺活量、改善因气管敏感发炎引起的咳嗽、对肠胃痉挛有较好的疗效、安神解压、改善紧张情绪	孕妇不宜长期饮用
柠檬草茶	柠檬草干叶2克（或柠檬草鲜叶5~6段，每段3~5厘米）用90℃热水300~500毫升冲泡，即可饮用	促进消化、舒缓胃痛、改善腹泻症状、防暑降温、缓解伤风和感冒症状、消除疲劳、促进肠道脂肪分解、瘦身	低血压患者不宜长期或高浓度饮用柠檬草茶
迷迭香茶	迷迭香叶3克（或迷迭香带梗鲜叶2枝，每枝长5厘米），倒入90~95℃热水300毫升，冲泡3~5分钟后即可饮用	助消化、改善腹胀、促进血液及淋巴循环、提高免疫力、抗疲劳、舒缓头痛、增强记忆力、改善低血压引起的头晕头痛	高血压患者慎用，孕妇不宜饮用，具有癫痫病史者禁用
薄荷茶	温壶温杯后将欧薄荷或胡椒薄荷1茶勺（或带梗鲜叶5~8片）放入，缓缓注入90°C热水300~500毫升，静置2~3分钟即可饮用	提神醒脑、增强体质、消除口腔异味、助消化、抑制胃痛和腹痛、消除由暴饮暴食或消化不良引起的恶心烧心等不适感觉	孕妇及哺乳期妇女不宜大量饮用
薰衣草茶	薰衣草干花1~2克（鲜蕾10~15粒）倒入90~95℃热水，冲泡3分钟后即可饮用	镇定安神、改善失眠症状、助消化、舒缓压力、缓解头痛偏头痛等症状	孕妇不宜饮用，低血压者不宜过量饮用，以1日3杯为限

能力提升　实训任务单6-1：我为家乡茶添花样（家乡茶搭配花草）

实训目的：掌握常见花草茶的特点与功效；掌握冲泡花草茶的五要素；尝试依据茶叶和花草特性配制花草茶。

实训要求：掌握温壶、润杯、润茶、冲泡等手法，熟练冲泡花茶；掌握规范、得体的操作流程及冲泡要素。

实训时间：1学时，学生展示80分钟，教师点评10分钟。

实训器具：主泡器——学生自选（壶、盖碗、杯子均可）；

备水器——随手泡 1 把；

辅助器——茶盘 1 个、茶叶罐（茉莉花茶适量）1 个、茶道组 1 套、茶巾 1 条、水盂 1 个、茶荷 1 个、品茗杯。

预习思考：冲泡花草茶的五要素是什么？

能力检测

序号	测评内容	赋分	得分
1	茶具选配适合茶品	15 分	
2	冲泡水温适宜	15 分	
3	茶叶和花草性味相宜	20 分	
4	茶汤滋味纯正	20 分	
5	冲泡流程设计合理	15 分	
6	冲泡手法娴熟，端庄大方	15 分	
合计		100 分	

项目小结

本项目主要涉及茶叶主要功效、茶叶的保健作用、科学饮茶、饮茶禁忌、现代花草茶等方面内容，具体介绍了茶与健康的研究情况；茶叶主要成分，茶叶各成分的功效；各种茶叶的保健作用；不同体质、季节选择的茶品；科学饮茶的基本要求；饮茶的主要禁忌；花草茶历史、基本冲泡方法及选择的茶具；现代花草茶的文化和保健功效等。为了提升学生能力，还专门设计了“家乡茶”花草茶配制的实训任务。

项目练习

一、判断题

1.（　　）咖啡碱的有无，可以作为判断真假茶叶的标准之一。

2.（　　）茶多酚类物质可以抗氧化、延缓衰老，防治辐射危害。

3.（　　）在饱饭之后马上泡茶可以促进食物消化。

4.（　　）洋甘菊具有明目的作用，可以减轻眼睛酸涩感，尤其适合电脑族饮用。

二、选择题

1. 夏季气候炎热，人体新陈代谢亢盛，体内津液消耗大，宜饮（　　）。

　A. 绿茶　　B. 花草茶　　C. 红茶　　D. 普洱茶

2.（　　）可以调理女性内分泌系统，舒缓生理期不适症状。

　A. 菊花茶　　B. 薰衣草　　C. 玫瑰花　　D. 柠檬

3. 茶叶具有（　　），利尿通便，增强免疫力等功效。

　A. 排毒美颜　　B. 安神醒脑　　C. 消渴解暑　　D. 抗衰老延年益寿

三、简答题

1. 茶叶含有哪些营养成分？
2. 饮茶有什么禁忌？
3. 简述科学饮茶的基本要求。

项目实践

实践内容：茶叶保健品、茶叶食品的市场调查。

能力要求：了解本地市场茶叶保健品、茶叶食品的生产情况；调查茶叶保健品、茶叶食品的营销状况；结合调查结果，撰写一篇调查报告，字数1000字左右。

项目评价

学习自评表

评价内容		自评得分				
学前	富有浓厚的学习兴趣，能主动运用网络检索课前问题并成功解决（10分）	10	8	6	4	2
	积极参加小组学习活动，分工明确，主动与同学合作交流（20分）	20	16	12	8	4
	能够主动发现和提出问题，有条理地表达思考过程；能提出解决问题的策略，表达自己独特的见解（10分）	10	8	6	4	2
学中	学习态度端庄，无无故缺勤、迟到、早退现象；遵守课堂纪律，主动参与课堂，并积极发言（20分）	20	16	12	8	4
学后	掌握项目教学中的理论知识（10分）	10	8	6	4	2
	能够利用本项目知识解决茶艺服务中的实际问题（20分）	20	16	12	8	4
	提高对茶艺的认识与热爱（10分）	10	8	6	4	2
总分						

本评分表总分100分，在自评得分栏中分为五级打分，分数从高到低分别表示非常符合——比较符合——一般——比较不符合——非常不符合。学生根据自身学习情况，勾选每一项评价内容的自评得分，最后加总即为本人学习评价总分。

项目七

茶艺服务

服务是茶艺馆的核心产品和主要内容，服务质量是茶艺馆的生命。注重礼仪，规范服务流程，掌握服务技巧，善配茶点均有利于茶艺服务质量的提高。

模块一　茶艺礼仪

礼仪是对礼节、仪式的统称。它是指在人际交往中，自始至终地以一定的、约定俗成的程序、方式来表现律己、敬人的行为准则或规范的总和。行茶礼仪是指茶艺服务人员，在茶事服务工作中，为维护企业或个人形象，对服务对象表示尊重与友好的行为规范。行茶礼仪不主张采用太夸张的动作及客套语言，而多采用含蓄、温和、谦逊、诚挚的礼仪动作，尽量用微笑、眼神、手势、姿势等传情达意。

学习目标

掌握茶艺服务人员仪容修饰的主要内容、要求和化妆的基本技巧；
掌握茶艺服务人员服饰搭配的技巧；
掌握茶艺服务人员各种服务姿态的基本要求及要领；
能在茶事服务工作中熟练、准确运用各种礼节；
提升茶艺服务人员的个人形象和职业素质。

课前任务

利用网络，查询下列问题的相关知识。

（1）茶艺服务人员修容装饰、化妆、服饰搭配有什么要求？

（2）茶艺服务人员服务仪姿有哪些？基本要求是什么？

（3）茶艺服务常用礼节有哪些？

任务分工与实施

（1）各小组成员在组长的带领下，查阅茶艺礼仪知识（可以是新闻、短视频、文章等），尝试解决课前任务。

（2）各组长组织成员讨论各种茶艺礼仪，应该如何运用才能更好服务客人，并记录汇总。

学习模块相关知识点

任务一　茶艺服务人员的仪容

端庄的仪容、和谐的服饰是茶艺服务人员必备的条件之一。当茶艺服务人员的仪容、服饰、仪态与环境相融合时，能够使客人产生好感，这样有利于提高服务质量与工作效率。

一、头部修饰

1．整洁的发型

头发是人体的制高点，是别人第一眼关注的地方。所以，在茶艺服务工作中，个人形象的塑造，一定要“从头做起”。

作为茶艺服务人员，头发应干净整齐，避免头部向前倾时头发散落到前面来挡住视线影响操作，同时还要避免头发掉落到茶具或操作台上，否则客人会感觉很不卫生。

发型原则上要适合自己的脸型和气质，按泡茶时的要求进行梳理。如是短发，在低头时，头发不要落下挡住视线；如果是长发，泡茶时应将头发束起，否则将会影响操作。

2．端庄的面部

护理、保养面部，保持健康的肤色。在为客人泡茶时面部表情要平和放松，面带微笑。

女茶艺服务人员在为客人泡茶时，可化淡妆，不能浓抹脂粉，也不要喷洒味道浓烈的香水。男茶艺服务人员，泡茶前要将面部修饰干净，不留胡须，以整洁的姿态面对客人。

二、手部修饰

优美的手型是对茶艺服务人员的要求。因此茶艺服务人员要注意以下几点。

一是适时的保养，保持清洁，指甲要及时修剪整齐，保持干净，不留长指甲；二是手上不要佩戴饰物。佩戴太“出色”的首饰，会有喧宾夺主的感觉，显得不够高雅，而且体积太大的戒指、手链也容易敲击到茶具，发出不协调的声音，甚至会打破茶具；三是不要涂指甲油，否则给人一种不卫生和夸张的感觉。

三、服饰修饰

1. 茶艺服务人员服装修饰的必要性

服装既是一种文化，也是一种“语言”。它反映着一个民族的文化素养、精神面貌和物质文明发展的程度，反映出一个人的职业、文化修养、审美意识以及人生态度。着装的原则是得体和谐。

在泡茶过程中，如果服装颜色、式样与茶具环境不协调，“品茗环境”就不会是优雅的。茶艺服务人员在泡茶时服装不宜太鲜艳，要与环境、茶具相匹配。另外，服装式样以中式为宜，袖口不宜过宽，否则会沾到茶具或茶水，给人一种不卫生的感觉。服装要经常清洗，保持整洁。

2. 茶艺服务人员服饰选择与搭配方法

茶艺是一门高雅的艺术，艺茶的过程是科学性与艺术性的结合，所以，在茶艺服务中需要讲究服装的选择与搭配。

（1）根据茶艺服务场所的主题来选择与搭配。

茶艺服务场所的主题广泛多样。追求古韵的雍容华贵，可选择缎料光面材质，设计古典的服装；追求禅意平淡、致远的境界，可选择素色面料的中式长衫和同色缎裤，这种服饰不仅准确地反映了“平常就是禅”的主题，更有效地传递了一种宁静的意境，给人以平静而长久的感受。

（2）根据茶艺服务场所的色彩来选择与搭配。

色彩比较直观，反映着茶艺服务场所设计者的思想和感情。根据茶艺服务场所的色彩来选择和搭配服饰，首先要对色彩层次有一个准确的把握，也就是分清主体的色彩和整体色彩氛围。如主体的色彩较统一，那么就构成了茶艺服务场所的主体色；若主器物色彩不统一，那就要确定茶艺服务场所整体的色彩氛围，茶艺服务场所整体的色彩氛围一般以背景为标志。把握了茶艺服务场所的色彩氛围就可以用以下三种方法来选择服装和搭配。

一是加强色，就是以茶艺服务场所的主体色或总体色彩氛围进行同类色的加强。如茶艺服务场所的主体色是红色，服装也选红色，会起到加强与丰富色彩层次的作用。二是衬托色，就是以间色或中性色对茶艺服务场所的主体色或总体色彩氛围进行衬托，使整体色彩更显和谐。如茶艺服务场所的主体色是白色，服装可选淡青色、淡绿色、淡蓝色等。三是反差色，就是服装的颜色相对茶艺服务场所主体色或色彩氛围形成强烈的反差。反差色虽也同样起着衬托作用，但这种衬托感觉更为强烈。如茶艺服务场所的主体色或色彩氛围为白色，服装可选黑色、红色等。

（3）根据茶艺服务场所的风格来选择与搭配。

茶艺服务场所的风格是茶艺服务场所设计者的独特见解和独特手法表现出的茶艺服务场所的面貌特征。服饰是体现茶艺服务场所风格的一个重要因素，所以服饰必须依据茶艺服务场所的风格来选择，如都市风格的茶席，可选流行款式的旗袍等。

任务二　茶艺服务人员的仪姿

仪姿是无声的“语言”，它反映了一个人的素质、受教育的程度，仪姿决定了一个人的“第一印象”以及被信任度。作为茶艺服务员，优雅的仪姿是必备的素质。要做到姿态优雅，除了有娴熟的行茶技能外，还要具备大方优雅的姿态，使品茶成为一种精神的享受。

一、站姿

1. 站姿要领

详见实训任务单 7-1。

2. 站姿训练

（1）背靠背训练法。

两人一组背靠背站立，两人背部中间夹一张纸。要求两人脚跟、臀部、双肩、背部、后脑勺贴紧，纸不能掉下来。每次训练 10 ~ 15 分钟。

（2）“四靠”训练法。

单人靠墙站立，要求脚跟、臀部、双肩、背部、后脑勺贴紧墙面，同时将右手放到腰与墙面之间，用收腹的力量夹住右手。每次训练 10 ~ 15 分钟。

（3）“顶书”“夹纸”训练法。

①用顶书本的方法来练习。头上顶一本书，为使书本不掉下来，就会自然地头上顶、下颌微收，眼平视，身体挺直。

②先在两腿间膝盖处夹一张纸，以标准站姿站好，然后再将一本书搁到头顶，调整书的平衡后保持标准站姿。

③每次训练时间因人而异，逐次延长。

二、坐姿

1. 坐姿要领

（1）标准坐姿。

详见实训任务单 7-1。

（2）侧点式坐姿。

侧点坐姿分左侧点式和右侧点式。左侧点式坐姿要双膝并拢，两小腿向左斜伸出，左脚跟靠于右脚内侧中间部位，左脚脚掌内侧着地，右脚跟提起，脚掌着地。右侧点式坐姿相反。

（3）跪式坐姿。

坐下时将衣裙放在膝盖底下,显得整洁端庄，手臂腋下留有一个品茗杯大小的余地，两臂似抱圆木，五指并拢，手背朝上，重叠放在膝盖头上，双脚的大拇指重叠，臀部坐在其上，臀部下面像有一纸之隔之感。上身如站立姿势，头顶有上拔之感，坐姿安稳。

（4）盘腿坐姿。

这种坐姿一般适合于穿长衫的男性或表演宗教茶道。坐时用双手将衣服撩起（佛教中称提半把）徐徐坐下，衣服后层下端铺平，右脚置在左脚下。用两手将前面下摆稍稍提起，不可露膝，再将左脚置于右腿下，最后将右脚置于左腿上。

2. 坐姿训练

（1）练习入座要从左侧轻轻走到座位前，转身后右脚向后撤半步，从容不迫地慢慢坐下，然后把右脚与左脚并齐。离座时右脚向后收半步，而后起立。

（2）坐姿可在教室或居室随时练习，坚持每次 10 ~ 20 分钟。

（3）女士坐姿切忌两膝盖分开，两脚呈八字型；不可两脚尖朝内，脚跟朝外，两脚呈内八字型；坐下要保持安静，忌东张西望；双手可相交搁在大腿上，或轻搭在扶手上，但手心应向下。

三、走姿

1. 走姿要领

（1）走姿的基本方法和要求。

详见实训任务单 7-1。

（2）走姿五要素。

①步位。

步位是指行走时，脚掌落地的位置。行走时，要尽可能保持直线前进，一般要求是，女茶艺服务人员的步位应正向落在行走的直线上，男茶艺服务人员的步位则应是脚掌的内侧正向触碰行走的直线。

②步速。

步速是指行走时的速度。要保持步态的优美，行进的速度应保持均匀、平稳，不能过快过慢、忽快忽慢。茶艺服务人员在行走时要保持一定的步速，不要过急，否则会给客人不安静、急躁的感觉。一般来说，男茶艺服务人员的步伐应矫健、刚毅、洒脱，具有阳刚之美，步伐频率每分钟约 108~110 步；女茶艺服务人员的步伐应轻盈、柔软、娴淑，具有阴柔之美，步伐频率每分钟约 118~120 步，如穿裙装或旗袍，步速则慢一些，每分钟约 110 步。

③步幅。

步幅是每一步前后脚之间的距离，要求步幅不能过大，因为步幅过大，人体前倾的角度必然加大，茶艺服务人员经常手捧茶具来往较易发生意外。一般要求是，女茶艺服务人员的步幅在 20 厘米左右为宜，男茶艺服务人员的步幅在 25 厘米左右为宜。

④步韵。

步韵就是行进的韵律。茶艺服务人员在行进时，膝盖和脚腕要富于弹性，腰部应成为身体重心移动的轴线，双臂应自然轻松一前一后地摆动，保持身体各部位之间动作的和谐，使自己走在一定的韵律之中，显得自然优美，否则就失去节奏感。

⑤步态。

步态是一种微妙的语言，它能反映出一个人的情绪。当心情喜悦时，步态就轻盈、欢快，有跳跃感；当情绪悲哀时，步态就沉重、缓慢，有忧伤感；当生气时，步态就强硬，愤慨。人们往往可从步态中觉察出人的心理变化。茶艺服务人员的步态还要分场合，脚步的强弱、轻重、快慢、幅度及姿势，要因地、因人、因事而异。

（3）优美的变向走姿。

①前行步。

向前行步时，要保持身体直立挺拔。行进中与来宾或同事相互问候时，要伴随着头和上体向左或向右地转动，并微笑点头致意，配以恰当的语言。

②后退步。

当点单结束或奉上茶后离开茶客或与茶客告别时，应该是先向后退两三步，再转身离去。后退的步幅要小，转体时要身先转，头稍后一些转。

③前行转身步（详见实训任务单 7-1）。

④后退转身步（详见实训任务单 7-1）。

2. 走姿训练

（1）双肩摆动训练。身体直立，以身体为柱，以肩关节为轴向前摆 30 度，向后摆至不能摆动为止。纠正肩部过于僵硬和双臂横摆。

（2）走直线训练。找条直线，行走时两脚内侧落在该线上。纠正内外八字脚和步幅过大或过小。

（3）步度与呼吸应配合成规律的节奏。穿礼服、裙子或旗袍时，步度不可过大，应轻盈优美。若穿长裤步度可稍大些，会显得生动些，但最大步幅也不可超过脚长的 1.6 倍。

四、蹲姿和跪姿

在茶事服务中，需要取低处物品或拾起落在地上的东西时，茶艺服务者要利用屈膝动作下蹲。具体的做法是脚稍分开，站在要拿或拾的东西旁边，屈膝蹲下，不要低头，也不要弯背，要慢慢低下腰部拿取，以显文雅。若物品较重还可利用腿力以免扭伤腰部。在茶馆服务或茶艺表演奉茶时，如果茶桌较矮，可采用蹲姿服务。

1. 蹲姿

（1）蹲姿要领。

详见实训任务单 7-1。

①交叉式蹲姿。

②高低式蹲姿。

③点地式蹲姿。

（2）蹲姿训练。

①女茶艺服务人员无论采用哪种蹲姿，都要注意将腿靠紧，臀部向下。如果头、胸和膝关节不在同一角度上，这样的蹲姿就更典雅优美。

②男茶艺服务人员可选用第二种姿态，两腿之间可有适当距离。

2. 跪姿

详见实训任务单 7-1。

（1）跪姿要领。

（2）跪姿训练。

任务三 茶艺服务常用礼节

礼节是人们在日常生活中，特别是在交际场合中，相互问候、致意、祝愿、慰问以及给予必要的协助与照料的惯用形式，是礼貌在语言、行为、仪态等方面的具体表现。

一、鞠躬礼

鞠躬是中国的传统礼仪，即弯腰行礼，一般用在茶艺表演者迎宾、送客或开始表演时。鞠躬礼根据行礼姿势可分三种：站式、坐式和跪式鞠躬礼。不同姿势的鞠躬礼又可细分为“浅度鞠躬礼”“中度鞠躬礼”和“深度鞠躬礼”三种类型，茶艺师可根据茶事服务工作的性质、内容、规模及环境因素适当选择。详见实训任务单 7-2。

二、伸掌礼

伸掌礼是在茶事服务工作中常用的特殊礼节。行伸掌礼时应五指自然并拢，手心向上，左手或右手从胸前自然向左或向右前伸。伸掌礼是在请客人帮助传递茶杯或其他物品时采用的礼节，一般应同时讲“请”或“谢谢”。

三、注目礼和点头礼

注目礼即茶艺服务人员的眼睛庄重而专注地看着对方；点头礼即点头致意。这两个礼节一般在茶艺服务人员服务客人敬茶或奉上物品时联合应用。

四、叩指礼

叩手礼即以手指轻轻叩击茶桌来行礼。相传清代乾隆皇帝微服私访江南时，有一次乾隆皇帝装扮成仆人，而太监装扮成主人到茶馆去喝茶。乾隆为太监斟茶、奉茶，太监诚惶诚恐，想跪下谢主隆恩又怕暴露身份，在情急之下太监急中生智，马上将右手的食指与中指并拢，指关节弯曲，在桌面上作跪拜状轻轻叩击，以后这一礼节便在民间广为流传。操作标准，详见实训任务单 7-2。

五、其他礼节和忌讳

不同地区和不同民族都有自己的茶事礼节，介绍如下。

（1）民间习俗斟茶只斟七分杯，谓之“酒满敬客，茶满欺人”。

（2）当茶杯排成圆形时，讲究逆时针巡壶斟茶，表示欢迎客人，而忌讳顺时针方向斟茶。

（3）在广东，客人用盖碗品茶时，如果不是客人自己揭开杯盖要求续水，茶艺服务人员不可以主动为客人揭盖添水，否则视为不礼貌。

（4）蒙古族敬茶时，客人应躬身双手接茶而不可单手接茶。

（5）土家族忌讳用有裂缝或缺口的茶碗上茶。

（6）藏族忌讳把茶具倒扣放置。

（7）部分西北地区的少数民族忌讳高斟茶冲起满杯泡沫。

各地的茶礼、茶俗很多，我们应尽可能地学习和掌握，以免在茶事服务中犯忌。

能力提升　实训任务单7-1：茶艺服务人员仪姿训练

实训目的：通过本任务单的训练，使学生掌握标准茶艺服务仪姿训练的基本方法和步骤，塑造良好的形体，体现形体美；使学生加深对服务姿态相关知识的了解，养成良好的习惯，提高其综合素质和生活品质。

实训要求：动作准确规范、协调自然，姿势大方得体，含义表达清晰。

实训时间：2学时，教师示范30分钟，学生练习50分钟，教师点评、检测10分钟。

实训器具：礼仪镜（形体训练室）、椅子、书本等。

预习思考：驼背、含胸、挺肚等不良站姿习惯可以通过哪些练习进行修正？

实训任务：

<table>
<tr><th colspan="2">任务</th><th>操作标准</th></tr>
<tr><td colspan="2">站姿</td><td>头正颈直、目光平视、下颌微收、面带微笑、肩平臂垂、挺胸收腹、立腰提臀、两脚并拢，两脚尖呈45～60度</td></tr>
<tr><td colspan="2">坐姿</td><td>缓缓走到座位前，右腿后点半步，确定椅子的位置，重心移至两腿之间坐下（着裙装的女士以手拢裙），坐椅子的1/2～2/3处，调整坐姿。要求头正颈直、目光平视、下颌微收、面带微笑、肩平臂垂、挺胸收腹、两脚并拢，女士脚跟相靠，脚尖张开约成45度，男士约成60度。双手不操作时，平放在操作台上，面部表情轻松愉悦，面带微笑</td></tr>
<tr><td rowspan="2">走姿</td><td>标准式</td><td>上身正直，目光平视，面带微笑；肩部放松，手臂自然前后摆动，手臂与身体的夹角一般在10～15度，摆动幅度为35厘米左右，向前行走线迹为直线。茶事服务时一般双手搭握在前腹部</td></tr>
<tr><td>前行转身式</td><td>①前行左转身步。在行进中，当要向左转体时，以右脚掌为轴心，向左转90度。
②前行右转身步。与前行左转身步相反</td></tr>
</table>

续表

任务	操作标准	任务
	后退 转身式	①后退左转身步。当后退向左转体走时，以右脚为轴心向左转体。 ②后退右转身步。当后退后右转体走时，以左脚掌为轴心，向右转体90度，同时向右迈右脚。 ③后退后转身步。要向后转体走时，如左脚先退，要在后退一步或三步时，以左脚为轴心，向右转体180度；如右脚先退，则向左转体
蹲姿	交叉式	右腿向左侧前方跨一步，蹲下时左腿在后与右腿交叉重叠
	高低式	左腿向前跨半步下蹲，女士主要右膝内侧靠于左小腿内侧，两腿靠紧再向下蹲，男士两膝可稍开
	点地式	同高低式，下蹲时右膝盖点地
跪姿		①在站立姿势的基础上，右脚后错半步跪下。 ②右膝着地，右脚掌心向上，随之左膝着地，左脚掌心向上，两脚心相交。 ③身体重心调整坐落在双脚跟上，上身保持挺直，双手自然交叉相握摆放于腹前。 ④两眼平视，表情自然，面带微笑

站姿图示：

图 7-1　站姿正面图示

图 7-2　站姿侧面图示

坐姿图示：

图 7-3　坐姿正面图示

图 7-4　坐姿侧面图示

走姿图示：

图 7-5　走姿正面图示

图 7-6　走姿侧面图示

蹲姿图示：

图 7-7　高低式蹲姿正面图示（男）

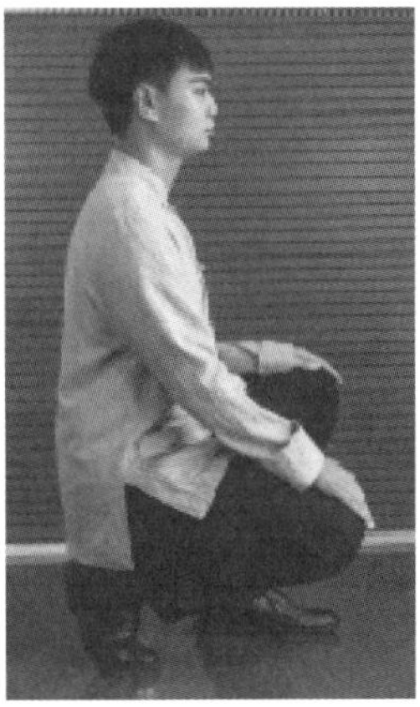

图 7-8　高低式蹲姿侧面图示（男）

图 7-9　点地式蹲姿正面图示

图 7-10　点地式蹲姿侧面图示

图 7-11　交叉式蹲姿正面图示

图 7-12　交叉式蹲姿侧面图示

跪姿图示：

图 7-13　跪姿正面图示

图 7-14　跪姿侧面图示

考核评分表：

序号	测试内容	应得分	扣分	实得分
1	站姿	20 分		
2	坐姿	20 分		
3	走姿	20 分		
4	蹲姿	20 分		
5	跪姿	20 分		
总分		100 分		

考核时间：　　年　　月　　日　　　　　考评教师：

能力提升　实训任务单7—2：茶艺服务人员礼节训练

实训目的：通过本任务单的训练，使学生掌握标准茶艺服务礼节训练的基本方法和步骤；使学生加深对服务礼节相关知识的了解，养成良好的习惯，提高综合素质。

实训要求：动作准确规范、协调自然，姿势大方得体，含义表达清晰。

实训时间：1 学时，教师示范 10 分钟，学生练习 30 分钟，教师点评、检测 5 分钟。

实训器具：礼仪镜（形体训练室）、垫子等。

预习思考：鞠躬礼训练的关键是什么？

实训任务：

任务		操作标准
站式鞠躬礼	浅度	在站式礼的基础上弯腰约 30 度。缓缓弯腰，双臂自然下垂，手指自然合拢，双手呈八字型轻扶于双腿上，缓缓直起，目视脚尖，俯下和起身速度一致，动作轻松，自然柔软
	中度	在站式礼的基础上弯腰约 45 度，具体操作同上
	深度	在站式礼的基础上弯腰约 90 度，具体操作同上
坐式鞠躬礼	浅度	在坐式礼的基础上弯腰 15 度。头身前倾，双臂自然弯曲，手指自然合拢，双手掌心向下，自然平放于双膝上或双手呈八字型轻放于双腿中、后部位置，直起时目视膝盖，缓缓直起，面带微笑，俯、起时的速度、动作要求同站式鞠躬礼
	中度	在坐式礼的基础上弯腰约 30 度。双手呈八字型轻放于 1/2 大腿处，其余操作同上
	深度	在坐式礼的基础上弯腰约 45 度，具体操作同上

续表

任务		操作标准
跪式鞠躬礼	浅度	在跪式礼的基础上弯腰约15度。头身前倾，双臂自然下垂，手指自然合拢，双手呈八字型，掌心向下放于双膝位置，指尖触地，直起时目视手指尖，缓缓直起，面带微笑俯、起时的速度、动作要求同站式鞠躬礼
	中度	在跪式礼的基础上弯腰约30度，双手掌心向下，手指触地于膝前地面，其余操作同上
	深度	在跪式礼的基础上弯腰约45度，双手掌心向下，平扶触地于膝前地面，其余操作同上
伸掌礼		五指自然并拢，手心向上，左手或右手从胸前自然向左或向右前伸。同时讲“请”或“谢谢”
注目礼和点头礼		茶艺服务人员的眼睛庄重而专注地看着对方并点头致意
叩指礼		叩指礼的具体做法根据斟茶人的身份有所不同： ①如果是长辈/上级给晚辈/下级斟茶，晚辈/下级需五指并拢成拳，拳心向下，五个手指同时敲击桌面，相当于五体投地跪拜礼，一般敲三下即可。如果遇到特别尊重的人，可以敲九下，表示三跪九叩。 ②如果是晚辈/下级给长辈/上级斟茶，长辈/上级可以用一只手指在茶杯边缘轻敲一下表示尊重。如果比较欣赏晚辈，则敲三下。 ③如果平辈之间斟茶，只需食指和中指并拢，轻敲桌面三下即可表示尊重

站式鞠躬礼图示：

图 7-15　浅度站式鞠躬礼正面图示

图 7-16　浅度站式鞠躬礼侧面图示

图 7-17　中度站式鞠躬礼正面图示

图 7-18　中度站式鞠躬礼侧面图示

图 7-19　深度站式鞠躬礼正面图示

图 7-20　深度站式鞠躬礼侧面图示

坐式鞠躬礼图示：

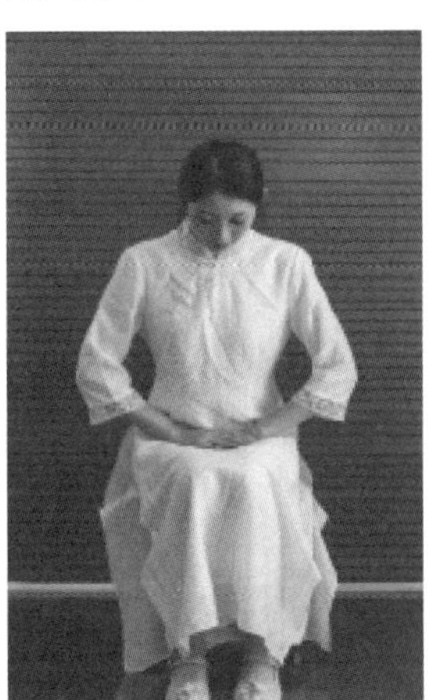

图 7-21　浅度坐式鞠躬礼正面图示

图 7-22　浅度坐式鞠躬礼侧面图示

图 7-23　中度坐式鞠躬礼正面图示

图 7-24　中度坐式鞠躬礼侧面图示

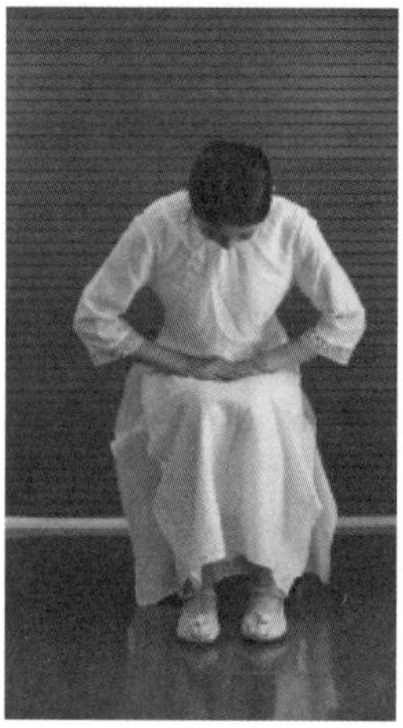

图 7-25　深度坐式鞠躬礼正面图示

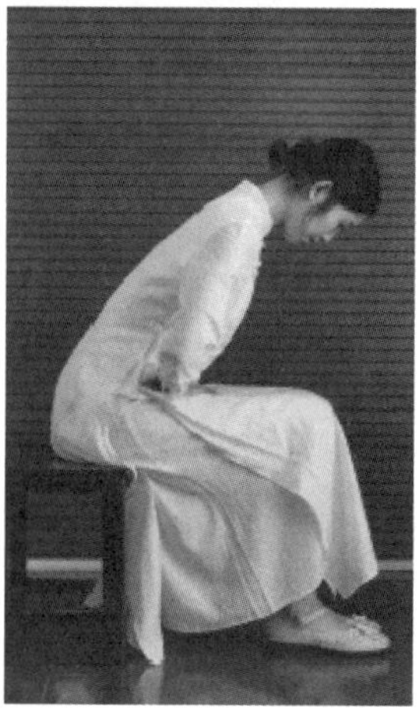

图 7-26　深度坐式鞠躬礼侧面图示

跪式鞠躬礼图示

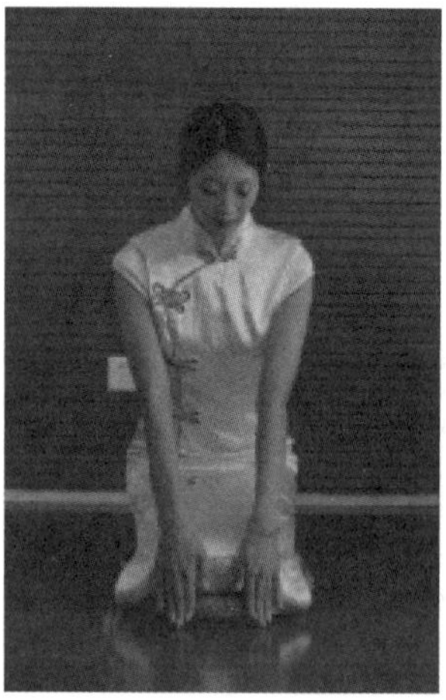

图 7-27　浅度跪式鞠躬礼正面图示

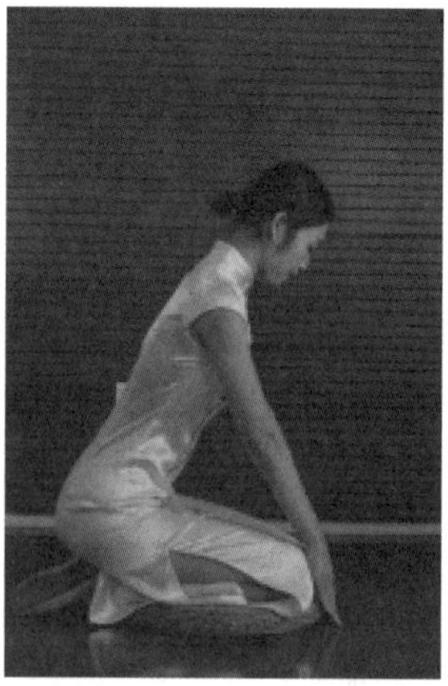

图 7-28　浅度跪式鞠躬礼侧面图示

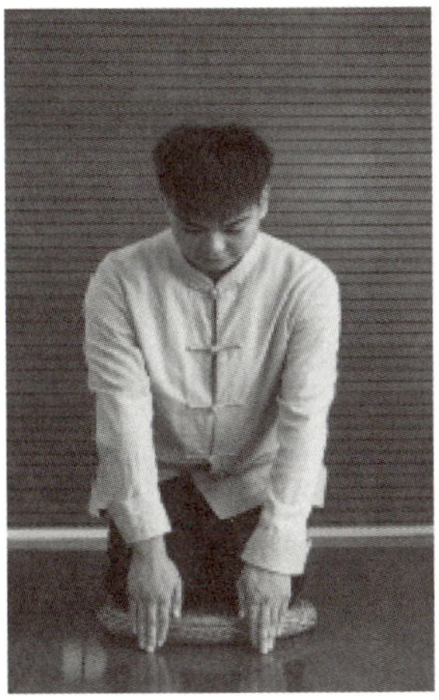

图 7-29　中度跪式鞠躬礼正面图示

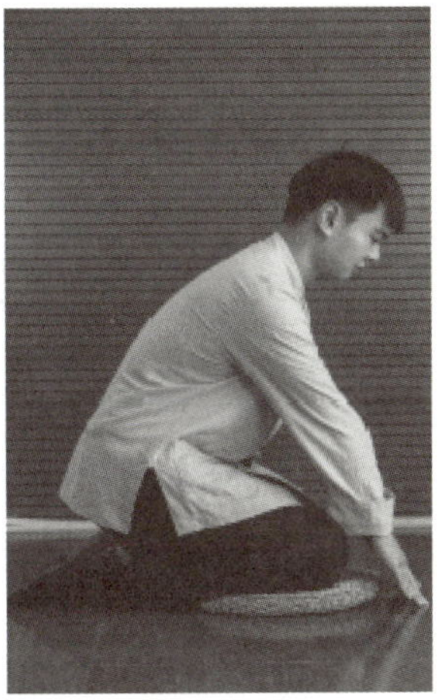

图 7-30　中度跪式鞠躬礼侧面图示

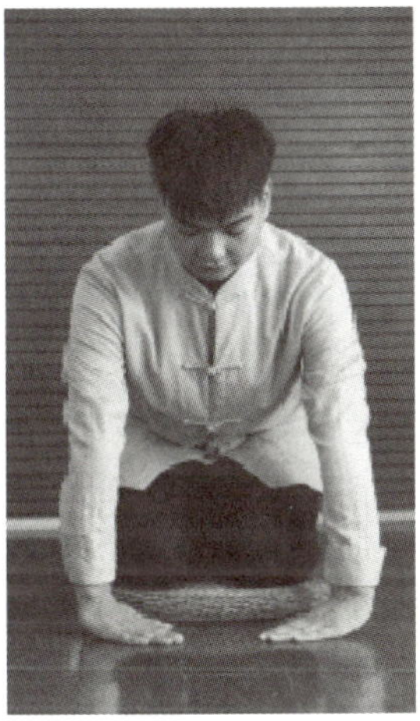

图 7-31　深度跪式鞠躬礼正面图示

图 7-32　深度跪式鞠躬礼侧面图示

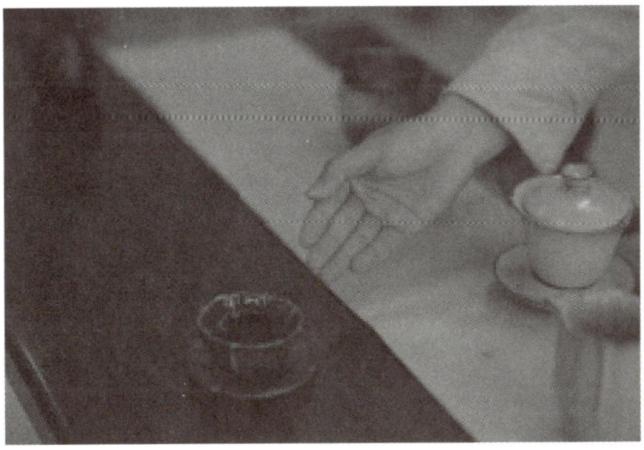

图 7-33　伸掌礼图示

图 7-34　注目礼图示

茶艺服务人员仪姿与礼节

考核评分表：

序号	测试内容	应得分	扣分	实得分
1	站式鞠躬礼	20 分		
2	坐式鞠躬礼	20 分		
3	跪式鞠躬礼	20 分		
4	伸掌礼	10 分		
5	注目礼和点头礼	20 分		
6	叩指礼	10 分		
总分		100 分		

考核时间：　　年　　月　　日　　　　　　考评教师：

模块二　茶艺服务接待

茶艺服务也称茶艺馆服务，是指茶艺馆服务人员为前来品茶的客人提供茶饮产品时的一系列行为的总和，服务目的就是将茶的自然属性、社会属性最大限度地发挥出来，用以满足茶客的需求，从而取得一定的经济效益和社会效益。服务目的的实现离不开周到、规范的茶艺服务接待流程和技巧。

学习目标

掌握茶艺服务接待程序；

掌握茶艺服务接待技巧；

能在茶艺服务工作中根据接待程序熟练、准确地进行服务；并灵活运用茶艺服务技巧。

课前任务

利用网络，查询下列问题的相关知识。

（1）茶艺服务接待有哪些程序？

（2）茶艺服务有哪些接待技巧？

任务分工与实施

（1）各小组成员在组长的带领下，查阅茶艺服务接待程序（可以是新闻、短视频、文章等），尝试解决课前任务。

（2）各组长组织成员讨论茶艺服务接待技巧，并记录汇总。

学习模块相关知识点

任务一　茶艺服务接待程序

一、茶艺服务接待流程

在茶艺服务中，服务人员需经过接待准备—迎宾领位—客人入座—点单—泡茶奉茶—茶点—茶中—买单—送客等环节，为了能让客人高兴而来，尽兴而返，任何一个环节都应周到、热情。茶艺服务程序及具体操作规范如表 7-1 所示。

表 7-1　茶艺服务程序及操作规范

步骤	程序	操作标准
接待准备	环境	保持茶艺馆环境干净整齐，检查设备是否完好
	备水备具	准备好开水、茶叶；检查茶具及其他用具清洁光亮，无破损；准备好开单本、笔及各种票据
	检查仪表	检查服务员的仪表仪容是否符合要求
	了解预定	了解当天预定用茶安排及供应品种情况
迎宾领位	恭候嘉宾	①迎宾员以双手搭握式标准站姿站立大门两侧，面带微笑； ②客人到达时，迎宾员鞠躬 30 度问好“先生（女士）早上（中午/下午/晚上）好，欢迎光临”“××女士节日快乐”“××先生您好，请问您有预定吗？一共几位呢？今天是喜欢单间还是散座？”等等
	引领客人	①当明白客人的消费意向后，引领客人入厅，使用“请”的手势，说“这边请”； ②引领客人时目光随时与客人交流，在引领过程中，可边走边询问客人的消费意向，了解信息，以便提供给茶艺员； ③将客人带到预定位置或客人喜欢的位置时，协助值台员安顿客人入座。当安顿完以后，迎宾员面对主宾微鞠躬“先生/女士，请稍等，茶艺员马上为您点单（服务），祝您品茶愉快!”讲完后退一步，方可转身离开
客人入座	协助客人就座	①客人到达台位时，茶艺员微笑同客人打招呼，安排女士、长者或主宾面对正门的位置就座； ②助客拉椅，请客人站于座椅前，客人落座，向前轻推座椅； ③如客人带有小孩、老人，则先照顾小孩、老人就座
	客人就座后的服务	①将客人脱下的大衣及其他物品挂在衣帽架或合适的地方； ②撤去台面或茶几上的多余摆饰物至指定地点，然后将烟灰缸摆放到客人顺手的位置； ③向顾客微鞠躬，并说“××先生/女士，请稍等，我们马上为您点茶”。然后退后两步，如果是贵宾间则退至门边，把门轻轻关上，转身离开
点单服务	上台服务	①当领座员引导客人至座位后，点单员应立即送上迎客茶和点茶单，小毛巾或湿巾纸也可以一起送并告诉客人“您好！这是我们免费的迎客茶。”或者说“您好！先喝杯迎客茶暖暖身子解解寒。”“这是我们的茶单，请点茶。” ②递送湿巾与点单本后，退后两步，微鞠躬离开
	听单姿势	①客人示意点单时，点单员迅速上前问好，立于宾客右侧，约一步距离，微鞠躬约 30 度，双腿同肩宽站直； ②左手执听单便笺，右手执笔； ③目光微含笑意，同宾客目光相接或同宾客一起看着茶单

续表

步骤	程序	操作标准
	点单并介绍	①当顾客自主点单时，值台员只需按规定简写清晰记录； ②如顾客对茶品内容不熟悉，需要介绍时，点单员必须根据客人的喜好做详尽的介绍，包括名称、种类、特点、口味、分量适宜性。同时做建议性的推荐，音量以适合两人听清为宜； ③客人点完以后，要向客人重复点单内容，待确定以后，告诉客人“请稍等，我会尽快为你们送上茶品”，鞠躬退后
	入单	①点完单后，立即入单取茶，并做好沏茶准备； ②根据茶品操作需要整理台面，留出足够位置摆放茶品
泡茶奉茶	泡茶服务	①当客人点单后，服务员就要根据客人所点的茶进行备具冲泡。 ②注意根据茶品特点选配茶具、确定水温、茶叶用量、浸泡时间以及冲泡次数，并在恰当时间向客人介绍
	奉茶服务	①沏茶后左手托盘，端平拿稳，右手在前护盘，脚步轻稳，走到顾客座位的右边，茶盘的位置在顾客的身后，右脚上前步，右手持杯子中部，盖碗杯端杯托，并注意盘子的平衡，将茶杯轻放在顾客的正前方，说“这是您点的某某茶，请用茶”，并配合使用伸掌奉茶礼。 ②注意奉茶顺序。 ③注意斟茶量，以斟茶七分满为宜
茶点服务	基本服务	服务员给客人上多茶点时应摆放整齐、美观，每上一道茶点要及时调整桌面，切忌叠盘。如顾客吃有果壳食物，应及时递上果壳篮
	搭配原则	配置茶点的时候，一般要干果、水果搭配，甜点、咸点搭配，还需要注意色彩的搭配
茶中服务	续水服务	①右手执水壶站于客人右侧，按标准上台服务距离站立； ②当客人杯中水或壶中的水只剩下1/3时，则应该续水； ③玻璃杯续水，使用“凤凰三点头”手法，其他可使用低斟高冲的手法续水至七分满； ④续水后，左手做一个“请慢用”的手势，退后一步，转身离开
	其他台面服务	①桌上有空的茶点盘，应及时撤走并礼貌地询问客人是否需要添加茶点； ②水盂内的垃圾过半时，应及时撤换。撤换时应先换上干净的水盂，再撤走脏的水盂； ③还应特别注意烧水壶内是否需要续水
买单服务	结账准备	①客人示意结账时，服务员从收款处领到相应的账单核对账单，准备结账用笔； ②将账单放入账单夹内，并确保账单打开时，账单正面朝向客人
	递送账单	①将账单打开，双手从客人右侧递给客人； ②小声清晰地告诉买单的客人“××先生/女士，这是您的账单，一共消费××元”“××先生/女士，您的实际消费是××元，×折优惠后是××元”

续表

步骤	程序	操作标准
	买单	①现金买单：客人付现金时，服务员应礼貌地在桌旁点清现金账目，并告诉客人："先生您给的现金是××元，应找回××元，请您稍等"；将现金和账单一同交予收款员处理，然后核对零钱与发票数目是否相符；将找零（及发票）一同放收银夹内还给客人，并向客人致谢。 ②信用卡结账：首先确认客人出示的信用卡是否能在本店使用，如不能使用，则婉转请求客人更换信用卡或付现金；取刷卡机当面刷卡，将刷出的结款单交回客人确认签字，值台员将签认的账单交回收银员，确认签名字样相符；将付款单客留联、信用卡、发票一并交还客人，并在客人确认后致谢。 ③签单结账：得知买单客人是会员时，按规定优惠，为会员准备账单和签单卡；在客人右边按签字礼仪递送账单和签单卡，清晰地告诉客人消费金额，并指明账单和签单卡的签名处；客人签单完后，确认字样是否相符，将客人存根联留给客人，并向客人致谢，退后两步转身离开
送客服务		①客人消费完后，起身离座时，服务员主动搬移椅子，女士、老人优先； ②帮助客人整理衣物，取出客人寄存的随身行李； ③鞠躬30度，礼貌地向客人微笑道别，并感谢客人光临"谢谢，请慢走""××女士，欢迎再次光临"，微笑地目送客人离开自己的服务区域
检查、恢复台面		①客人离开后，服务员应马上检查台面上下是否有客人遗忘的物品，如有则及时归还给客人或交由经理处理； ②清理台面、重新调整座椅，以迎接下一批客人的光临

二、茶艺服务座位安排

（1）年纪较长的顾客应安排在灯光较亮或冷气不太强的地方。

（2）行动不便的顾客应安排在出入口处。

（3）携带孩童的顾客应安排在角落、不碍通道的座位上，以免孩童任意奔跑，妨碍服务工作或吵扰其他顾客。

（4）情侣或公众人物应安排在角落不明显处。

（5）如顾客对所安排的座位不满意、要求更换，应尽快安排顾客至其满意的座位就座。

三、茶艺服务礼宾次序

（1）左为尊，即面对主人，主人的左手边是尊位，顺时针旋转，由尊到卑，直到主人的右手边。

（2）尊位的第一顺序为：老年人、中年人，比自己年龄大的人或首席客人。其中师长、长者为尊，如果年龄相差不大，女士优先坐尊位。

（3）斟茶时有序，即按照顺序，自左向右，最后到自己。

任务二　茶艺服务接待沟通

规范的服务语言是做好服务接待的保证，茶艺馆作为服务性行业，要做好服务接待工作，茶艺服务者要习惯使用礼貌敬语，培养良好的沟通技巧。

一、茶艺服务礼貌敬语

茶艺服务者使用礼貌敬语的基本要求是：语言亲切，音量适中，音调清晰，充分体现主动、热情、礼貌、周到、谦虚的态度。根据不同对象，恰当运用服务敬语，对国内茶客使用普通话，对外宾使用日常外语。做到客到有请，客问必答，客走道别。具体要求如下：

（1）宾客登门时主动打招呼，使用招呼语，如“您好”“欢迎光临”等。

（2）称呼宾客时，使用称呼语，如“先生”“太太”“女士”“夫人”等。

（3）与客人谈话时要杜绝使用“四语”，即蔑视语、烦躁语、否定语和顶撞语，如“哎”“喂”“不行”“没有了”等。

（4）向宾客问好时使用问候语，如“您好”“早上好”“晚上好”“您辛苦了”“晚安”等。

（5）听取宾客要求时，要微微点头，使用应答语，如“好的”“明白了”“请稍候”“马上就来”“马上就办”等。

（6）服务有不足之处或宾客有意见时，使用道歉语，如“对不起”“打扰了”“让您久等了”“请原谅”“给您添麻烦了”等。

（7）感谢宾客时，使用感谢语，如“谢谢”“感谢您的提醒”等。

（8）宾客离别时，使用道别语，如“再见”“欢迎再次光临”“祝您一路平安”等。

二、茶艺服务接待沟通技巧

沟通的顺畅程度完全由服务人员的言谈举止来决定，与顾客沟通要注意方式方法。

1. 建立良好的第一印象

接待员在与顾客的交流沟通中，前 5 秒钟非常重要，因此，要保证仪表整洁，用得体的礼貌语言问候，与宾客对话时，应站立并保持微笑，用友好的目光关注对方，表现出自己思想集中，从而建立良好的第一印象。

2. 学会聆听

在沟通中要充分重视“听”的重要性，善于“听”客人的诉求，做一名忠实的听众，同时，让客人知道你在听，不管是赞扬还是抱怨，你都得认真对待。宾客与服务员交谈时，服务员应停下手中的一切，给对方应有的重视。

3. 真诚与热情

俗话说“将心比心”，你只有对顾客真诚，客人才可能对你真诚，“真诚”是沟通取得成功的必要条件。在真诚对待客人的同时，还要有工作热情，调动自己的主动性，如记住客人的名字，可以让对方感到愉快且能有一种受重视的满足感，这在沟通交往中是一个非常有用的方法。

4. 交谈过程的委婉表意法

（1）无论宾客说出来的话是误解、投诉或无知可笑，也无论宾客说话时的语气多么严厉或不讲人情，甚至粗暴，都应耐心、友善、认真地听取。

（2）即使在双方意见各不相同的情况下，也不能在表情和举止上流露出反感、藐视之意，只可婉转地表达自己的看法，而不能当面提出否定的意见。

5. 加深交流和理解，提高服务质量

茶艺人员可以用关切的询问、征求的态度、提议的问话和有针对性的回答来加深与宾客的交流和理解，有效地提高服务质量。

模块三　茶艺服务接待技巧

学习目标

掌握不同地区宾客的服务接待技巧；
掌握不同民族宾客的服务接待技巧；
掌握不同性别、年龄宾客的服务接待技巧；
熟练地运用茶艺服务接待技巧于茶艺服务工作中。

课前任务

利用网络，查询下列问题的相关知识。

（1）茶艺服务中不同地区宾客的服务技巧。

（2）茶艺服务中不同民族宾客的服务技巧。

（3）茶艺服务中不同性别、年龄宾客的服务技巧。

任务分工与实施

（1）各小组成员在组长的带领下，查阅茶艺服务接待技巧（可以是新闻、短视频、文章等），尝试解决课前任务。

（2）各组长组织成员讨论茶艺服务接待技巧适用于茶艺服务过程中哪些环节，并记录汇总。

学习模块相关知识点

任务一　不同地区宾客的服务接待

一、接待日本和韩国宾客的注意事项

茶艺服务人员在为日本和韩国宾客泡茶时，应注意泡茶的规范，因为他们不仅讲究喝茶，更注重喝茶的礼法，所以要让他们在严谨的沏泡技巧中感受到中国茶艺的风雅。

二、接待印度和尼泊尔宾客时的行礼方式

印度和尼泊尔惯用双手合十礼致意，茶艺服务人员可采用此礼迎接宾客。

三、接待印度宾客的注意事项

印度人拿食物、礼品或敬茶时用右手，不用左手，也不用双手，茶艺服务人员在提供服务时要特别注意。

四、英国人的饮茶爱好

英国人偏爱红茶，并需加牛奶、糖、柠檬片等。

五、俄国人茶饮的特点

俄国人也偏爱红茶，而且喜爱“甜”，他们在品茶时吃点心是必备的。

六、摩洛哥人的茶饮

摩洛哥人酷爱饮茶，加白糖的绿茶是摩洛哥人社交活动中必备的饮料。

七、美国人酷爱的茶饮

多数美国人爱喝加糖和奶的红茶，也酷爱冰茶。

八、土耳其人的饮茶习惯

土耳其人喜欢品饮红茶，茶艺服务人员在服务时可遵照他们的习惯，准备一些白砂糖供宾客加入茶汤中品饮。

九、巴基斯坦人饮茶普遍爱好的种类

巴基斯坦人饮茶带有英国色彩，普遍爱好牛奶红茶。巴基斯坦西北地区流行饮绿茶，同样，会在茶汤中加入白砂糖。

任务二　不同民族宾客的服务接待

我国有 56 个民族，是多民族的国家，在接待中应尊重各民族的风俗习惯和传统礼节，才能更好地做好接待工作。

一、接待汉族顾客

汉族大多推崇清饮，茶艺服务人员可根据宾客所点的茶品，采用不同方法为宾客沏茶。用玻璃杯、盖碗沏泡时，当宾客饮茶至茶水只余三分之一杯时，需为宾客添水。

二、接待藏族顾客

藏族人喜喝酥油茶，喝茶有一定的礼节，喝第一杯时会留下一些，当喝过三杯后，会把再次添满的茶汤一饮而尽，这表明宾客不再喝了，这时茶艺人员就不要再添茶了。

三、接待蒙古族顾客

接待蒙古族宾客时，要特别注意双手敬茶，以示尊重。若宾客将手平伸，在杯口上盖一下，表明宾客不再喝茶，茶艺服务人员可停止斟茶。

四、接待傣族顾客

茶艺服务人员在为傣族宾客斟茶时，只斟浅浅半小杯，以示对宾客的敬重。另外斟茶要斟三道。

五、接待维吾尔族顾客

茶艺服务人员在为维吾尔族宾客服务时，尽量当着宾客的面冲洗杯子，以示清洁。为宾客端茶时要用双手，忌用单手递接东西。

六、接待壮族顾客

茶艺服务人员在为壮族宾客服务时，应了解“酒要斟满、茶斟半碗”这个习俗，斟茶不能过满，否则会被视为不礼貌。另外要注意双手捧上香茶。

任务三　特殊宾客的服务接待

一、接待信奉佛教宾客

茶艺人员接待信奉佛教宾客时应行合十礼，交谈时不能问僧尼的尊姓大名。

二、接待僧尼

茶艺人员在接待僧尼宾客时，不能主动与僧尼握手。

三、接待年老体弱宾客

对于年老体弱的宾客，尽量将其安排在离入口较近的位置。便于出入，并帮助他们就座，以示服务周到。

四、接待有明显生理残疾宾客

对于有明显生理残疾的宾客，要注意安排在适当位置就座，能遮掩其生理缺陷，以示体贴。

模块四　茶点服务

茶点是品茶过程中逐渐发展起来的茶食中的一类。一壶上等的茶，搭配些许佐茶的点心，使得味蕾得到滋润，饥饿得到缓解，品茶成了一件更有乐趣的事。

学习目标

掌握茶点的分类与特点；
掌握茶点与茶的搭配方法，并运用于茶艺服务中。

课前任务

利用网络，查询下列问题的相关知识。

（1）茶点有哪些类型？

（2）不同茶类适合哪些茶点？

任务分工与实施

（1）各小组成员在组长的带领下，查阅茶点知识（可以是新闻、短视频、文章等），尝试解决课前任务。

（2）各组长组织成员讨论不同茶类适合哪些茶点，并记录汇总。

学习模块相关知识点

任务一　茶点概述

一、茶点的概念

茶点是佐茶的点心、小吃，也包含了用茶来制作的点心。茶点精致小巧、口味多样、营养丰富，比普通点心的制作更为精细，在口味上更注重与茶的搭配，在外形上更为玲珑美观。茶点既可以果腹，也可以增进对茶的体味。

二、茶点的分类

茶点的种类众多，目前没有很规范的分类方法，本书参考《茶艺培训教材Ⅱ》中对茶点的分类方法。根据制作茶点的原料的不同，将茶点分为用茶叶及其制品制作的茶点和不用茶叶制作的茶点。

（1）用茶叶制作的茶点。

直接用茶叶制作的茶点，如安徽的“作微西”，色泽金黄，玲珑精致，形似雀舌，口感细嫩，清香甘甜。还有将茶叶掺入面粉和米中制作出来的各种茶粥、茶饭、茶面、茶水饺等。

（2）用茶汤制作的茶点。

将茶叶或茶粉冲泡取其汁，再掺入面粉、米粉或其他原料制作而成的茶点，如各种茶糕、茶冻等，茶香味浓郁，口感或细腻柔软或香甜可口。

（3）用茶叶制品制作的茶点。

用茶叶的再制品如抹茶等制作的茶点，如抹茶饼干、抹茶蛋糕等，具有茶叶的自然清香。

任务二　茶点与茶的搭配

好茶配茶点相得益彰，茶点与茶的搭配是茶艺师需要掌握的重要内容。茶点搭配因茶而异，不同的茶叶茶性不同，口感各异，搭配的茶点也不同。

一、绿茶的茶点搭配

绿茶大多滋味清鲜淡雅，入口微苦回甘，如果茶点滋味太过浓郁，会盖住茶味，体会不到绿茶原有的雅致。因此，与绿茶搭配可选择味道清淡的、甜的点心。

（1）可以选择清淡柔和的点心，如绿豆糕、豌豆黄、芸豆卷、豆沙包等以豆类原料为主制作的点心。

（2）可以搭配江南特色的、精致的花式蒸饺、烧卖等。

（3）咸味点心可以更好地衬托绿茶的清鲜，又能提升点心的滋味，但要注意味道要清淡，不能过咸。

（4）搭配甜味点心，如凤梨酥、芝士蛋糕。

二、红茶的茶点搭配

红茶的茶味醇厚，饮用后口腔内会有微微的涩感，可以用一些甜味较重的点心来盖住茶中的苦涩味，可以搭配定胜糕等传统点心；西点可以选用柠檬蛋糕、车厘子蛋糕等。红茶还可配上一些味酸的点心，会令人产生愉悦的酸甜口感，如蜜饯、果脯、柠檬蛋糕甜中带着柠檬的酸和清香，与红茶的醇厚搭配非常适宜。

三、乌龙茶的茶点搭配

乌龙茶是半发酵茶，口感介于绿茶和红茶之间，品饮时重韵，茶汤过喉徐徐生津，用咸鲜的点心来配，能保留茶的香气，不破坏原有的滋味。搭配咸口的干果，如花生、瓜子。

四、黄茶的茶点搭配

黄茶因其性平和，比较容易搭配茶点。推荐搭配椰奶糕、紫薯蛋黄酥、玛芬蛋糕等茶点。这些茶点有蔬菜、鸡蛋、紫薯、糖、面粉等多种原料，营养搭配合理，且比较容易消化和吸收。

五、白茶的茶点搭配

白茶性微寒，香气和滋味都比较含蓄，与之相配的茶点不宜味道太浓重，可以搭配燕麦巧克力饼干、核桃挞等。此外，还可以搭配粗粮类茶点，两者相得益彰，既香甜可口，又不过分油腻，很适合白茶清淡回甘的茶味。

六、黑茶的茶点搭配

黑茶有解腻降脂的作用，可以佐以一些香甜肥美的茶点。比较适合黑茶的茶点有糖果酥、乳酪蛋糕、黄油蛋糕等。

在搭配茶点时，要根据茶品的不同选择茶点品种，正如红花与绿叶一样，相得益彰。但是需要注意，茶为主，茶点为佐，如若不然，则会影响到茶汤的“纯”，而为了贪那点口腹之欲而“毁掉”上好的茶汤的口感，那就违背了最初的目的，得不偿失了。

能力提升　实训任务单7-3：“家乡茶”茶馆服务情景剧展演

实训目的：以“家乡茶”为服务茶品，以小组为单位，自创茶艺服务情景剧，让学生掌握茶艺礼仪、接待流程与技巧、茶点搭配；并能熟练、灵活运用。

实训要求：以小组为单位，自创茶艺服务情景剧展示。

实训环节：实训开始→学生情景剧展演→学生提问讨论、交流→学生评委打分→教师打分→教师点评→实训结束

参考课时：2学时，学生展演80分钟，学生、教师点评、总结10分钟。

预习思考：“家乡茶”茶艺服务有哪些流程？“家乡茶”适合搭配哪些茶点？

能力检测

序号	测试内容	得分标准	应得分	扣分	实得分
1	情景创设	茶艺服务情景创设合理	20分		
2	茶艺服务程序	茶艺服务程序完整、流畅	30分		

续表

序号	测试内容	得分标准	应得分	扣分	实得分
3	茶艺服务礼仪	服务人员仪姿端庄、仪态大方，注重礼仪礼节和礼貌用语的使用	20分		
4	茶艺服务沟通	沟通过程中热情、主动、友好，有技巧	20分		
5	茶点搭配	茶点口味、色彩与茶品相宜	10分		
总分			100分		

项目小结

本项目主要涉及茶艺礼仪、茶艺服务接待与技巧、茶点搭配等方面内容，具体介绍了茶艺服务人员仪容、仪姿与礼节；茶艺服务接待流程与沟通；不同地区、民族、特殊宾客的接待技巧；茶点分类与搭配等内容。为了提升学生能力，还专门设计了茶艺服务人员仪姿与礼节、“家乡茶”情景剧展演等实训任务。

项目练习

一、判断题

1.（　　）礼仪是对礼节和仪式的统称。

2.（　　）在为客人泡茶时面部表情要平和放松，不要微笑。

3.（　　）民间习俗斟茶只斟八分杯，谓之“酒满敬客，茶满欺人”。

4.（　　）顺时针巡壶斟茶，是表示对客人的欢迎。

二、选择题

1. 长辈或上级给晚辈或下级斟茶时，下级和晚辈必须用双手指做跪拜状叩击桌面（　　）下。

A. 1～2　　B. 2～3　　C. 3～4　　D. 4～5

2. 不同民族有不同的茶礼和忌讳，如（　　）敬茶时，客人应躬身双手接茶而不可单手接茶。

A. 蒙古族　　B. 朝鲜族　　C. 汉族　　D. 藏族

3. 与客人谈话时要杜绝使用“四语”，即（　　）。

A. 蔑视语、烦躁语、否定语和礼貌语

B. 蔑视语、无礼语、否定语和顶撞语

C. 蔑视语、烦躁语、否定语和顶撞语

D. 蔑视语、烦躁语、肯定语和顶撞语

4. 中度站式鞠躬礼是在站式礼的基础上弯腰约（　　）。

A. 15度　　B. 30度　　C. 45度　　D. 90度

三、简答题

1. 简述叩指礼的来历。
2. 走姿五要素分别是什么？

项目实践

实践内容：以学习团队为单位，设计一茶艺服务礼仪情景剧或茶艺服务礼仪操。
能力要求：撰写礼仪操设计方案；团队集体排练；堂上演练，师生双方评价。

项目评价

学习自评表

<table>
<tr><th colspan="2">评价内容</th><th colspan="5">自评得分</th></tr>
<tr><td rowspan="3">学前</td><td>富有浓厚的学习兴趣，能主动运用网络检索课前问题并成功解决（10 分）</td><td>10</td><td>8</td><td>6</td><td>4</td><td>2</td></tr>
<tr><td>积极参加小组学习活动，分工明确，主动与同学合作交流（20 分）</td><td>20</td><td>16</td><td>12</td><td>8</td><td>4</td></tr>
<tr><td>能够主动发现和提出问题，有条理地表达思考过程；能提出解决问题的策略，表达自己独特的见解（10 分）</td><td>10</td><td>8</td><td>6</td><td>4</td><td>2</td></tr>
<tr><td>学中</td><td>学习态度端庄，无无故缺勤、迟到、早退现象；遵守课堂纪律，主动参与课堂，并积极发言（20 分）</td><td>20</td><td>16</td><td>12</td><td>8</td><td>4</td></tr>
<tr><td rowspan="3">学后</td><td>掌握项目教学中的理论知识（10 分）</td><td>10</td><td>8</td><td>6</td><td>4</td><td>2</td></tr>
<tr><td>能够利用本项目知识解决茶艺服务中的实际问题（20 分）</td><td>20</td><td>16</td><td>12</td><td>8</td><td>4</td></tr>
<tr><td>提高对茶艺的认识与热爱（10 分）</td><td>10</td><td>8</td><td>6</td><td>4</td><td>2</td></tr>
<tr><td colspan="2">总分</td><td colspan="5"></td></tr>
</table>

本评分表总分 100 分，在自评得分栏中分为五级打分，分数从高到低分别表示非常符合——比较符合——一般——比较不符合——非常不符合。学生根据自身学习情况，勾选每一项评价内容的自评得分，最后加总即为本人学习评价总分。

项目八

茶会组织

茶会在中国有着悠久的历史，从古代的宫廷活动逐渐演变成为民间的社交习俗。在现代，茶会的形式和内容已经变得更加多样和丰富，不仅限于品茶，还可以包括各种主题和活动，可以是简单的朋友聚会，也可以是正式的商务或文化交流。

模块一 茶会概述

学习目标

了解古代与现代的茶会。
认识不同种类的茶会。

课前任务

利用网络，查询下列问题的相关知识。

（1）什么是茶会？

（2）茶会有哪些类型？

任务分工与实施

（1）各小组成员在组长的带领下，查阅茶会知识（可以是新闻、短视频、文章等），尝试解决课前任务。

（2）各组长组织成员讨论茶会分类，并记录汇总。

学习模块相关知识点

任务一 茶会的含义

古代茶会指的是一种会聚饮茶，同时又谈玄论佛的聚会。这种聚会多在新茶采制后举行。唐代以后茶会的发展已不限于佛门之间，北宋时，茶会成了当时太学生的一种习俗。据宋代朱彧《萍洲可谈》介绍，当时“太学生每路有茶会，轮日於讲堂集茶，无不毕至者，因以询问乡里消息”，成为交流信息，联系乡谊的聚会场所。到了近代，茶会的运用很广泛。文人雅士以茶会谈古论今；工商业者以茶会互通行情，进行交易。

现代茶会由古代茶会发展而来，它是以清茶或茶点招待客人的一种现代社交性聚会。“以茶引言，以茶助言”，不拘一格，这种聚会，通称“茶会”。 现代茶会也称茶话会，通常是一种备有茶点的聚会。

现代的茶会有两种类型。一是指用茶水和茶点招待众人的带有联谊、节庆、娱乐性质的集会，因此也称茶话会，如节日期间举行的茶话会之类。如果是举行严肃主题的会议，虽然也用茶水和茶点招待，一般不叫茶会，如学术座谈会、学术研讨会、新闻发布会等。另一种茶会是茶人们聚集在一起以交流茶艺心得为主要内容的集会，如露天茶会、自由茶会、品茗会、无我茶会、国际茶会等，这种茶会只品茗和吃简单的茶点，但不吃菜肴，也不能喝酒。

除此之外，茶宴的性质与茶会有相似的地方，现代的茶宴是指以吃茶菜为主的宴会，席间供应上等好茶，并有茶艺师专门服务。一般不喝酒，或者只喝一些茶酒和度数很低的果酒之类的饮料。

综上所述，笔者将茶会定义为以饮茶的方式进行集会的社会性活动。其中，饮茶的方式可以只用茶，也可以用茶和茶果点心；集会的内容包括公务、商务、学术、社交等。

任务二　茶会的种类

现代茶会大体上有三种类型。

一是大型茶文化会议。这是由政府部门或有关社会团体主办的专题性会议。这种会议有明确的主题和邀请对象，参加者都是茶文化界人士和有关部门的领导，会议规模很大，少则上百人，多则几千人，有的还是国际性的。这种会议有开幕式和闭幕式，中间有学术研讨会和茶艺交流会以及参观考察等活动，时间较长，一般要两三天。会议名称常叫某某茶会、国际茶会、茶文化研讨会、茶叶节、茶文化节等等。这种会议要由专门的组织机构来筹备策划，要有一笔不小的经费，不是个人所能承当得了的。

二是专业性茶会。这是由茶艺界人士举行的以交流茶艺、品茗赏景为主要内容的聚会，人数不定，少则几十人，多则上百人，时间不长，最多只有半天或一个晚上。有的是在茶文化节、国际茶会的大型活动中举行，有的是独立举行。这类茶会常在风景优美的室外或是在茶艺馆中举行，如露天茶会、月光茶会、烛光茶会、自由茶会、无我茶会等。

三是一般性茶会。受有关单位委托，为某一目的举办的集会，会上要供应茶水和茶点（有时包括水果），但会议目的不是品茗，而是讨论、研究某些问题，或者是为了联谊、庆祝等。这种茶会经常会委托茶艺馆筹办，很多茶会就是在茶艺馆中举行。

按茶会的目的来划分，一般性茶会可以分为节日茶会、纪念茶会、喜庆茶会、研讨茶会、商务茶会、品赏茶会、艺术茶会、联谊茶会、交流茶会等。

1. 节日茶会

为庆祝某个国家法定节日而举行的各种茶会，如国庆茶会、春节茶会（迎春茶会）等；另一种是中国传统节日的茶会，如中秋茶会、重阳茶会。

2．纪念茶会

为纪念某项事件而举办的茶会，如公司成立周年日、从教 50 周年纪念日等。

3．喜庆茶会

为庆祝某项事件而举办的茶会，如结婚时的喜庆茶会、生日时的寿诞茶会、添丁的满月茶会等。

4．研讨茶会

为某项学术研讨召开的茶会，如学术研讨茶会、茶与健康研讨茶会等。

5．商务茶会

是商务活动的一种方式，为了商务交往的深入和业务的拓展而举行的茶会，如商务茶会、职工茶会等。

6．品尝茶会

为品尝某种或数种茶而举办的茶会，如新春品茗会、某名茶品尝会等。

7．艺术茶会

为共同赏析某项相关艺术而举办的茶会，如吟诗茶会、书法茶会、插花茶会等。

8．联谊茶会

为广交朋友或同窗聚会而举办的茶会，如师生联谊茶会、知青联谊茶会、同学会联谊茶会等。

9．交流茶会

为切磋茶艺和推动茶文化发展而举办的茶会，如中日韩茶文化交流茶会、国际茶文化交流茶会、国际西湖茶会等。

模块二　茶会筹办

学习目标

了解茶会设计的步骤。
在学习中掌握简单的茶会设计方法。

课前任务

利用网络，查询下列问题的相关知识。

（1）茶会设计有哪些步骤？

（2）常见的茶会设计方法是什么？

任务分工与实施

（1）各小组成员在组长的带领下，查阅茶会设计知识（可以是新闻、短视频、文章等），尝试解决课前任务。

（2）各组长组织成员讨论茶会设计方法与技巧，并记录汇总。

学习模块相关知识点

任务一　茶会设计

茶会设计是指茶会所选择的场所、茶筵、茶席、沏茶台、饮茶所、活动空间等的布置设计，修饰和雅化环境，为茶会的成功举办创造一个宜人的氛围。就概念来说，茶会设计是以茶会主题为核心，与会人员为主体，在特定的空间中，将茶、茶器以及相关物品以艺术的方式结合，完成一个有主题的茶事活动的整体。更确切地说，茶会设计是指与饮茶、泡茶以及谈话等有关的环境布置，要求具有丰富的艺术性和实用性。

茶会设计一般考虑以下几个方面内容。

1. 横幅

悬挂在会场的横幅是点出茶会主题的重要直观物，故要精心设计。不同场合应用不同的横幅。为活跃气氛，还可安排室内音乐现场演奏或播放轻音乐、民乐。可沿墙散放词句，文字要简练，字体要美观大方。

2. 茶器

茶器是茶会的重要构成部分，应注意艺术性和实用性。与会人数较多时，可选用有盖瓷质茶杯。如果人数较少，场地适宜，可根据茶叶确定所使用的茶器，此时的茶器应考虑整套搭配，统一和谐，避免单调，富艺术情趣。

3. 茶桌和铺垫

铺垫可以是整体的，也可以是局部的，一般以布艺为主，要考虑茶器、泡茶者服饰、整体空间色彩的搭配，一方面遮挡桌子，保持茶具的干净，一方面烘托主题、渲染意境。

4. 背景

背景是创造视觉效应的元素之一，根据茶会的主题，摆设石器、盆景工艺品等。

5. 插花

以单纯、简约和朴实为主，讲究色彩清素，多用深青、苍绿的花枝绿叶配洁白、淡雅的黄、白、紫等花朵，形成古朴沉着的格调。

6. 挂画

在屏风上悬挂与茶艺主题有关的字画、茶联，以写意的水墨画为尚，颜色不宜过分艳丽，以高雅、脱俗为主，又以轴装为上，屏装次之。

7. 焚香

焚香使环境更幽雅，气氛更肃穆。香的选择要遵循“不夺香”的规则，即香的香味不能与茶香起冲突，香型要以淡雅型为主。焚香，要视茶类而定，浓香茶焚较重香品；幽香茶，焚较淡香品。依时间定，春、冬季焚较重香品；夏季焚较淡香品。依空间定，空间大焚较重香品，空间小焚较淡香品。

任务二　茶会准备

一、场地布置

1. 坐席布置

坐席布置要根据茶会形式而定。

（1）流水席。

流水席适用于节日、纪念、喜庆、研讨、联谊等数种茶会，犹如自助餐的形式。在会场中可设名茶或新产品的展示台，分设几处泡茶台，根据所泡茶的种类做相应风格的环境布置，供应与茶性相配的茶食。这种形式，来宾有较大的自由度，茶会有较大的灵活性。

（2）固定席。

固定席适用于茶艺交流、名茶品尝和主题突出的节日、纪念、研讨、联谊等茶会，一般均为大型茶会。大家坐在一起观看茶艺表演，仅少部分人能品尝表演者泡的茶，其他人均由专供茶水的服务员奉茶。

（3）人人泡茶席。

这种茶会每个人既是主人又是来宾，其坐席是依自然地形而设，事先用连续编号做好标记，与会者抽签后根据号码，自行设席。

2. 时令装饰

时令装饰即用时令花卉、盆景布置会场，或是悬挂衬托主题的名家书画，以营造茶会的气氛，也可以放飞气球或和平鸽以增添热烈的气氛。

二、用具物品准备

一般根据邀请的人数准备茶杯、茶叶、热水瓶、茶食、茶食盘等。特殊准备根据各个参加茶会的茶艺表演队的事先要求，准备桌、椅或各种茶道具，或者代用道具、坐垫、屏风等。主办单位准备茶艺表演的全部用具、物品。

三、休息准备室

为方便茶艺表演队化妆、换服装、放置茶道具，并利于出场和退场，故要在表演场所就近设置相应的休息准备室。

四、告示

在茶会不分发程序册的情况下，为使与会者能明确茶会的程序安排，在会场入口处应有告示，张贴茶会程序。另外，在休息准备室也要有茶会程序的告示，便于各表演队提早做好准备。

五、指引牌

对公共设施，要有指引牌，使到会者易找到欲去场所，如餐厅、洗手间、小卖部、茶艺表演主会场、分会场、学术报告厅等。

六、会议资料

可预先通知参加者自行准备，报到时交给主办单位统一分发；亦可由主办单位根据与会者提供的资料，统一印刷分发。

七、人员培训

大型茶会经常会需要很多工作人员，这些人均为有关单位临时委派。由于对所从事工作的不熟悉，故在会议前要进行岗位培训，明确临时负责的任务以及如何做好相关工作、遇突发问题该如何处理等，以保证会议有条不紊地进行。

模块三 茶会服务程序

学习目标

掌握茶会的服务程序。
能在自己设计的茶会中正确地运用所学的服务程序。

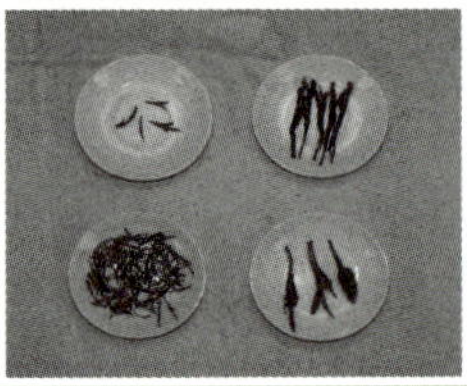

课前任务

利用网络，查询下列问题的相关知识。

（1）茶会一般服务流程是什么？

（2）茶会设计的程序是什么？

任务分工与实施

（1）各小组成员在组长的带领下，查阅茶会服务知识（可以是新闻、短视频、文章等），尝试解决课前任务。

（2）各组长组织成员讨论茶会服务的一般流程，并记录汇总。

学习模块相关知识点

任务一 茶会服务流程

一、做好会前准备

所有茶会工作人员，必须在茶会正式举行之前半小时甚至更长时间到达会场，做好相关准备工作。

二、迎接与会人员

迎接人员应做好签名、分发出席证及茶会材料工作。先引导普通参加者入席，临会前几分钟，再从休息室请领导、贵宾入席。

三、提供茶事服务

茶会正式举行期间，由专门工作人员在更换发言者的期间，负责添茶倒水以及进行茶果点心服务。如果茶会出席人数较多，而且选用有盖高杯作茶器，服务员可以用暖瓶直接在桌前往杯中倒水。当其他小杯作茶器时，则应先将泡好的茶过滤到茶盅或另一把壶，再分茶。倒水、续水都应注意按礼宾顺序和顺时针方向为宾客服务。

四、做好送客工作

茶会结束后，要留好通道，先送领导、贵宾，再送普通参会者。部分宾客，还要随人一直送到住宿处或就餐处。

五、进行善后处理

茶会全程结束后，对所有返程人员，要提前订好机票、车票、船票，并分头送至机场、车站、码头。对在茶会场地所借设备、物品等及时清理、归还，并将场地打扫干净。

六、茶会结束总结

茶会结束后，要进行一次会议总结和文案总结。总结经验，吸取教训，以利今后茶会的举行。

茶博士——无我茶会

无我茶会由台湾陆羽茶艺中心总经理蔡荣章先行建议和构思，于 1990 年 6 月 2 日在台湾妙慧佛堂举行首次佛堂茶会。经数次改进与再实践，于 1990 年 12 月 18 日进行了首届国际无我茶会。无我茶会是一种茶会形式。其特点是参加者都自带茶叶、茶具，人人泡茶，人人敬茶，人人品茶，一味同心。茶会形式如下：

1. 自带茶具、茶叶

茶具可据茶类而定，尽量小巧简便。

茶具：壶一把、杯子四只，奉茶盘、茶巾、热水瓶（茶会现场通常是不准备热水的，所以出门前请将热水备好）、坐垫各一。

2. 茶具摆放形式

每人依号码找到位置后，将自带坐垫前铺放一块泡茶巾（常用包壶巾代替），上置冲泡器，泡茶巾前方是奉茶盘，内置四只茶杯，热水瓶放在泡茶巾左侧，脱下鞋子放在坐垫左后方。

3. 奉茶方法

按约定时间开始泡茶，泡好后分茶于四只杯中，将留给自己饮用的一杯放在自己泡茶巾的最右边，然后奉茶盘奉茶给左侧三位茶侣，第一位奉茶人将杯子放在受茶人的最左边，第二位奉茶人将杯子放在受茶人的左边第二位，第三位奉茶人将杯子放在受茶人左边第三位。如果您要奉茶的人也去奉茶了，只要将茶放在他（她）座位的泡茶帽上就好；如您在座位上，有人来奉茶，应行礼接受。待四杯茶奉齐，就可以自行品饮，喝完后，即开始冲第二道，第二道奉茶时拿奉茶盘托了冲泡器具或茶盅依次给左侧三位茶侣斟茶。进行完约定的冲泡数后，就要安坐原位，专心聆听，结束后方可端奉茶盘去收回自己的杯子，将茶具收拾停当，清理好自己座位的场地。

（摘录资料来源：https://baike.so.com/doc/605829-641407.html）

茶博士——申时茶会

申时茶是指在下午 3 点至 5 点，用腹式呼吸法把茶喝到通透，平衡情绪和肌体，达到身心愉悦的一种饮茶方式。申时茶的倡导者为北京和静园的王琼女士。申时茶分“申时生活茶”和“申时茶会”两种。前者是在工作生活中，依个人需要在申时饮茶，从而达到有益健康的一种新的茶生活方式。后者注重仪规，以七碗茶会的形式，科学饮茶。

申时茶并未指定茶叶品种，喝什么茶可因人、因季变化，但申时腹中食物残存量过少，不建议喝寒性茶类，应以中性、温性茶为主，如普洱熟茶、铁观音、老白茶等。

申时茶会的饮茶形式是根据唐代茶仙卢仝的《七碗茶》所编创：“一碗喉吻润，二碗破孤闷，三碗搜枯肠，四碗发轻汗，五碗肌骨清，六碗通仙灵，七碗吃不得也，唯觉两腋习习清风生。”

1. 申时茶时间

下午 3 点至 5 点，属全天最佳喝水排毒时间，此时饮入适量温热茶汤，有助于身体完成一次彻底的清扫。

2. 茶席要求

采用最简约的茶席布置和行茶方式，不插花，不熏香，用最随心的布置方式，感受茶与我们的融合。

3. 申时茶的要求

（1）坐姿：上身挺直微微前倾，双目微闭，调整呼吸；男士轻握拳头，自然垂放在腿上，双腿与肩同宽。女士将双手拇指相扣，护住丹田，双膝微微并合。

（2）呼吸：先将气吐净，身体排空腹部瘪下去，吸气时肚子自然鼓起。让新鲜的氧气充分深入肺中，慢慢使用腹部呼吸，不可短促。

（3）持杯：左手拿杯以为礼、右手托杯以为敬，感恩之心以为品。双手手臂抬起，呼吸会自然变得深邃，但要注意放松肩膀，放松情绪。

4. 背景音乐

背景音乐以舒缓平和的古筝曲、笛奏曲为主。

5. 申时行茶

（1）一碗喉吻润。

茶汤以不烫口的最热温度为宜，分四步喝茶；先吐气腹部凹陷；边吸气边喝茶；茶汤含在嘴中用鼻子呼气，腹部凹陷；咽下茶汤。

（2）二碗破孤闷。

认真感受茶汤进入身体，心情放松，破除杂念，心情平和，情绪平缓，渐入茶境。

（3）三碗搜枯肠。

茶汤在呼吸的带动下参与气血循环，促进胃肠的蠕动，如有打嗝属正常现象。

（4）四碗发轻汗。

感到全身发热，气脉舒畅，身体产生内动力，微微发汗。如果有汗排出，可用干纸巾擦拭，切不可用湿毛巾，冷热刺激会造成毛孔瘀堵。

（5）五碗肌骨清。

茶汤的能量深入骨骼关节，保持坐姿不动，身心轻松，压迫紧张的情绪全然消退。

（6）六碗通仙灵。

此时茶已经在体内深入运行，并且促进了全身更顺畅、更良好的循环，全身都轻盈飘逸、酣畅淋漓。

（7）七碗清风生。

七碗茶以后，思想和情绪充分放松，感觉通体轻盈、杂念尽消、心平气和。在一杯茶的世界里享受了幸福和宁静。

七碗是一次茶修体验的基础茶量，接下来大家可以根据自己现在的真实感觉，自由选择是否继续喝下去。

申时喝茶具有很好的排毒功效，此时多喝茶，有助于排除体内废物，促进新陈代谢，加快身体中有毒物质和废物的排出。

（资料来源：http://www. teapoems. com/wen/4376）

能力提升　实训任务单8-1：组织“家乡茶”茶会

实训目的：掌握茶会的设计方法，能正确运用茶会的服务程序来为家乡茶组织一场茶会。

实训要求：在充分了解家乡茶的基础上，运用所学的茶会知识及茶艺知识设计并举办茶会。突出家乡茶的特点。

实训器具：茶桌、主茶具（随手泡、茶壶或盖碗、茶杯或小品茗杯等）；辅茶器：茶盘、茶叶罐（茶适量）、茶道组、茶巾、水盂、茶荷、渣桶等。

实训场地：茶艺实训室。

参考课时：2 学时，学生展示 80 分钟，学生、教师点评共 10 分钟。

预习思考：① 茶会设计的原则是什么？

② 如何突出家乡茶的特点？

组织方案：

<table>
<tr><td colspan="4">茶会组织方案</td></tr>
<tr><td>茶会主题</td><td colspan="3"></td></tr>
<tr><td>地点</td><td></td><td>时间</td><td></td></tr>
<tr><td>茶叶品种</td><td></td><td>邀请对象</td><td></td></tr>
<tr><td>场地布置</td><td colspan="3"></td></tr>
<tr><td>茶具茶席准备</td><td colspan="3"></td></tr>
<tr><td>人员分工</td><td colspan="3"></td></tr>
</table>

注意事项	
茶会流程	
服务流程	

能力检测

序号	测试内容	应得分	扣分	实得分
1	主题恰当	10 分		
2	茶具茶席准备	10 分		
3	场地布置	10 分		
4	人员分工	10 分		
5	茶会设计合理	30 分		
6	服务流程设计合理	30 分		
总 分		100 分		

项目小结

本项目主要涉及茶会设计与服务等内容，具体介绍了茶会的种类、茶会的设计、茶会的服务、茶会的组织实施等。为了提升学生能力，还专门设计了茶会组织的实训任务。

项目练习

一、判断题

1. 茶会具有（　　）和实用性。

A. 艺术性　　B. 方便性　　C. 灵活性　　D. 科学性

2. 为品尝某种或数种茶而举办的茶会称为（ ）。

A. 品尝茶会　　B. 研讨茶会　　C. 艺术茶会　　D. 商务茶会

二、简答题

1. 茶会的服务程序有哪些？

2. 茶会设计一般要考虑哪几个方面内容？

项目实践

实践内容：

以小组为单位，收集一场精彩的茶会资料，运用学过的知识进行分析并在课堂上分享。

能力要求：

1. 通过网络查询不同的精彩茶会。
2. 通过材料的收集，了解中国的茶会文化，产生家国情怀。

项目评价

学习自评表

评价内容		自评得分				
学前	富有浓厚的学习兴趣，能主动运用网络检索课前问题并成功解决（10分）	10	8	6	4	2
	积极参加小组学习活动，分工明确，主动与同学合作交流（20分）	20	16	12	8	4
	能够主动发现和提出问题，有条理地表达思考过程；能提出解决问题的策略，表达自己独特的见解（10分）	10	8	6	4	2
学中	学习态度端庄，无无故缺勤、迟到、早退现象；遵守课堂纪律，主动参与课堂，并积极发言（20分）	20	16	12	8	4
学后	掌握项目教学中的理论知识（10分）	10	8	6	4	2
	能够利用本项目知识解决茶艺服务中的实际问题（20分）	20	16	12	8	4
	提高对茶艺的认识与热爱（10分）	10	8	6	4	2
总分						

本评分表总分100分，在自评得分栏中分为五级打分，分数从高到低分别表示非常符合——比较符合——一般——比较不符合——非常不符合。学生根据自身学习情况，勾选每一项评价内容的自评得分，最后加总即为本人学习评价总分。

参考文献

[1] 周智修，江用文，阮浩耕. 茶艺培训教材[M]. 北京：中国农业出版社，2021.
[2] 周智修. 习茶精要详解[M]. 北京：中国农业出版社，2018.
[3] 王岳飞，周继红，徐平. 茶文化与茶健康的品茗通识[M]. 杭州：浙江大学出版社，2020.
[4] 刘铭忠，郑宏锋. 中华茶道[M]. 北京：线装书局，2008.
[5] 陈宗懋，俞永明，梁国彪，等. 品茶图鉴[M]. 合肥：黄山书社，2009.
[6] 高运华. 茶艺服务与技巧[M]. 北京：中国劳动社会保障出版社，2005.
[7] 鄢向荣. 茶艺与茶道[M]. 天津：天津大学出版社，2013.
[8] 林治. 中国茶艺[M]. 北京：中华工商联合出版社，2000.
[9] 贾红文，赵艳红. 茶文化概论与茶艺实训[M]. 北京：清华大学出版社，2010.
[10] 饶雪梅，李俊. 茶艺服务实训教程[M]. 北京：科学出版社，2008.
[11] 陈文华，余悦. 茶艺师[M]. 北京：中国劳动社会保障出版社，2004.
[12] 徐明. 茶与茶文化[M]. 北京：中国物资出版社，2009.
[13] 张金霞，陈汉湘. 茶艺指导教程[M]. 北京：清华大学出版社，2011.
[14] 陆机. 中国传统茶艺图鉴[M]. 北京：东方出版社，2010.
[15] 宋一明. 茶经[M]. 上海：上海古籍出版社，2009.
[16] 赵英立. 中国茶艺全程学习指南[M]. 北京：化学工业出版社，2010.
[17] 乔木森. 茶席设计[M]. 上海：上海文化出版社，2007.
[18] 王绍梅. 茶道与茶艺[M]. 重庆：重庆大学出版社，2011.
[19] 于观亭. 中国茶经[M]. 北京：外文出版社，2009.
[20] 郑春英. 茶艺概论[M]. 北京：高等教育出版社，2001.
[21] 杨涌. 茶艺服务与管理[M]. 南京：东南大学出版社，2008.
[22] 张利民. 旅游礼仪[M]. 北京：机械工业出版社，2004.
[23] 洪美玉. 旅游接待礼仪[M]. 北京：人民邮电出版社，2006.
[24] 金正昆. 商务礼仪教程[M]. 北京：中国人民大学出版社，2009.
[25] 刘晓芬. 茶艺服务[M]. 北京：清华大学出版社，2013.
[26] 陈文华. 中国茶艺馆学[M]. 南昌：江西教育出版社，2010.
[27] 林乾良. 茶寿与茶疗[M]. 北京：中国农业出版社，2012.